职业教育课程改革规划新教材

数字电子技术基础与技能

主　编　李响初
参　编　谷远志　阙爱仁　余雄辉　闫军礼

机械工业出版社

本书根据教育部最新颁布的《中等职业学校电子技术基础与技能教学大纲》编写，主要内容包括：数字电路基础，组合逻辑电路，触发器，时序逻辑电路，脉冲波形的产生与变换，数/模和模/数转换，半导体存储器等。除了相应的知识讲解外，还设计了课堂实验、技能训练等环节，实现了理论实践一体化。内容编排以够用和实用为原则，循序渐进、由浅入深，将枯燥的理论与有趣的实践紧密结合起来，符合职业学校学生的认知规律。本书在表现形式上也进行了有益的尝试，设计了“本章导读”、“话题引入”、“课堂实验”、“想一想”、“注意”、“阅读材料”等模块，并将与现实生活联系紧密的电子技术知识引入书中，丰富了教学形式，也提高了学生的阅读兴趣。

本书可作为职业学校电子类专业通用教材，也可作为相关专业工程技术人员的学习与参考用书。

为了方便教学，本书将习题单独成册，并附在书后。另外，还制作了免费电子教案，凡是选本书作为教材的教师可以登录 www.cmpedu.com 注册、下载。

图书在版编目（CIP）数据

数字电子技术基础与技能/李响初主编. —北京：机械工业出版社，2011（2024.8 重印）

职业教育课程改革规划新教材

ISBN 978-7-111-34592-3

Ⅰ.①数… Ⅱ.①李… Ⅲ.①数字电路-电子技术-职业教育-教材 Ⅳ.①TN79

中国版本图书馆 CIP 数据核字（2011）第 084870 号

机械工业出版社（北京市百万庄大街 22 号 邮政编码 100037）
策划编辑：高 倩 责任编辑：赵红梅 版式设计：霍永明
责任校对：陈延翔 封面设计：鞠 杨 责任印制：单爱军
北京虎彩文化传播有限公司印刷
2024 年 8 月第 1 版第 11 次印刷
184mm×260mm · 14.75 印张 · 349 千字
标准书号：ISBN 978-7-111-34592-3
定价：29.00 元

凡购本书，如有缺页、倒页、脱页，由本社发行部调换

电话服务
服务咨询热线：010-88379833
读者购书热线：010-68326294

网络服务
机 工 官 网：www.cmpbook.com
机 工 官 博：weibo.com/cmp1952
教育服务网：www.cmpedu.com
金 书 网：www.golden-book.com

前　言

“数字电子技术与技能”是电子、通信、信息、计算机及自动化等专业的一门重要专业基础课。随着微电子技术和信息处理技术的迅速发展及新世纪人才培养目标的重新定位，对数字电子技术课程进行与时俱进的教学改革的呼声愈来愈高。“十一五”期间，在教育部“以服务为宗旨，以就业为导向”的新一轮职业教育教学改革中，不少专家学者已经在该领域取得了令人瞩目的教学改革成果。本书也是编者长期致力于“数字电子技术与技能”课程教学改革实践、探索的产物。本书特点如下：

1. 内容精简实用，语言通俗易懂

本书根据中职生源的特点，本着“理论浅、应用多、内容新”的原则精简教学内容，删减了大量在工程技术中根本不用或很少使用的内部结构分析和理论计算。文字叙述通俗易懂，尽量克服以往中职生对电子技术理论知难而退的心理障碍。

2. 模块化编写，适合一体化教学

本书在教学内容的组织上采用模块化编写模式，在讲解基本知识点的基础上，设计了“本章导读”、“话题引入”、“想一想”、“注意”、“阅读材料”等模块，强调实践技能的培养。版面安排上，收集了大量的图片、图表，采用图文并茂的编排形式，提高内容的直观性和形象性，以便于理解和掌握理论知识，同时也为学生的自主学习创造了条件。

3. 选材新颖，实用性强

本书选材注重实用性、结构合理性和新颖性，还提供了大量常用集成电路芯片，并对其内部结构、应用特性、控制功能等进行了说明，便于读者查阅与引用。

总之，全书注重了学生综合能力、职业能力的培养，在为社会培养、输送高素质的技能型人才的同时，也能为学生后续发展奠定坚实的基础。

本课程的教学学时数为100学时，各章参考学时见下表。书中加有“＊”的章节，为选学内容，可根据需要选讲。

内　容	学　时	内　容	学　时
第1章　数字电路基础	14	第5章　脉冲波形的产生与变换	14
第2章　组合逻辑电路	16	第6章　数/模和模/数转换	10
第3章　触发器	14	第7章　半导体存储器	10
第4章　时序逻辑电路	14	机动	8

本书由湖南有色金属职业技术学院李响初主编并统稿。参加本书实验实训电路设计、绘图与资料整理工作的有谷远志、阙爱仁、余雄辉、闫军礼等。

由于编者水平有限，编写时间仓促，书中难免有错漏之处，敬请读者及时批评指正，不胜感激（编者 E-mail：hnysjxjwk@126.com）。

编　者

目　　录

绪　论

0.1　数字电子技术的发展

数字电子技术是19世纪末、20世纪初发展起来的新兴技术，在20世纪中期的发展最为迅速，现已成为近代科学技术发展的一个重要标志。

【发展历史】与模拟电子技术一样，数字电子技术经历了电子管、晶体管到集成电路等几个阶段，但数字集成电路比模拟集成电路的发展更快。目前，按集成度（每一芯片所包含的晶体管个数）来分，数字集成电路可分为小规模、中规模、大规模、超大规模和甚大规模五类。

存储器是数字集成电路之一，集成度很高。在工程技术中，存储器可记忆或存储二值数字1或0，且存储的数字信息可以取出分析或直接利用。例如，存储器件U盘可存储信息，且可由计算机从U盘读取信息并通过打印机打印在纸张上。

近年来，可编程逻辑器件（PLD）特别是现场可编程门阵列（FPGA）的飞速发展，使数字电子技术的发展开创了新局面。该类型数字器件不仅集成度高，而且可将硬件与软件相结合，使器件的功能更加完善，使用也更加灵活。常用数字器件外形如图0-1所示。

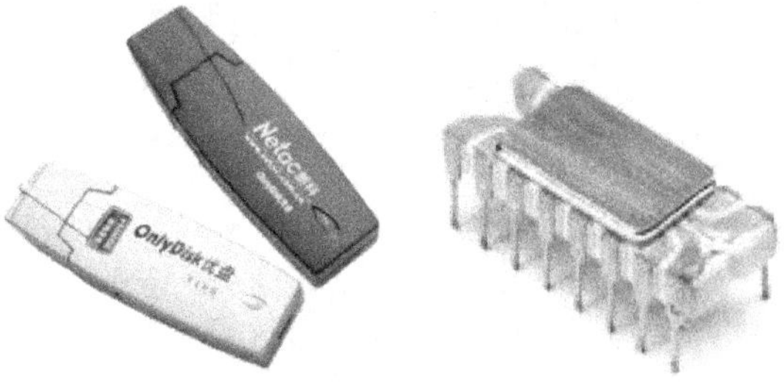

a) U盘　　b) 微处理器

图0-1　常用数字器件外形

0.2　数字电子技术与技能课程的研究对象及任务

本课程的研究对象是数字电子技术中的基本元器件、基本电路结构及分析方法、常用数字器件工作原理及应用特性。

本课程的主要任务是：通过对本课程的学习，掌握相关专业必备的数字电子技术基础知识和基本技能，具备分析和解决生产生活中一般数字电路问题的能力，具备学习相关专业后续技能课程的能力；结合实践教学环节，培养学生确立正确的学习动机，培养扎实、认真的学习态度和理论联系实际的良好工作作风，提高解决实际问题的能力，培养学生的创新精神，提高动手能力，增强实践经验，为学习后续课程以及从事本专业有关的工程技术工作等打下一定的基础。

0.3　日常生活中涉及典型数字电子技术电路举例

在今后的学习中，我们将会了解数字电子技术在实际生活中的应用，如图 0-2 所示。

a) 表决器　　b) 抢答器　　c) 计时控制器

图 0-2　数字电子技术实际应用

现代数字电子技术在国防、科学、工业、医学、通信及文化生活等领域中都起到巨大的作用，如数字电视、DVD、数码相机、微型计数器、互联网、机器人、航天飞机、宇宙探测仪中都运用了数字电子技术。可以说，人们现在就生活在数字电子技术的世界中。

第 1 章　数字电路基础

本章导读

知识目标：

① 了解数制与编码的基本概念及不同数制的转换方法。

② 掌握基本逻辑与逻辑门电路的逻辑功能和应用特性。

③ 掌握逻辑函数的基本概念及其描述方法。

④ 掌握常用集成逻辑门电路逻辑功能和应用特性。

技能目标：

① 能利用数字电路实验箱验证集成逻辑门电路的逻辑功能。

② 会用万用表测试集成逻辑门电路性能的好坏。

③ 会组装与调试声光控节电开关。

④ 会查阅集成电路手册，能按要求选用集成逻辑门。

1.1　数字电路的基本概念

话题引入

从 1876 年贝尔发明电话以来，经历了长达一个多世纪的发展，电话通信服务已走进了千家万户，成为国家经济建设、社会生活和人们交流信息所不可缺少的重要工具。在最近二十年来，电话技术和业务发生了巨大变化，特别是手机的成功研发更具有里程碑式的意义。

我国手机发展历程大致可以分为模拟手机时代、GSM 时代、2.5G 时代和 3G 时代。其中模拟手机（俗称大哥大）由模拟电路构成，只能进行语音通信，且具有接收信号不稳定、保密性能差、携带不方便、价格昂贵等缺点，仅为少数富有者的奢侈品。2001 年 12 月 31 日，我国移动通信全面进入数字时代，由数字电路构成的手机迅速成为主流商品，更轻巧的机身、更多的用户体验、更丰富实用的功能已经成为各大厂商一直所追求的目标，常用模拟手机与数字手机外形如图 1-1 所示。事实上，数字电路的应用范围很广泛，像日常使用的数码相机、DVD、数字电视等电子设备，均由数字电路构成。

在工程技术中，数字电路是存储、传送、变换和处理数字信息电子电路的总称。能够实现数字信号的传输、逻辑运算、控制、计数、寄存、显示及脉冲信号的产生和转换等功能。初学者学习数字电子技术课程时，一般要将数字电路的基本概念作为首要研究对象。

1.1.1　数字量和模拟量

在自然界中，存在着许许多多的物理量。这些物理量根据不同的分类方法可分为不同的种类，如果根据物理量相对时间、数值变化规律的不同，可分为数字量和模拟量两大类。

【模拟量】模拟量（Analog Quantity）是指在时间和数值上都连续的物理量。表示模拟

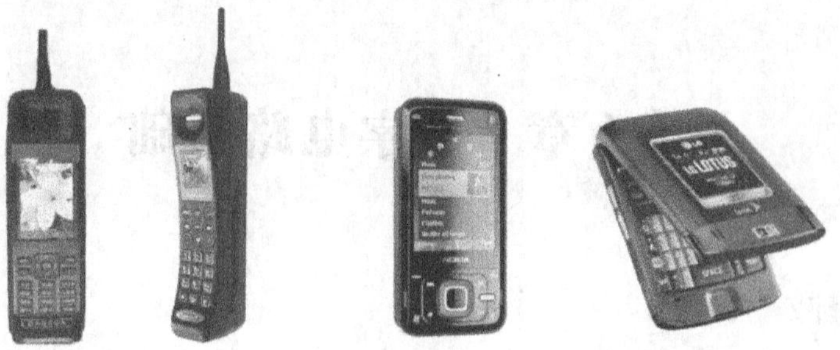

a) 模拟手机　　b) 数字手机

图 1-1　常用模拟手机与数字手机外形图

量的信号叫模拟信号（Analog Signal）。工作在模拟信号下的电子电路叫模拟电路（Analog Circuit）。模拟电路的典型应用如图 1-2 所示，图 1-3a 是模拟信号的波形图。

例如，温度检测仪在工作时输出的信号就属于模拟信号。由于温度无论在时间上还是在数量上都不可能发生突变，所以测得的物理量是连续的。而且，这个物理量在连续变化的过程中任何一个取值都有具体的物理意义，即表示一个相应的温度。

a) 信号发生器　　b) AV功效　　c) 稳压电源

图 1-2　模拟电路典型应用

【数字量】数字量（Digital Quantity）是指在时间和数值上都离散的物理量。它们的变化总是发生在一系列离散的瞬间，且数量大小和每次的增减变化都是某一个最小单位的整数倍，而小于这个最小数量单位的数值没有任何物理意义。表示数字量的信号叫数字信号（Digital Signal）。工作在数字信号下的电子电路叫数字电路（Digital Circuit），又称为逻辑电路。图 1-3b 所示是数字信号的波形图，数字电路的典型应用如图 1-4 所示。

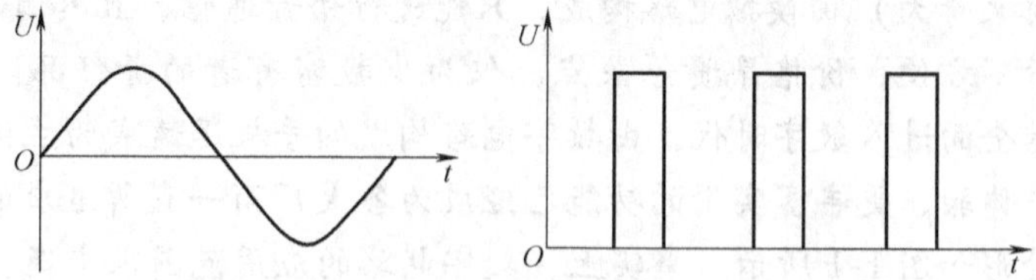

a) 模拟信号　　b) 数字信号

图 1-3　信号波形图

例如，用智能门控系统记录企业员工上班情况时，每进入一个员工便给门控系统一个信号，使之记“1”，而没有员工进厂时给系统的信号是“0”，不予记录。可见，员工进厂这个信号无论在时间上还是在数量上都是不连续的，因此它是个数字信号，最小的数量单位就是 1 个。

在工程技术中，数字电路与模拟电路相比较，具有如下显著优点：

a) 数码相机

b) 笔记本电脑

c) DVD播放器

图1-4 数字电路典型应用

1) 数字信号易于存储、加密、压缩、传输和再现。

2) 便于集成化、系列化生产，通用性强、使用方便、成本低廉。

3) 工作可靠性高、性能稳定、抗干扰能力强。

1.1.2 脉冲信号及主要参数

脉冲信号（Pulse Signal）是指不连续的、非正弦波形的信号。在数字电路中，常常需要各种脉冲信号，例如在某些数字电路中，矩形脉冲作为时钟信号，控制和协调整个数字系统的工作，其参数直接关系到系统能否正常工作。常用的脉冲信号有矩形波、方波、锯齿波等，其中最常用的是矩形波。为了定量描述矩形脉冲的特性，经常给出图1-5中所标注的几个主要参数。

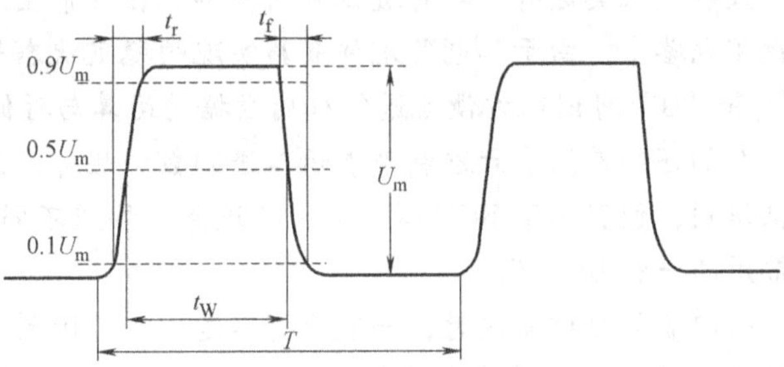

图1-5 矩形脉冲主要参数

【脉冲周期 T】在周期性重复的脉冲序列中，两个相邻脉冲同相位点之间的时间间隔。

【脉冲幅度 U_m】脉冲电压的最大变化幅度。

【脉冲宽度 t_W】从脉冲前沿上升到达 $0.5U_m$ 处开始，到脉冲后沿下降到 $0.5U_m$ 为止的一段时间，简称脉宽。

【上升时间 t_r】脉冲前沿从 $0.1U_m$ 上升到 $0.9U_m$ 所需的时间。

【下降时间 t_f】脉冲后沿从 $0.9U_m$ 下降到 $0.1U_m$ 所需的时间。

【占空比 q】脉冲宽度与脉冲周期的比值，即

$$q = t_W/T$$

此外，为了满足具体数字电路或系统的个别特殊要求，应根据实际情况增加一些相应的性能参数予以说明，如脉冲周期和幅度的稳定性能等。

值得注意的是，由数字信号定义及波形可见，其本质上也是一种脉冲信号，故矩形波、方波、锯齿波等脉冲信号就是典型的数字信号。脉冲信号具有边沿陡峭、持续时间短的特点。

拓展提高

什么是方波？什么是锯齿波？

【方波】占空比 $q=0.5$ 的矩形脉冲称为方波，其波形图如图1-6a所示。

【锯齿波】锯齿波波形为锯齿形，与时间成正比上升，到达一定值后，又快速下降到零，再重复上升、下降，其波形图如图1-6b所示。

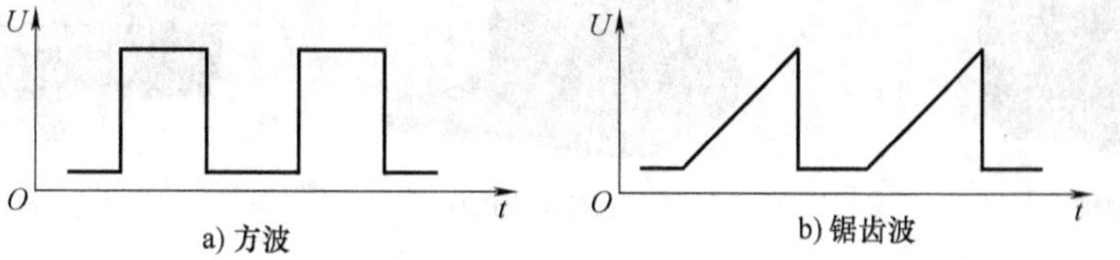

图1-6 脉冲信号波形图

1.2 数制与编码

数制是人类进行计数时进位制的简称。在日常生活中最常用的是十进制数。但在计算机等数字电路中，由于其电气元件最易实现的稳定状态是“开”与“关”，故采用二进制数的“1”和“0”可以很方便地进行机内数据的运算与存储。在编写程序时，为了方便阅读和书写，人们还经常用十六进制来表示二进制数。此外，为了既满足人们的计数习惯，又能让计算机识别，便引入了BCD码。它将二进制数按照不同形式编码来表示十进制数，8421码是最常用的一种BCD码。

初学者学习该课题时，一般应将二进制及二进制与十进制、十六进制之间的转换方法及8421码特点作为首要研究对象。

1.2.1 数制

数字电路中常用数制有十进制、二进制和十六进制。

【十进制】十进制（Decimal System）是人类日常生活和工作中最常用的数制，包含0～9十个数码，即基数为10。由于其进位规则为“逢十进一”，故称为十进制，常用大写字母“D”表示。十进制按权展开式为

$$(N)_{10} = \sum_{i=-m}^{n-1} a_i \times 10^i$$

式中，a_i为十进制数的任意一个数码，n表示整数部分的位数，m表示小数部分的位数，下标10（或D）表示十进制数，在十进制中可以省略不标。例如：

$$(176.56)_D = 1\times10^2 + 7\times10^1 + 6\times10^0 + 5\times10^{-1} + 6\times10^{-2}$$

【二进制】二进制（Binary System）是数字电路中应用最广的数制，仅有0和1两个数码，所以基数为2。由于其进位规则为“逢二进一”，故称为二进制，常用大写字母“B”表示。二进制按权展开式为

$$(N)_2 = \sum_{i=-m}^{n-1} a_i \times 2^i$$

式中，a_i为0或1数码，n表示整数部分位数，m表示小数部分位数；下标2（或B）表示二进制数。例如：

$$(110.01)_B = 1\times2^2 + 1\times2^1 + 0\times2^0 + 0\times2^{-1} + 1\times2^{-2}$$

二进制运算规则如下：

加法：$0+0=0$　　$0+1=1$　　$1+0=1$　　$1+1=10$

乘法：$0\times0=0$　　$0\times1=0$　　$1\times0=0$　　$1\times1=1$

减法：$0-0=0$　　$1-0=1$　　$1-1=0$　　$10-1=1$

在数字电路中，常用二进制表示数码并进行运算。采用二进制具有如下优点：

1）二进制的基数为2，只有两个数码0和1，便于表示两个有联系的物理量。

2）二进制进位规则是逢二进一，运算规则简单，便于进行算术运算。

3）采用二进制，便于逻辑电路的设计和实现。

【十六进制】十六进制（Hexadecimal System）是数字电路中另一种常用数制，包含0～9、A、B、C、D、E、F十六个数码，其中A、B、C、D、E、F依次表示十进制数10～15，所以基数为16。由于其进位规则为“逢十六进一”，故称为十六进制，常用大写字母“H”表示。十六进制按权展开式为

$$(N)_{16}=\sum_{i=-m}^{n-1}a_i\times16^i$$

式中，a_i 为十六进制数的任意一个数码；n 表示整数部分位数，m 表示小数部分位数；下标16（或H）表示十六进制数。例如：

$$(5D.6A)_H=5\times16^1+13\times16^0+6\times16^{-1}+10\times16^{-2}$$

十进制、二进制、十六进制数之间的对应关系见表1-1。

表1-1　常用数制之间的对应关系

十进制	二进制	十六进制	十进制	二进制	十六进制
0	0000	0	8	1000	8
1	0001	1	9	1001	9
2	0010	2	10	1010	A
3	0011	3	11	1011	B
4	0100	4	12	1100	C
5	0101	5	13	1101	D
6	0110	6	14	1110	E
7	0111	7	15	1111	F

【数制转换】数字电路中，常用数制转换包括任意数制转换为十进制数、二进制数与十六进制数的相互转换、十进制数转换为二进制数。

（1）任意数制转换为十进制数　任意数制转换为十进制数的转换方法为按权展开法。

具体操作：首先写出待转换数制的按权展开式，然后根据十进制数的运算规则进行计算，所得结果即为转换后的等值十进制数。

例1-1　将二进制数 $(10111.11)_B$ 和十六进制数 $(AE4.C)_H$ 转换为十进制数。

解：

$$\begin{aligned}(10111.11)_B&=1\times2^4+0\times2^3+1\times2^2+1\times2^1+1\times2^0+1\times2^{-1}+1\times2^{-2}\\&=16+0+4+2+1+0.5+0.25\\&=(23.75)_D\end{aligned}$$

$$\begin{aligned}(AE4.C)_H&=10\times16^2+14\times16^1+4\times16^0+12\times16^{-1}\\&=2560+224+4+0.75=(2788.75)_D\end{aligned}$$

（2）二进制数与十六进制数的相互转换　由表1-1可知，4位二进制数可以表示1位十

六进制数，因此在二进制数与十六进制数之间进行转换时通常采用分组等值法。

具体操作：以小数点为基准，向左或者向右将二进制数按4位一组进行分组（不足4位时，按整数部分从高位、小数部分从低位的原则予以补0），然后用对应十六进制数代替各组的二进制数，即可得等值的十六进制数。反之，将十六进制数的每个数码用相应的4位二进制数代替，并去除高、低位无效的0，所得结果即为等值二进制数。

例1-2　将二进制数 $(101001111.11011)_B$ 转换为十六进制数，$(7F4.EC)_H$ 转换为二进制数。

解：

$$(101001111.11011)_B=(0001\ 0100\ 1111.1101\ 1000)_B=(14F.D8)_H$$

$$(7F4.EC)_H=(0111\ 1111\ 0100.1110\ 1100)_B=(11111110100.111011)_B$$

（3）十进制数转换为二进制数　十进制数转换为二进制数需要将整数部分和小数部分分别进行转换：整数部分采用除2反序取余法；小数部分采用乘2顺序取整法。

具体操作：将给定的十进制整数部分依次除以2，按反序的原则取余数即为等值二进制数；十进制小数部分依次乘以2，按顺序的原则取整数即为等值二进制数。当小数部分不能精确转换为二进制小数时，可根据精度要求，保留几位小数。

此外，利用二进制数作桥梁，可以方便地将十进制数转换为十六进制数。

例1-3　将十进制数 $(12.1875)_D$ 转换为二进制数。

解：将整数部分和小数部分分别进行转换，然后将结果合并即可得等值二进制数。

整数部分	余数
2 | 12	……0
2 | 6	……0
2 | 3	……1
2 | 1	……1
0	↑

小数部分	整数
$0.1875\times2=0.3750$	……0
$0.3750\times2=0.7500$	……0
$0.7500\times2=1.5000$	……1
$0.5000\times2=1.0000$	……1 ↓

所以　$(12.1875)_D=(1100.0011)_B$

例1-4　将十进制数 $(0.625)_D$ 转换为十六进制数。

解：使用乘2顺序取整法将 $(0.625)_D$ 转换为二进制数，得

$0.625\times2=1.250$……1

$0.250\times2=0.500$……0

$0.500\times2=1.000$……1 ↓

所以　$(0.625)_D=(0.101)_B=(0.1010)_B=(0.A)_H$

阅读材料

从中国古代哲学获益的数学家

莱布尼茨（Gottfriend Wilhelm von Leibniz）是德国著名的数学家和哲学家。1666～1667年间，莱布尼兹在纽伦堡学习时已开始接触中国古典哲学中的易经图，如卫匡国在《中国上古史》中译著的伏羲六十四卦方位图、柏应理在《中国哲圣孔子》所译著的太极八卦次序图、八卦方位图和文王六十四卦图。

此后，大约是在 1672 ~1676 年间，莱布尼兹开始了 0 与 1 的二进制思考。1679 年 3 月 15 日，他撰写了题为《二进算术》的论文，对二进制进行了充分的讨论，并建立了二进制的表示及运算方法。1703 年，西方发表了第一篇关于二进位制的文章，即莱布尼兹在《皇家科学院纪录》上发表的，标题为《二进制算术的解说》的论文，文中论述其用途以及伏羲氏所使用的古代中国数字的意义。自此，二进制开始公之于众。1716 年，他又发表了《论中国的哲学》一文，专门讨论八卦与二进制，指出二进制与八卦有共同之处。

1.2.2　编码

利用特定的数字或符号表示图形、文字、符号和数字等信息的过程称为编码(Encode)，编码的结果称为代码（Code)。例如，发送邮件时收/发信人的 E-mail、因特网上计算机主机的 IP 地址等，就是生活中常见的编码实例。

将十进制的 0 ~9 十个数字分别用 4 位二进制代码来表示，这种编码称为二-十进制编码，也称为 BCD 码。BCD 码常用的有 8421 BCD 码，简称 8421 码。在数字电路中，通常利用 8421 码描述电路工作状态，并将运算结果直接用十进制方式输出显示。十进制数与 8421 码的对应关系见表 1-2。

表 1-2　十进制数与 8421 码的对应关系

十进制数	8421 码	十进制数	8421 码
0	0000	5	0101
1	0001	6	0110
2	0010	7	0111
3	0011	8	1000
4	0100	9	1001

由表 1-2 可知，8421 码利用 4 位二进制数码表示 1 位十进制数，由于 4 位二进制数各位的权从高位至低位分别为 8、4、2、1，故称 8421 码。对照表 1-1、表 1-2 可知，8421 码的显著特点是与十进制数的 4 位等值二进制数完全相同，因此也称它为自然 BCD 码。当 8421 码取值为 $a_3a_2a_1a_0$ 时，它所表示的十进制数为

$$(N)_D = 8 \times a_3 + 4 \times a_2 + 2 \times a_1 + 1 \times a_0$$

例如：　$(1101)_{8421码} = (8 \times 1 + 4 \times 1 + 2 \times 0 + 1 \times 1)_D = (13)_D$

在数字电路中，很多情况下十进制数就是用 8421 码表示的，如十进制 BCD 码计数器等。十进制数和 8421 码相互转换只要将十进制数的各位分别对应于 4 位一组的 8421 码即可。

例 1-5　将十进制数 $(469)_D$ 转换为 8421 码。

解：将各位分开排列，转换为相应的 8421 码，即

$$\begin{array}{ccc} 4 & 6 & 9 \\ \downarrow & \downarrow & \downarrow \\ 0100 & 0110 & 1001 \end{array}$$

因此，$(469)_D = (0100\ 0110\ 1001)_{8421码}$。

注意：要区分十进制数转换为 8421 码与十进制数转换为二进制数的区别。例如：$(469)_D$ 转换为 8421 码形式为 0100 0110 1001，而 $(469)_D$ 转换为二进制数形式为

$(111010101)_B$。

阅读材料

古老的编码故事

在1775年，美国大革命前夕，全副武装的英国士兵正准备大举进攻美国的马萨诸塞州。美国当地的民兵要制定抵抗计划，就要知道英军是从海上进攻还是从陆地进攻。于是，他们派遣了一名侦察兵去收集敌人的进攻路线。侦察兵得到情报，若要在山上拼写出“LAND”或者“SEA”来报信，需要使用20或者30个灯笼。那么，他用什么方法才能把消息传回去呢？

当时附近有一个古老的教堂叫北方教堂，人们从几英里外就可以看到它高大的塔顶。当地民兵约定，侦察员在教堂的塔顶点上一个或者两个灯笼作为信号，一个灯笼说明英军从陆地进攻，两个灯笼则意味着英军从海上进攻。

那么，英军是从陆地还是从海上进攻的呢？有趣的是，人们只记住了这个著名的编码故事，“一个灯笼表示陆地，两个灯笼表示大海”，却忘记了英军的进攻路线，这大概就是编码的魅力吧。

1.3　基本逻辑与逻辑门电路

话题引入

在数字电路中，经常遇到开关的通断、电压的高低、灯的亮灭等一些相互对立的现象，这些现象可以用“1”或“0”来表示，这里“1”或“0”并不表示数值的大小，而是表示相互对立的两种逻辑状态。

数字电路中的基本逻辑有与逻辑（AND）、或逻辑（OR）和非逻辑（NOT）三种。能实现某种逻辑功能的数字电路称为逻辑门电路，常用逻辑门电路有与门、或门、非门、与非门、或非门等。在工程技术中，若已知逻辑门电路逻辑关系，则可对其输入、输出波形进行定性分析。

1.3.1　与逻辑和与门电路

当决定事物结果的全部条件同时具备时，结果才发生的逻辑关系称为与逻辑，又称为逻辑乘。在图1-7a所示的电路中，只有当开关A、B都闭合时，指示灯Y才能亮；只要有一个开关断开，指示灯就不亮。可以看出，串联开关是与逻辑关系，这个电路为与逻辑门电路，简称与门电路。

设开关接通为“1”，断开为“0”，指示灯亮为“1”，灯灭为“0”，则可列出其功能描述真值表见表1-3。

表1-3　与逻辑真值表

A	B	Y	A	B	Y
0	0	0	1	0	0
0	1	0	1	1	1

由表 1-3 可知，与逻辑常量运算规则为

$$0 \cdot 0 = 0 \qquad 0 \cdot 1 = 0$$

$$1 \cdot 0 = 0 \qquad 1 \cdot 1 = 1$$

与逻辑函数式为

$$Y = A \cdot B$$

式中“·”是与逻辑运算符，读作“与”，实际应用时“·”可省略。

与门电路及其图形符号如图 1-7 所示，其中 A、B 为输入变量，Y 为输出变量。

例 1-6　设与门电路输入端 A、B 的波形如图 1-8 所示，试绘出输出端 Y 的波形。

解： 只有输入端 A、B 波形都为 1 时，Y 端波形才为 1，据此可绘出输出端 Y 的波形，如图 1-8 所示。

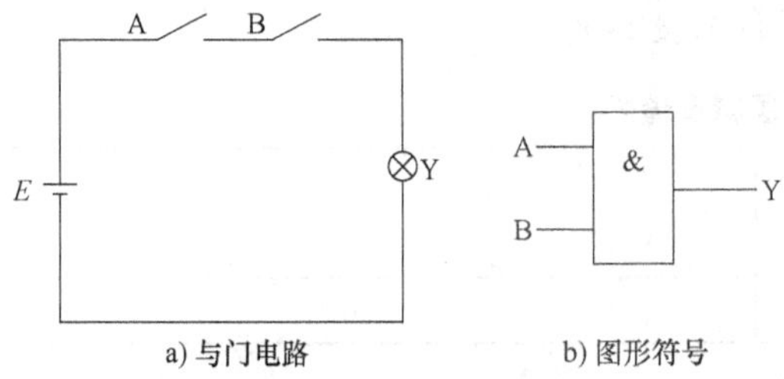

图 1-7　与门电路及其图形符号

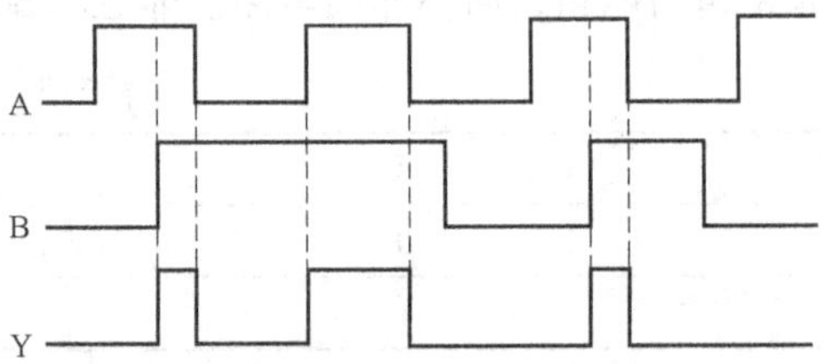

图 1-8　例 1-6 图

1.3.2　或逻辑和或门电路

当决定事物结果条件中只要有任何一个满足，结果就会发生的逻辑关系称为或逻辑，又称为逻辑加。在如图 1-9a 所示开关控制电路中，开关 A 或开关 B 闭合时，指示灯 Y 都能点亮；只有开关 A、B 全部断开时，指示灯 Y 才不亮。由此可知并联开关是或逻辑关系实现或逻辑的门电路称为或逻辑门电路，简称或门电路。或逻辑真值表见表 1-4。

表 1-4　或逻辑真值表

A	B	Y	A	B	Y
0	0	0	1	0	1
0	1	1	1	1	1

由表 1-4 可知，或逻辑常量运算规则为

$$0 + 0 = 0 \qquad 0 + 1 = 1$$

$$1 + 0 = 1 \qquad 1 + 1 = 1$$

或逻辑函数式为

$$Y = A + B$$

式中“+”是或逻辑运算符，读作“或”。

或门电路图形符号如图 1-9b 所示。

例 1-7　设或门电路输入端 A、B 的波形如图 1-10 所示，试绘出输出端 Y 的波形。

解： 只有输入端 A、B 波形都为 0 时，Y 端波形才为 0，据此可绘出输出端 Y 的波形。

1.3.3　非逻辑和非门电路

当决定事物结果的条件具备时结果不发生，条件不具备时结果发生的逻辑关系称为非逻

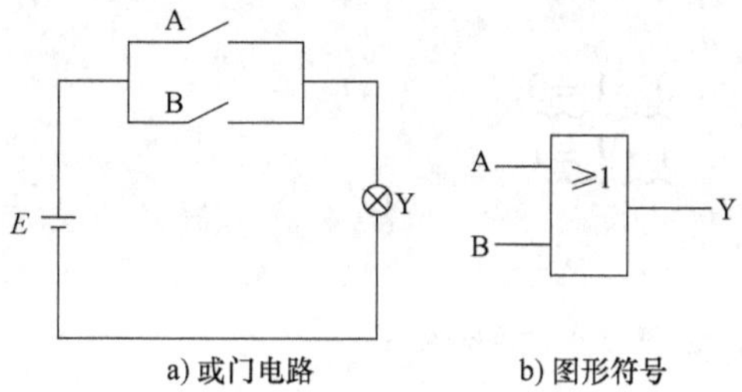

图 1-9　或门电路及其图形符号

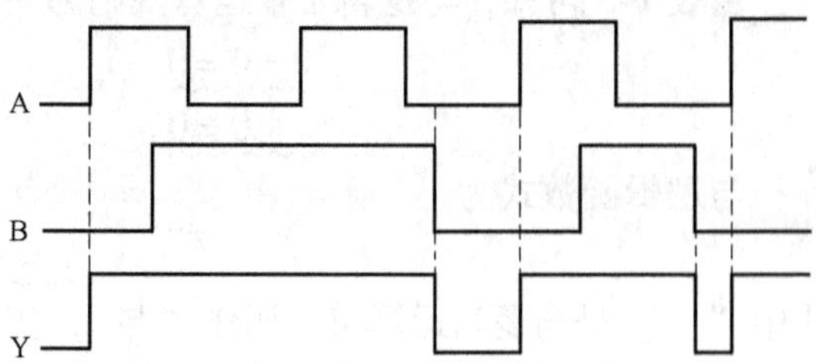

图 1-10　例 1-7 图

辑，又称为逻辑求反。在图 1-11a 所示开关控制电路中，开关 A 闭合时，指示灯 Y 不亮；开关 A 断开时，指示灯 Y 点亮。由此可知开关与负载是非逻辑关系实现非逻辑的门电路称为非逻辑门电路，简称非门电路。非逻辑真值表见表 1-5。

表 1-5　非逻辑真值表

A	Y
0	1
1	0

由表 1-5 可知，非逻辑常量运算规则为

$$\overline{0}=1 \quad \overline{1}=0$$

非逻辑函数式为

$$Y=\overline{A}$$

式中“ ¯ ”是非逻辑运算符，读作“非”。

非门电路图形符号如图 1-11b 所示。

例 1-8　设非门电路输入端 A 的波形如图 1-12 所示，试绘出输出端 Y 的波形。

解： 输出端 Y 的波形与输入端 A 的波形相反，据此可绘出输出端 Y 的波形。

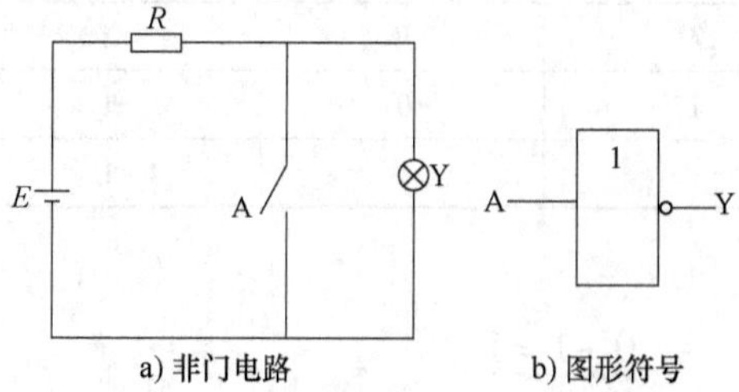

图 1-11　非门电路及非门电路图形符号

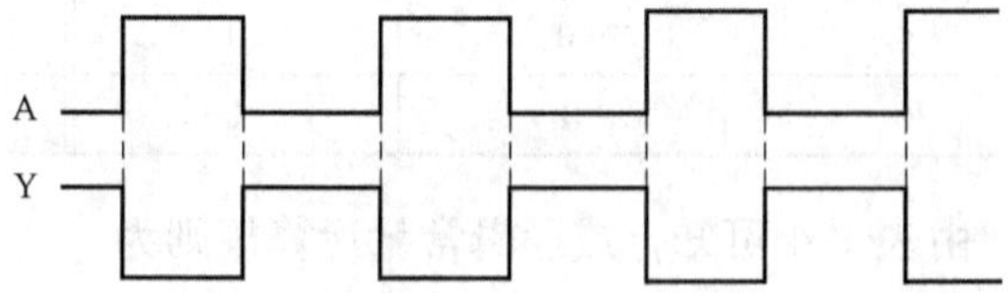

图 1-12　例 1-8 图

1.3.4　复合逻辑和常用逻辑门电路

在数字电路中，常采用复合逻辑门电路实现逻辑功能。最常用的复合逻辑运算有与非（NAND）逻辑、或非（NOR）逻辑、与或非（AND-OR-NOR）逻辑、异或（XOR）逻辑、同或（XNOR）逻辑等。这些复合逻辑的逻辑函数式、真值表以及图形符号见表 1-6。

由表 1-6 可知，将逻辑变量 A 和 B 先进行或逻辑或与逻辑，然后将结果求反，最后得到的即为变量 A、B 的或非逻辑或与非逻辑结果。因此，可以把或非逻辑和与非逻辑看做是或逻辑和非逻辑、与逻辑和非逻辑的组合。

表 1-6　常用复合逻辑函数式、真值表、图形符号

逻辑名称	逻辑函数式	真 值 表	图形符号
与非逻辑	$Y=\overline{A\cdot B}$	A B Y 0 0 1 0 1 1 1 0 1 1 1 0	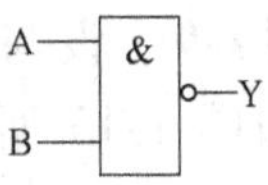
或非逻辑	$Y=\overline{A+B}$	A B Y 0 0 1 0 1 0 1 0 0 1 1 0	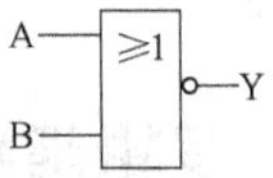
与或非逻辑	$Y=\overline{AB+CD}$	AB CD Y 0 0 1 0 1 0 1 0 0 1 1 0	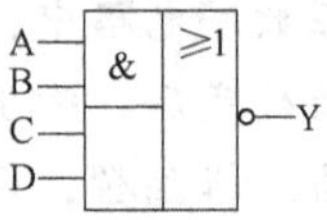
异或逻辑	$Y=A\oplus B$ $=\bar{A}B+A\bar{B}$	A B Y 0 0 0 0 1 1 1 0 1 1 1 0	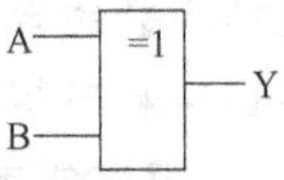
同或逻辑	$Y=A\odot B$ $=AB+\bar{A}\bar{B}$	A B Y 0 0 1 0 1 0 1 0 0 1 1 1	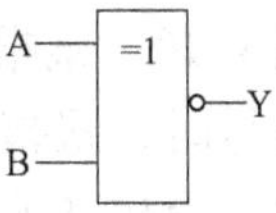

在与或非逻辑中，逻辑变量 A、B 以及 C、D 之间都是与逻辑关系。当 A、B 或 C、D 任意一组同时为 1 时，输出 Y 为 0；只有当每一组输入都不全是 1 时，输出 Y 才为 1。

异或逻辑也是只有两个输入变量的逻辑函数。其中“⊕”为异或逻辑运算符，读作“异或”。在进行逻辑运算时，只有当两个输入变量 A 和 B 的数值不相同时，输出 Y 才为 1，否则 Y=0。异或逻辑的运算规则为

$$0\oplus 0=0 \qquad 0\oplus 1=1$$
$$1\oplus 0=1 \qquad 1\oplus 1=0$$

同或逻辑与异或逻辑相反。其中“⊙”为同或运算符，读作“同或”。当两个输入变量A、B相同时，输出Y为1；输入变量A、B不相同时，输出Y为0。同或逻辑的运算规则为

$$0⊙0=1 \qquad 0⊙1=0$$

$$1⊙0=0 \qquad 1⊙1=1$$

例1-9 设与非门电路输入端A、B的波形如图1-13所示，试绘出输出端Y的波形。

解： 只有输入端A、B波形都为1时，Y端波形才为0，据此可绘出输出端Y的波形。

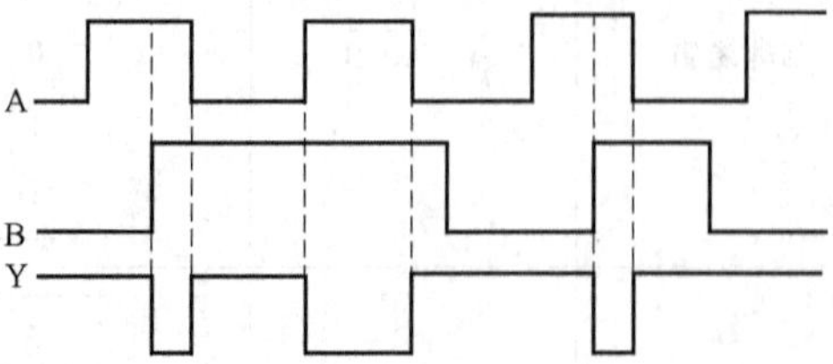

图1-13 例1-9图

1.4 逻辑函数及其描述

话题引入

在数字电路中，如果以逻辑变量作为输入变量，以逻辑结果作为输出变量，当逻辑变量的取值确定后，输出变量也随之确定，即输入变量与输出变量之间为函数关系。这种函数关系称为逻辑函数，表达式为

$$Y=F(A,B,C,\cdots)$$

式中，Y表示输出变量，F表示逻辑关系，A、B、C表示输入变量。由于输入、输出变量取值只有0和1两种状态，所以我们讨论的都是二值逻辑函数。

逻辑函数的常用描述方法有逻辑真值表、逻辑函数式和逻辑图。初学者学习该课程时，要解决如何利用不同描述方法描述逻辑函数的问题。

1.4.1 逻辑真值表

【逻辑真值表（Truth Table）】指将逻辑函数输入变量的各种可能取值及其对应的输出变量数值列出构成的表格，简称真值表。利用真值表可以直观地描述逻辑函数输入、输出变量对应关系，是常用描述方法之一。

例1-10 某报警电路由三个传感器A、B、C组成，当任意两个或两个以上的传感器有报警信号时，报警电路发出声光报警。试列出其真值表。

解： 设传感器A、B、C为输入变量，且规定当有报警信号时用1表示，无报警信号时用0表示，由于该报警电路有三个输入变量，故输入变量对应$2^3=8$种取值组合，分别为000、001、010、011、100、101、110、111；声光报警信号为输出变量，用Y表示，且规定当有声光报警信号时用1表示，无声光报警信号用0表示。根据题意，列出真值表见表1-7。

表1-7 例1-10真值表

A	B	C	Y	A	B	C	Y
0	0	0	0	1	0	0	0
0	0	1	0	1	0	1	1
0	1	0	0	1	1	0	1
0	1	1	1	1	1	1	1

1.4.2　逻辑函数式

【逻辑函数式】将输入变量与输出变量之间的逻辑关系写成与逻辑、或逻辑、非逻辑等基本逻辑的组合方式。与真值表一样，逻辑函数式也能准确地描述逻辑函数的逻辑关系。

仍以例 1-10 为例，根据对电路的要求和与逻辑、或逻辑等逻辑门电路的定义，该报警电路的逻辑函数式为

$$Y=\overline{A}BC+A\overline{B}C+AB\overline{C}+ABC=AB+AC+BC$$

1.4.3　逻辑图

将逻辑函数式中各变量之间的逻辑关系用与逻辑、或逻辑、非逻辑等图形符号表示形成的图形，称为逻辑图。在数字电路设计中，逻辑图是必不可少的。

为了画出例 1-9 要求的报警电路逻辑图，只要用门电路的图形符号代替逻辑函数式中的运算符号即可，如图 1-14 所示。

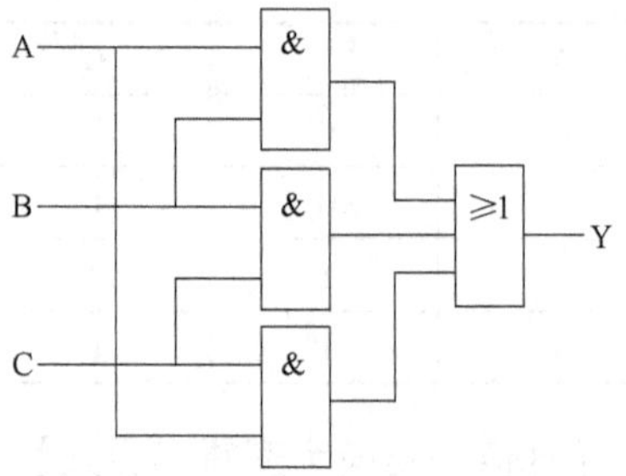

图 1-14　例 1-9 报警电路逻辑图

传感器概述

传感器是能感受规定的被测量，并按照一定规律将其转换成可用信号的器件或装置，通常由敏感元件和转换元件组成。传感器技术是信息技术的三大支柱之一，广泛应用在工业自动化、能源、交通、灾害预测、安全防卫、环境保护、医疗卫生等领域。

如果将自动控制设备的功能与人体相比较，则传感器就相当于人体的眼、耳、鼻等感觉器官。在人们的日常生活中，如果感觉器官不灵敏，可想而知，人就不会得心应手地行动；同样，对于自动控制系统，如果不能准确地检测被控量，也无法进行有效的控制。因此，传感器是自动控制系统的重要组成部分。

在工程技术中，常用的传感器有温度传感器、光电传感器、磁敏传感器、声-电传感器、气-电传感器、压力传感器、湿敏传感器和负载传感器等类型。部分常用传感器外形如图 1-15所示。

a) 温度传感器　　b) 光电传感器　　c) 压力传感器

图 1-15　部分常用传感器外形

1.4.4　各种描述方法之间的转换

由于上述描述方法均能对同一个逻辑函数进行逻辑关系描述，因此可以相互转换，经常用到的转换有以下几种。

【逻辑函数式转换为真值表】将输入变量取值的所有组合状态代入逻辑函数式，并求出

相应输出变量的数值，列成表，即可以得到逻辑函数式对应的真值表。

例 1-11　已知逻辑函数式 $Y=A+\bar{B}C+\bar{A}B\bar{C}$，求其逻辑真值表。

解：该逻辑函数式中，A、B、C 为输入变量，Y 为输出变量。将 A、B、C 的 2^3 种取值组合逐一代入逻辑函数式中计算，将计算结果列表，即可得其逻辑真值表，见表 1-8。

表 1-8　例 1-11 真值表

A	B	C	Y	A	B	C	Y
0	0	0	0	1	0	0	1
0	0	1	1	1	0	1	1
0	1	0	1	1	1	0	1
0	1	1	0	1	1	1	1

【真值表转换为逻辑函数式】由真值表转换为逻辑函数式的方法如下：

1）从真值表中找到使输出变量 Y = 1 的输入变量取值组合。

2）按照用原变量表示取值 1 及用反变量表示取值 0 的方法得出对应乘积项。

3）将这些乘积项相加，构成对应逻辑函数式。

例 1-12　已知逻辑函数 Y 的真值表见表 1-9，求其对应的逻辑函数式。

表 1-9　例 1-12 真值表

A	B	C	Y	A	B	C	Y
0	0	0	1	1	0	0	0
0	0	1	0	1	0	1	1
0	1	0	0	1	1	0	1
0	1	1	1	1	1	1	0

解：由真值表可知，输出变量 Y 为 1 的对应输入变量取值组合分别为 000、011、101、110，对应乘积项依次为 $\bar{A}\,\bar{B}\,\bar{C}$、$\bar{A}BC$、$A\,\bar{B}C$、$AB\,\bar{C}$。分别将这些乘积项相加，所得等式即为真值表对应逻辑函数式，即

$$Y=\bar{A}\,\bar{B}\,\bar{C}+\bar{A}BC+A\,\bar{B}C+AB\,\bar{C}$$

【逻辑图转换为逻辑函数式】由逻辑图输入端至输出端逐级写出每个图形符号对应的逻辑式，即可得到对应的逻辑函数式。

例 1-13　已知逻辑函数 Y 的逻辑图如图 1-16 所示，求其对应逻辑函数式。

解：由图 1-16 所示逻辑图可知，该逻辑函数 Y 由非逻辑、异或逻辑、与非逻辑、或非逻辑构成，从输入端到输出端逐级写出对应逻辑图形符号输出端的逻辑式即可得到要求的逻辑函数式，即

$$Y=(A\oplus\overline{B+\overline{\bar{B}C}})$$

【逻辑函数式转换为逻辑图】在逻辑函数中，用图形符号代替逻辑函数式中的运算符号，即可画出相应逻辑图。

例 1-14　已知逻辑函数式 $Y=\overline{\overline{A\bar{B}}\cdot\overline{\bar{A}B}}$，求逻辑图。

解：由逻辑函数式可知，该逻辑函数由两个非逻辑与三个与非逻辑构成，将式中所有的

逻辑运算用图形符号代替，并依据运算优先顺序把这些图形符号连接起来，就得到了所求的逻辑图，如图 1-17 所示。

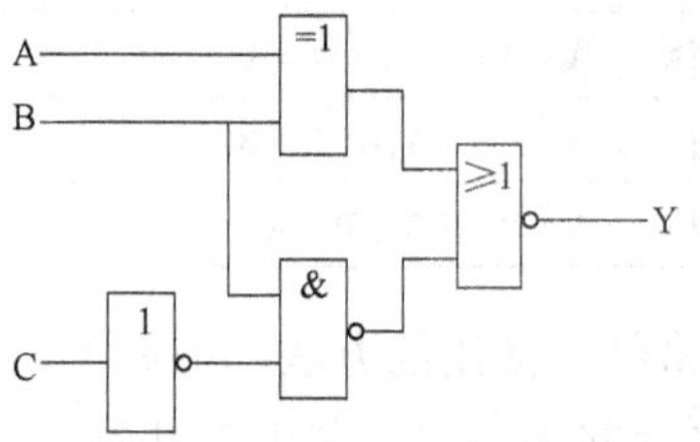

图 1-16　例 1-13 逻辑图

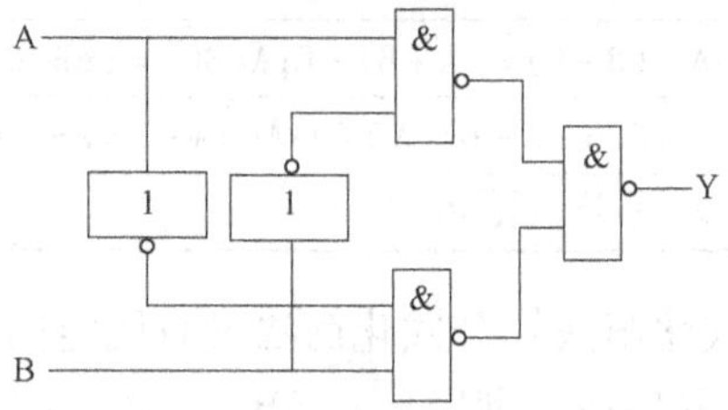

图 1-17　例 1-14 逻辑图

*1.5　逻辑函数化简

话题引入

在数字电路中，相同的逻辑功能可以用不同的逻辑函数式描述，而逻辑函数式越简单，与之对应的逻辑电路也越简单，所需电子元器件越少，可靠性越高。因此，在使用小规模数字集成电路（如门电路）设计组合逻辑电路时，必须进行化简。

但随着集成电路生产技术的高速发展，各种中、大规模数字集成电路的成功研发以及计算机辅助设计软件的广泛应用，常规逻辑函数化简方法在工程技术中的实际应用日渐下降。本课程为选学内容，初学者可根据自身实际情况进行选学。

1.5.1　公式化简法

公式化简法的原理是直接利用逻辑变量运算法则和逻辑函数基本定律消去函数式中多余乘积项和多余因子，以求得函数式的最简形式。

在工程技术中，与-或型逻辑函数的“最简”标准为

1）逻辑函数式中乘积项最少。

2）每个乘积项中的逻辑变量数最少。

【逻辑变量运算法则】逻辑变量运算法则见表 1-10。

表 1-10　逻辑变量运算法则

逻 辑 乘	逻 辑 加	反 转 律
$A \cdot 0 = 0$	$A + 0 = A$	$\overline{\overline{A}} = A$
$A \cdot 1 = A$	$A + 1 = 1$	
$A \cdot A = A$	$A + A = A$	
$A \cdot \overline{A} = 0$	$A + \overline{A} = 0$	

【逻辑函数的基本定律】逻辑函数的基本定律主要包括交换律、结合律、分配律、互补律、还原律、重叠律、吸收律、反演律，其中反演律也称为摩根（De. Morgan）定律。这些定律统称为布尔恒等式，详见表 1-11。

表 1-11　逻辑函数的基本定律

基本定律	基本公式	基本定律	基本公式
交换律	$A+B=B+A;AB=BA$	还原律	$\overline{\overline{A}}=A$
结合律	$A+(B+C)=(A+B)+C;A(BC)=(AB)C$	重叠律	$A+A=A;A\cdot A=A$
分配律	$A+BC=(A+B)(A+C);A(B+C)=AB+AC$	吸收律	$A+AB=A;A(A+B)=A$
互补律	$A+\overline{A}=1;A\overline{A}=0$	反演律	$\overline{A+B}=\overline{A}\,\overline{B};\overline{AB}=\overline{A}+\overline{B}$

【公式化简法】公式化简法没有固定的步骤，现将经常使用的方法归纳如下。

（1）并项法　利用公式 $AB+A\overline{B}=A$ 可以将两项合并为一项，并消去 B 和 $\overline{B}$ 因子。

例 1-15　试用并项法化简逻辑函数 $Y=A\overline{B}+ACD+\overline{A}\,\overline{B}+\overline{A}CD$。

解：

$$Y=\overline{B}(A+\overline{A})+CD(A+\overline{A})=\overline{B}+CD$$

（2）吸收法　利用公式 $A+AB=A$ 可将 AB 项消去。

例 1-16　试用吸收法化简逻辑函数 $Y=A+ABD+A\overline{B}C\overline{D}E+A\overline{C}D\overline{E}$。

解：

$$Y=A+A(BD+\overline{B}C\overline{D}E+\overline{C}D\overline{E})=A$$

（3）消因子法　利用公式 $A+\overline{A}B=A+B$ 可将多余因子消去。

例 1-17　试用消因子法化简逻辑函数 $Y=AC+\overline{A}D+\overline{C}D$。

解：

$$Y=AC+(\overline{A}+\overline{C})D=AC+\overline{AC}D=AC+D$$

（4）配项法　利用公式 $A+A=A$ 和 $A+\overline{A}=1$ 进行配项可以化简逻辑函数。

例 1-18　试用配项法化简逻辑函数 $Y=A\overline{B}+B+\overline{A}B$。

解：

$$\begin{aligned}Y&=A\overline{B}+(A+\overline{A})B+\overline{A}B=A\overline{B}+AB+\overline{A}B+\overline{A}B\\&=A(B+\overline{B})+B(A+\overline{A})=A+B\end{aligned}$$

值得注意的是，用公式法化简逻辑函数，不仅要熟悉逻辑代数的基本定律和基本定理，而且还要能灵活运用这些公式，且很难判断化简结果是不是最简形式。

因此在数字系统设计中，普遍采用卡诺图化简法进行逻辑函数化简。只有当逻辑函数非常简单时，才使用公式法化简。

1.5.2　卡诺图化简法

卡诺图化简法是指根据具有相邻性的最小项可以合并，并消去不同因子的基本原理，利用卡诺图对逻辑函数进行化简的方法。与公式化简法相比，具有直观、操作简单等优点，是数字系统工程设计中普遍采用的逻辑函数化简方法。

【卡诺图简介】卡诺图（Karnaugh Map）是由美国工程师卡诺首先提出的，由真值表变换而来的一种方格图。2～4 变量最小项卡诺图如图 1-18 所示。

由图 1-18 可知，卡诺图具有如下特点：

1）对于 N 变量的逻辑函数，其对应卡诺图方格为 2^N 个；

2）相邻方格仅有一个变量不同，利用该特性，可以消去多余因子；

3）卡诺图在几何位置上具有逻辑相邻性，即为上下、左右闭合的图形。

【卡诺图描述法】利用 N 变量卡诺图可以描述任意一个 N 变量逻辑函数，具体描述方法为：

1）将逻辑函数展开为最小项表达式。

在逻辑函数中，全部输入变量均以原变量或反变量的形式出现 1 次且仅出现 1 次的乘积

A \ B	0	1
0	$\bar{A}\bar{B}$	$\bar{A}B$
1	$A\bar{B}$	AB

a) 2变量卡诺图

A \ BC	00	01	11	10
0	$\bar{A}\bar{B}\bar{C}$	$\bar{A}\bar{B}C$	$\bar{A}BC$	$\bar{A}B\bar{C}$
1	$A\bar{B}\bar{C}$	$A\bar{B}C$	ABC	$AB\bar{C}$

b) 3变量卡诺图

AB \ CD	00	01	11	10
00	$\bar{A}\bar{B}\bar{C}\bar{D}$	$\bar{A}\bar{B}\bar{C}D$	$\bar{A}\bar{B}CD$	$\bar{A}\bar{B}C\bar{D}$
01	$\bar{A}B\bar{C}\bar{D}$	$\bar{A}B\bar{C}D$	$\bar{A}BCD$	$\bar{A}BC\bar{D}$
11	$AB\bar{C}\bar{D}$	$AB\bar{C}D$	$ABCD$	$ABC\bar{D}$
10	$A\bar{B}\bar{C}\bar{D}$	$A\bar{B}\bar{C}D$	$A\bar{B}CD$	$A\bar{B}C\bar{D}$

c) 4变量卡诺图

图 1-18　2 ~ 4 变量最小项卡诺图

项称为最小项，也称为标准积项。例如 A、B 两个变量的最小项有$\bar{A}\,\bar{B}$、$\bar{A}B$、$A\,\bar{B}$、AB 共 4 个（即 2^2 个），因此 N 变量的最小项有 2^N 个。

全部由最小项构成的逻辑函数式称为最小项之和标准形式，简称最小项表达式。利用基本公式 $A+\bar{A}=1$ 可以把任何逻辑函数化成最小项表示式。这种标准形式在逻辑函数的化简及计算机辅助设计中得到了广泛的应用。

2）在卡诺图上与这些最小项对应的位置填入 1，在其余的位置填入 0。

例 1-19　用卡诺图描述逻辑函数 $Y=ABD+A\,\bar{B}C\,\bar{D}+A\,\bar{C}D$。

解：首先将 Y 展开为最小项表达式

$$Y=ABD(C+\bar{C})+A\,\bar{B}C\,\bar{D}+A\,\bar{C}D(B+\bar{B})$$
$$=ABCD+AB\,\bar{C}D+A\,\bar{B}C\,\bar{D}+AB\,\bar{C}D+A\,\bar{B}\,\bar{C}D$$
$$=ABCD+AB\,\bar{C}D+A\,\bar{B}C\,\bar{D}+A\,\bar{B}\,\bar{C}D$$

画出 4 变量卡诺图，在对应函数式中各最小项的位置填入 1，其余位置上填入 0，即可得到如图 1-19 所示 Y 的卡诺图。

AB \ CD	00	01	11	10
00	0	0	0	0
01	0	0	0	0
11	0	1	1	0
10	0	1	0	1

图 1-19　例 1-19 的卡诺图

【卡诺图化简法】利用卡诺图化简逻辑函数的步骤如下：

1）画出逻辑函数的卡诺图。

2）合并最小项。

合并最小项的规则如下：

① 合并项包含相邻项尽可能多，但合并项内最小项数只能是 2^i（$i=1，2，3，\cdots，n$）个，合并项内最小项越多，消去的变量越多，表达式就越简单。

② 合并项应尽可能少。因为合并项的个数越少，化简后的乘积项越少，得到的表达式越简单。

③ 最小项可以被不同合并项利用，但是每一个合并项至少有一个最小项未被其他合并项包含；如果一个合并项内的所有最小项都已被其他合并项包含过，那么这个合并项就是多余的。

④ 合并最小项时，没有相邻项的单独最小项应保留。

3）提取合并项公共因子，即乘积项。

例 1-20　用卡诺图化简逻辑函数 $Y=\bar{A}\,\bar{B}C+\bar{A}B\,\bar{C}+\bar{A}BC+A\,\bar{B}\,\bar{C}+A\,\bar{B}C+AB\,\bar{C}$。

解：将逻辑函数 $Y=\overline{A}\,\overline{B}C+\overline{A}B\overline{C}+\overline{A}BC+A\overline{B}\,\overline{C}+A\overline{B}C+AB\overline{C}$填入 3 变量卡诺图相应小方格，并按照最小项合并规则找出可以合并的最小项，如图 1-20 所示。

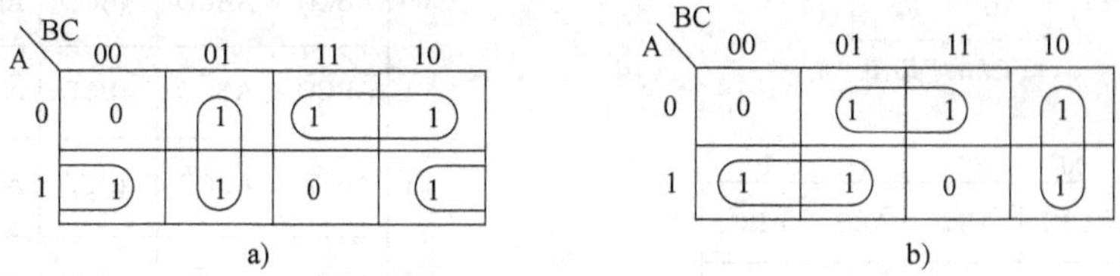

图 1-20　例 1-20 的卡诺图

由图 1-20 可知，该逻辑函数有两种合并方式，其化简结果分别为

$$Y_a=\overline{B}C+\overline{A}B+A\overline{C}$$
$$Y_b=\overline{A}C+A\overline{B}+B\overline{C}$$

结论：逻辑函数的化简结果不是唯一的。在利用卡诺图化简逻辑函数时，通常应对给定逻辑功能及可选用逻辑功能器件进行认真分析，选择合适的合并方式进行化简。

拓展提高

怎样化简具有约束条件的逻辑函数

【约束项的概念】在逻辑函数中，常把输入变量不可能出现的取值组合或者逻辑函数输出不确定时所对应的输入变量取值组合称为约束项，也称为任意项或无关项。在卡诺图中用 ϕ（或×）表示约束项。含有约束项的逻辑函数表示方法有下述两种。

$$Y=\sum m(\quad)+\sum \Phi(\quad)$$

$$\begin{cases}Y=\sum m(\quad)\\ \text{约束条件}:\sum \Phi(\quad)=0\end{cases}$$

【利用约束项化简逻辑函数】利用约束项不需要定义的特点，可以对含有约束项的逻辑函数进行卡诺图化简。化简时可以根据需要将约束项看成 1 或者 0。

例 1-21　用卡诺图化简逻辑函数

$$\begin{cases}Y=A\overline{B}\,\overline{C}+ABC+\overline{A}\,\overline{B}C+\overline{A}B\overline{C}\\ \text{约束条件}:\overline{A}\,\overline{B}\,\overline{C}+\overline{A}BC=0\end{cases}$$

解：将逻辑函数 Y 最小项 $A\overline{B}\,\overline{C}$、$ABC$、$\overline{A}\,\overline{B}C$、$\overline{A}B\overline{C}$及约束项$\overline{A}\,\overline{B}\,\overline{C}$、$\overline{A}BC$ 填入 3 变量卡诺图相应小方格，并按照最小项合并规则找出可以合并的最小项，如图 1-21 所示。

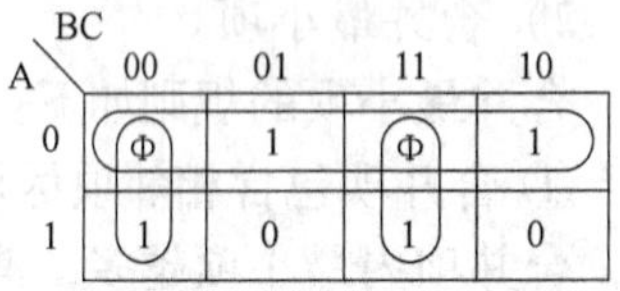

图 1-21　例 1-21 的卡诺图

由图 1-21 可知，为了将逻辑函数化简为最简式，可认为约束项$\overline{A}\,\overline{B}\,\overline{C}$、$\overline{A}BC$ 均为 1，则逻辑函数可化简为

$$Y=A+\overline{B}\,\overline{C}+BC$$

1.6　集成逻辑门电路

话题引入

1961 年，美国德克萨斯仪器公司率先将数字电路的元器件和连线制作在同一硅片上，

制成了数字集成电路（Integrated Circuit，简称IC）。由于集成电路体积小、重量轻、可靠性好等优点，因而在大多数领域迅速取代了分立元器件电路。

在工程技术中，数字集成电路已有了符合工业标准的产品系列，在产品维护及设计选材时，只需根据具体的需要进行选取即可。它们已广泛地应用在生活中的方方面面，小至电子表，大至计算机，都是由数字集成电路构成的。常用数字集成电路系列有TTL系列、CMOS系列集成电路。初学者学习该课程时，一般将集成逻辑门逻辑功能及应用特性作为研究对象。表1-12为TTL、CMOS系列集成电路性能比较表，供选用时参考。

表1-12　TTL、CMOS系列集成电路性能比较表

参　数	TTL	CMOS
传输延迟时间 t_{pd}/(ns/门)	3～10	60
平均功耗 P	2～22mW	50nW
最高工作频率 f_{max}/MHz	35～125	10
逻辑功能	与非	或非/与非
高电平 V_H/V	3.6	V_{DD}
低电平 V_L/V	0.3～0.5	0
直流噪声容限/mV	300	30% V_{DD}
电源/V	5	3～18

1.6.1　TTL集成逻辑门电路

TTL集成电路的全称是晶体管-晶体管逻辑（Transistor-Transistor Logic）集成电路。是我国和国际上生产历史最悠久和生产数量最多的一种集成电路。自20世纪60年代初期集成电路进入工业生产阶段以来，经过自身不断的结构改进和性能提高，已具有可靠性高、传输速度快、抗干扰能力强等优点。TTL集成电路主要应用于工业控制仪器、仪表，民用电子产品，大、中、小型电子计算机等领域。

【TTL集成与非门电路结构】TTL集成门电路的基本形式是与非门，其典型内部电路结构如图1-22所示。图中 V_1 为多发射极晶体管，A和B为信号输入端，Y为信号输出端。

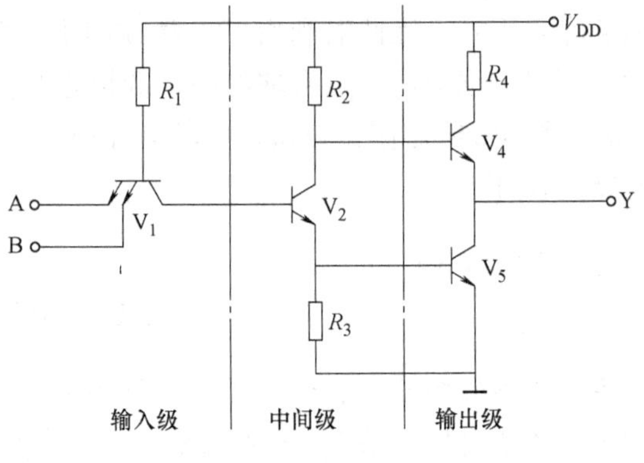

图1-22　TTL集成与非门的典型内部电路结构

由图1-22可知，当 V_1 的发射极A、B均接高电平（3.6V）时，V_1 的各发射结均截止，集电结工作于倒置状态而正向导通，给 V_2 提供基极偏置电压，使 V_2 饱和导通，V_4 截止；由于 R_3 上的电压降给 V_5 基极提供基极偏置电压，V_5 处于深饱和状态，输出端输出低电平（0.3V）。

当 V_1 的发射极A、B至少有一个为低电平（0.3V）时，V_1 相应的发射结导通，处于深饱和状态，集电极输出低电平。V_2 和 V_5 处于截止状态，V_4 导通，输出端输出高电平（3.6V）。由此可知，该电路输出与输入是“与非”逻辑关系，其逻辑函数式为 $Y=\overline{AB}$。

【TTL 集成门电路系列简介】考虑到国际上通用标准型号和我国现行的国家标准，我国 TTL 数字集成电路分为 54/74 系列、54H/74H 系列、54S/74S 系列、54LS/74LS 系列四大类。表 1-13 为不同系列 TTL 集成门电路的性能比较，供选用时参考。

表 1-13　不同系列 TTL 集成门电路的性能比较

性能指标	54/74	54H/74H	54S/74S	54LS/74LS
传输延迟时间 t_{pd}/ns	10	6	4	10
平均功耗 P/(mW/门)	10	22.5	20	2
最高工作频率 f_{max}/MHz	35	50	125	45
db 积/(ns · mW)	100	135	80	20

注：db 积是功耗-延迟积的简称，数值上等于门电路功耗和传输延迟时间的乘积，是评价门电路性能优劣的重要指标之一。

【TTL 集成门电路使用注意事项】TTL 集成门电路是一种有源电路，除工作时必须接上额定的工作电压并与负载匹配外，还应注意以下因素。

1）TTL 集成门电路（OC 门和三态门除外）的输出端不允许并联使用，也不允许直接与 +5V 电源或地线相连，否则，将会使电路的逻辑功能混乱并损坏元器件。

2）TTL 集成门电路输出端外接电阻选择要准确，否则会影响电路的正常工作。

3）多余输入端的处理。输入端可以直接或串联 0.1Ω ~ 10kΩ 电阻器后再接电源电压 V_{DD}来获得高电平输入，如直接接地则为低电平输入。或门、或非门等 TTL 集成门电路的多余输入端不能悬空，只能接地。与门、与非门等 TTL 集成门电路的多余输入端可以悬空（相当于接高电平），但因悬空时对地呈高阻，容易受外界干扰。如果不悬空也可将它们直接接电源电压 5V 或与其他输入端并联使用，以增强电路的可靠性。

4）TTL 集成门电路工作时的高速切换将产生电流跳变，该电流在公共地线上的电压降会引起噪声干扰，因此对利用 TTL 集成门电路的数字系统进行工艺设计时应尽量缩短地线长度。同时加强对电源输入端的高、低频滤波。

5）严禁带电操作，必须在切断电源的前提下插拔和焊接 TTL 集成门电路，以免引起集成电路的损坏。

阅读材料

巧夺天工的集成电路制造工艺

集成电路的制造工艺十分复杂，简单地说，就是在衬底材料（如硅衬底）上，运用各种方法形成不同的“层”，并在选定的区域掺入杂质，以改变半导体材料的导电性能，进而形成半导体器件。这个过程需要许多步骤才能完成，从晶圆片到集成电路成品大约需要经过数百道工序。通过这复杂的一道道工序，就能够在一块微小的芯片上集成成千上万个甚至上亿个晶体管！这就是巧夺天工的集成电路制造工艺。

集成电路的制造工艺是由多种单项工艺组合而成的，主要的单项工艺通常包括三类：薄膜制备工艺、图形转移工艺和掺杂工艺。

【薄膜制备工艺】包括氧化工艺和薄膜淀积工艺。该工艺通过生长或淀积的方法，生成集成电路制造过程中所需的各种材料的薄膜，如金属层、绝缘层等。

【图形转移工艺】包括光刻工艺和刻蚀工艺。从物理上说，集成电路是由许许多多的半导体器件组合而成的，对应在硅晶圆片上就是半导体、导体以及各种不同层上的隔离材料的集合。集成电路制造工艺首先将这些结构以图形的形式制作在光刻掩膜板上，然后通过图形转换工艺最终转移到硅晶圆片上。

【掺杂工艺】包括扩散工艺和离子注入工艺，即通过这些工艺将各种杂质按照设计要求掺入到晶圆片的特定位置上，形成晶体管的源漏端以及欧姆接触（金属与半导体的接触）等。

通过一定的顺序对上述单项工艺进行重复、组合使用，就是集成电路的完整制造工艺了。

1.6.2　CMOS 集成逻辑门电路

CMOS 集成电路是互补对称金属-氧化物-半导体（Complementary Symmetry Metal Oxide Semiconductor）集成电路的简称，是与 TTL 集成电路并驾齐驱的另一类集成电路。与 TTL 集成电路相比，CMOS 集成电路具有以下优点：抗干扰能力强；输入阻抗高、扇出系数大；工作电源适应范围宽、功耗小；制造工艺简单、集成度高和成品率高。但传输延时时间较长，所以具有工作速度较低的缺点。

【CMOS 集成非门电路结构】CMOS 集成非门（也称反相器）内部电路图如图 1-23a 所示，其驱动管 V_1 是 NMOS 管，负载管 V_2 是 PMOS 管，它们的栅极相连作为非门的输入端，漏极相连作为非门的输出端。V_1 的源极接地，V_2 的源极接正电源 V_{DD}。为了保证电路正常工作，V_{DD}应不低于两个 MOS 管开启电压的绝对值之和。

CMOS 集成非门电路的工作状态如图 1-23b 所示。当输入端 A 为低电平时，V_1 截止，V_2 饱和导通，输出端 Y 为高电平；当输入端 A 为高点平时，V_1 饱和导通，V_2 截止，输出端 Y 为低电平。

由此可知，该电路输出与输入是“非”逻辑关系，其逻辑函数式为 $Y=\overline{A}$。

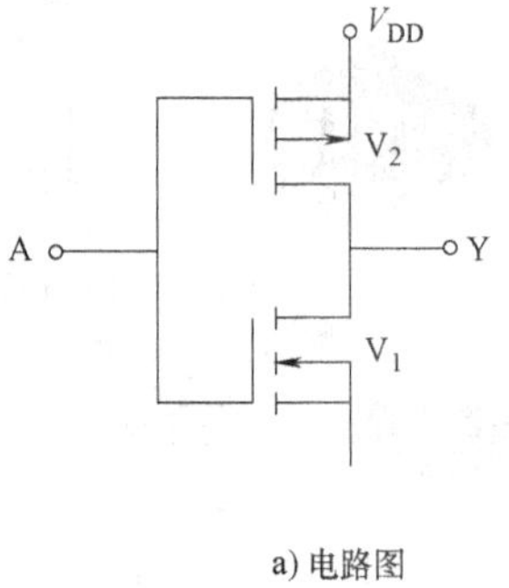

a) 电路图

A	Y	V_1	V_2
0	1	截止	导通
1	0	导通	截止

b) 工作状态

图 1-23　CMOS 反相器电路图及其工作状态

【CMOS 集成门电路系列简介】CMOS 集成门电路主要有 4000、74C 和硅-氧化铝三大系列产品。其中 4000 系列和 74C 系列产品已广泛应用于各个领域，而硅-氧化铝系列产品由于制作工艺成本高、价格昂贵，目前尚未普及。表 1-14 列出了不同系列 CMOS 集成门电路的性能比较，供选用时参考。

表 1-14　不同系列 CMOS 集成门电路的性能比较

产品系列	电源电压/V	功耗/(mW/门)	传输延时/(ns/门)
4000B	3 ~ 18	2.5	25 ~ 100
74HC/HCT	2 ~ 6	1.2	10
74AC/ACT	2 ~ 6	0.9	5

注：功耗的测试条件为：电源电压 5V；负载电容 150pF；工作频率 1MHz。

【CMOS 集成门电路使用注意事项】由于 CMOS 集成门电路具有很高的输入阻抗，很容易因感应静电而被击穿。虽然其内部设置有多层保护电路，但在使用时还要注意以下几点：

1）组装、调试时，所用仪器、仪表、电路板及工作台都应良好接地。

2）焊接 CMOS 电路应采用 20W 或 25W 内热式电烙铁，其功率不宜过大，且应良好接地。

3）为避免瞬态电压损坏器件，严禁带电插、拔器件或拆装电路板。

4）虽然 CMOS 集成门电路对电源电压的要求范围比较宽，但也不能过高或超过电源电压的极限值，更不能将电源极性接反，以免烧毁器件。

5）CMOS 集成门电路不用的输入端或多余的门都不能悬空，应根据不同的逻辑功能，分别与 V_{DD}（高电位）或 V_{SS}（低电位）相连，或者与有用的输入端并联在一起，这样还可以增加输出端的负载能力。

6）输出端不允许直接与 V_{DD} 或 V_{SS} 连接，否则将导致器件损坏。

7）为防止由静电电压造成的损坏，在储存和运输 CMOS 器件时不能使用易产生静电高压的化工材料和化学纤维织物包装，最好采用金属屏蔽层做包装材料。

阅读材料

认识数字集成电路外形及引脚号标注方法

图 1-24 所示为常用数字集成电路的封装形式及引脚排列方法。

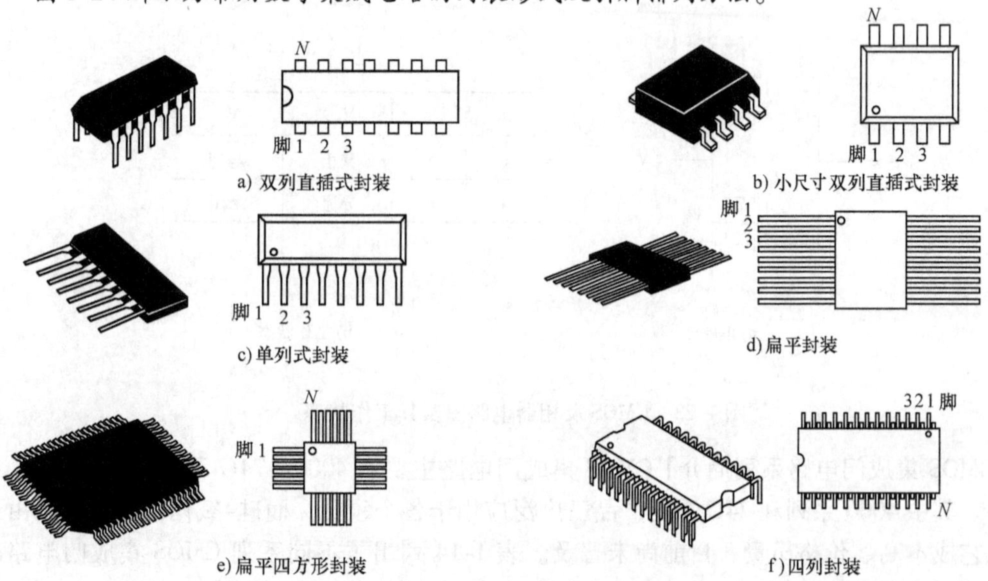

图 1-24　常用数字集成电路的封装形式及引脚排列方法

1.6.3 数字集成门电路芯片介绍

目前，数字集成门电路的种类繁多，性能各不相同。下面以 TTL 系列集成与非门 74LS10、CD4011 为例，介绍其引脚功能及应用特性。

【TTL 系列集成与非门 74LS10】74LS10 芯片属于三 3 输入与非门集成电路，可以实现三组 3 输入与非逻辑功能，实际应用时可与 7410、CT4010、DG74LS10、SD74LS10 等与非门集成电路直接代换。74LS10 外形、引脚排列如图 1-25 所示。

a) 外形

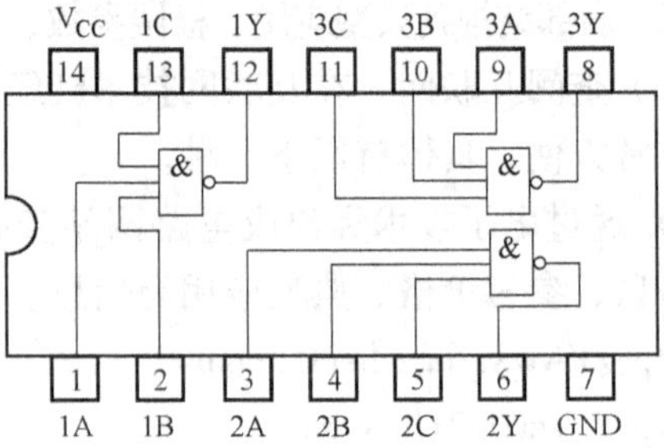

b) 引脚排列

图 1-25 74LS10 外形、引脚排列

74LS10 芯片各引脚的功能如下：

1）1A ~ 3A、1B ~ 3B、1C ~ 3C：数码输入端。

2）1Y ~ 3Y：数码输出端。

3）V_{CC}：电源端。

4）GND：接地端。

【CMOS 系列集成与非门 CD4011】CD4011 芯片属于四 2 输入与非门集成电路，可以实现四组 2 输入与非逻辑功能，实际应用时可与 GD4011 等与非门集成电路直接代换。CD4011 外形、引脚排列如图 2-26 所示。

a) 外形

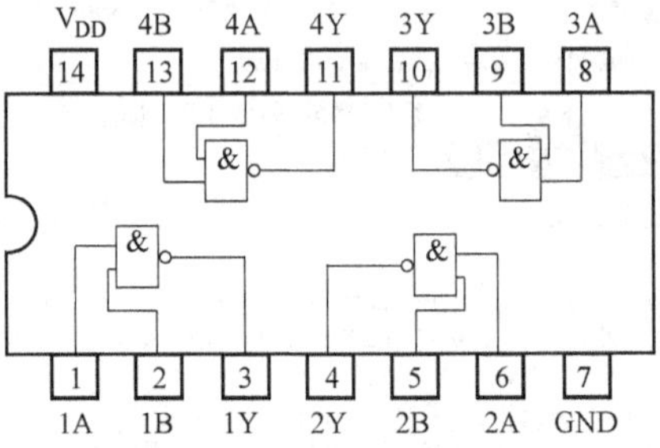

b) 引脚排列

图 1-26 CD4011 外形、引脚排列

CD4011 芯片各引脚的功能如下：

1）1A ~ 4A、1B ~ 4B：数码输入端。

2）1Y ~ 4Y：数码输出端。

3）V_{DD}：电源端。

4）GND：接地端。

【数字集成电路技术参数的获得途径】在使用某一集成电路前需要仔细阅读该集成电路的技术参数。在信息技术发达的当今社会，获得技术参数的途径很多，一般可通过查阅数字集成电路数据手册和互联网来获得。

（1）查阅数字集成电路数据手册　目前市面上各种各样的数字集成电路数据手册十分丰富，既有按某一类数字集成电路收集的综合性手册，也有各生产厂家提供的产品手册。这些手册有的比较简单，如仅介绍一般性能和引脚说明；有的手册则非常详细（如生产厂家提供的），如从性能介绍、内部结构到典型应用、极限参数、封装结构等各方面的信息都提供给读者。

（2）查阅互联网　在互联网技术已经十分发达的今天，在互联网上查找集成电路技术参数也非常方便，具体有以下几种。

1）通过电子技术和集成电路网站查找。这些网站一般都提供了集成电路的技术资料、供货信息、参考价格、典型应用等信息。典型网站有：

http://www. datasheet5. com

http://www. 21ic. com

http://www. icpdf. com

http://www. elecfans. com

http://www. dzjsw. com

2）在集成电路生产厂家的网站上查找。互联网上提供集成电路技术参数的资料网站上一般也提供国内外集成电路生产厂商的网址。这些生产厂商网址上产品介绍一栏中往往提供了该公司集成电路的详细技术资料。

3）使用通用引擎搜索。在互联网的搜索引擎（如百度：http://www. baidu. com）上直接输入需查找的集成电路型号（如“CD4011”），就能搜索到有关该集成电路的资料和相关信息，如图 1-27 所示。

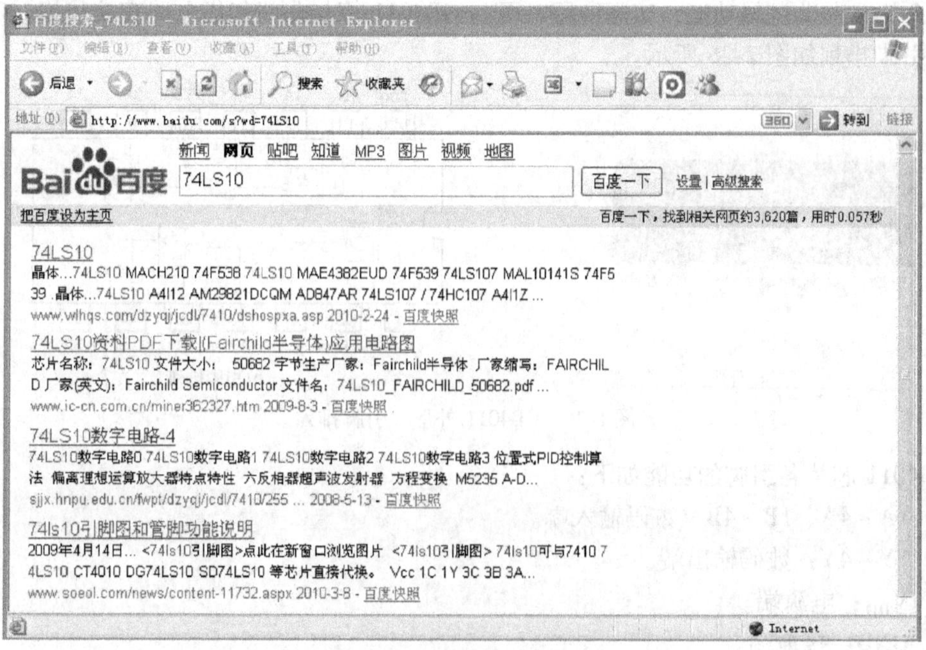

图 1-27　搜索“CD4011”集成电路资料

注意：互联网上提供的集成电路数据手册一般为“ *. PDF”文件，阅读此类文件需安装 Adobe Acrobat Reader 阅读软件，此软件也可在互联网上下载安装。

课堂实验

集成与非门 74LS10 的逻辑功能验证

【实验材料】集成与非门 74LS10、数字电路实验箱及相关附件。

【实验原理】实验电路如图 1-28 所示。其中 1A、1B、1C 端接逻辑电平开关，输出端 1Y 端接至逻辑电平显示输入端口。

【实验内容】按图 1-28 所示连接实验电路。然后按表 1-17 的要求改变 1A、1B、1C 端状态，观察 1Y 的状态变化，并在表 1-15 相应栏目中记录。同理，可对另两组三 3 输入与非门逻辑功能进行验证。进行验证时，请仿照表 1-15，自拟表格记录测试结果。

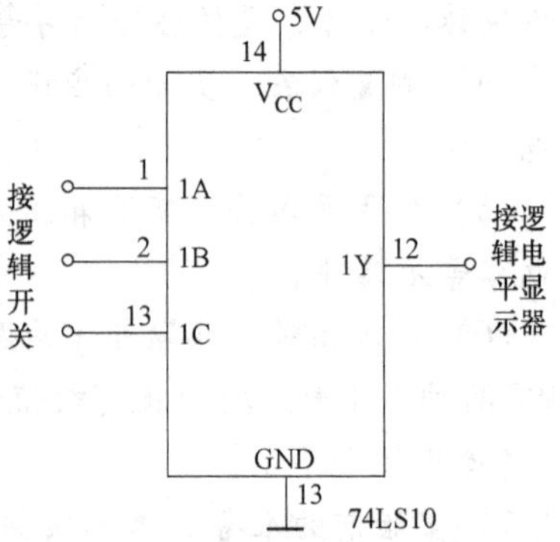

图 1-28　74LS10 逻辑功能实验电路

表 1-15　74LS10 逻辑功能测试表

1A	1B	1C	1Y	1A	1B	1C	1Y
0	0	0		1	0	0	
0	0	1		1	0	1	
0	1	0		1	1	0	
0	1	1		1	1	1	

【实验结论】当输入端存在 0 时，集成与非门 74LS10 输出为 1；当输入端全为 1 时，输出为 0。故该芯片实现与非门逻辑功能。

想一想：可否对 74LS10 三组与非门同时进行逻辑功能验证？若能，试绘制其实验电路，并验证电路逻辑功能。

注意：在装接电路，改变电路连接或插、拔元器件时，均应切断电源，严禁带电操作；接插集成电路时，要认清引脚的定位标记，不得插反；装配或调试焊接时，必须切断被焊接元器件的电源。

阅读材料

数字电路实验箱的结构及使用

数字电路一般由数字集成电路组成，由于模块和型号较多，集成电路之间往往连线较多、外围元器件很少。根据以上特点，为了提高实验的速度和效率，避免重复焊接实验板，各实验仪器厂家纷纷研制出了各种数字电路实验箱，这些实验箱的基本结构和用途是相同的。介绍其基本结构及使用。

【实验箱的结构】

（1）逻辑电平开关　数字电路实验中，数字集成电路的输入和控制引脚根据逻辑功能的需要，分别接不同的逻辑电平（高电平 1 和低电平 0），因此大部分的数字电路实验箱都配置有逻辑电平开关。一般逻辑电平开关位于上端为高电平 1、位于下端为低电平 0，通过锁紧插座和连接导线为集成电路的输入和控制引脚提供合适的高、低电平。

（2）显示部分　显示部分包括逻辑电平显示、七段数码管显示和 BCD 译码显示三部分，用来指示数字集成电路的引脚高低电平状态和数值大小。

（3）脉冲发生器　脉冲发生器产生 1kHz 和 1Hz 连续方波信号、单脉冲信号、拨盘控制的设定脉冲信号、复位脉冲信号等。

（4）测量仪表　实验箱应设置有直流电压表和直流电流表，用于实验过程中测量电压和电流值。

（5）备用元器件　实验箱上应设有备用元器件板，配有电位器、开关、二极管、电阻与电容等元器件。

（6）电源系统　实验箱上应配有电源系统，根据元器件与实验项目要求，一般有 +5V、±9V 两种直流电压输出及有效值为 6V 的正弦交流电压输出。

【使用注意事项】

1）实验前的准备。根据实验需要，准备好连接导线、数字集成电路以及其他元器件，连接好数字电路实验箱电源线。

2）实验前的检查。暂时不插入数字集成电路，打开实验箱电源，检查电源指示灯是否亮。用连接导线将逻辑开关与逻辑电平显示相连，检查逻辑开关和逻辑显示是否正常。

3）实验箱检查完毕，断电连线。连线过程中特别注意不要将电源和地端短路，多余的连接线应拿到实验箱外部，不得散漏在实验箱面板上，否则极易造成短路。

4）最后插上数字集成电路，切记集成电路缺口方向和数字电路实验箱插座方向一致，插入时避免折断和弯曲集成电路引脚。

5）再次检查连线，无误后开机。密切注意是否有冒烟等异常情况，随时做好断电准备。

6）实验过程中随手做好实验记录，分析实验现象。

7）实验结束后，先关闭数字电路实验箱电源，然后拆除连接导线。拆连接导线时手要抓住导线的插针处，小心地将插针拔出。不可拿住导线的中间，用大力强行将导线拔出，更不得抓住几根连接导线同时拔出，这样很容易造成实验箱损坏或连接导线断路。

8）最后拔出数字集成电路芯片。可采用专用的拔集成电路芯片工具，如果没有，则必须在集成电路两端用其他工具（如刀片）均匀慢慢拔出。此外，数字集成电路芯片应及时放入集成电路插槽或泡沫垫中保管。

技能训练　制作声光控节电开关

【训练目标】

1）认识数字集成门电路，并能正确地选择和使用；

2）掌握用万用表测试、判断数字集成门电路好坏的基本方法；

3）熟悉声光控节电开关的工作原理；

4）会组装、调试声光控节电开关。

【训练材料】材料清单见表 1-16。

表 1-16　材料清单表

代　号	名　称	型号规格	数　量
IC	集成与非门	CD4011	1
VT_1	晶体管	9014	1
VT_2	单向晶闸管	MCR100-6	1
$VD_1 \sim VD_5$	整流二极管	1N4001	5
R_1	电阻	180kΩ	1
R_2、R_3	电阻	20kΩ	2
R_4	电阻	2MΩ	1
R_5、R_6、R_7	电阻	56kΩ	3
R_8	电阻	1.5MΩ	1
C_1、C_2	电解电容	22μF/16V	2
C_3	圆片电容	104	1
BM、RG	驻极体传声器、光敏电阻	—	各 1
其他	印制电路板(或万能电路板)、220V/40W 灯泡等		

【相关原理介绍】图 1-29 所示为声光控节电开关。该电路使用了数字集成门电路

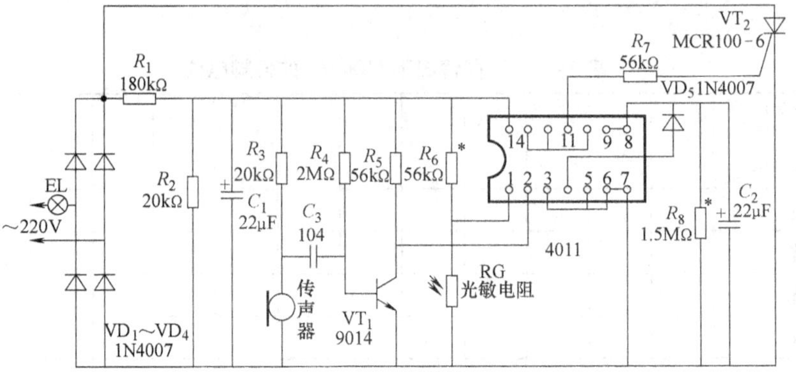

a)原理图

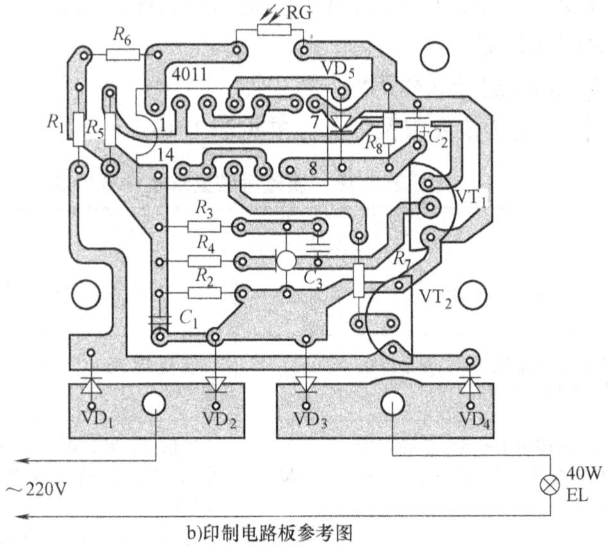

b)印制电路板参考图

图 1-29　声光控节电开关

CD4011、光敏电阻、传声器、晶闸管等元器件。在夜晚无光照并有声音的条件下，CD4011输出触发信号使晶闸管触发导通，灯泡点亮，延时后会自动熄灭。在白天有光照时，即使有声音信号，CD4011 也无触发信号输出，所以灯泡不亮。该电路可靠性高、外形美观、结构简单、体积小、制作容易，可用作公共场所的照明控制，从而达到节约用电的目的。

【实训方法与步骤】

1）观察 CD4011、VT_1、VT_2、VD_1 ~ VD_5 和电解电容器 C_1、C_2 外部形状，并区分引脚；

2）用万用表检测元器件质量的好坏，并进行整形和搪锡处理；

3）按照图 1-29 所示声光控节电开关原理图，在印制电路板（或万能板）上正确连接电路。

4）调试与检测电路。

① 通电前检查：对照原理图检查电源的连接；**注意整流二极管、电解电容器、晶体管及晶闸管的连接极性；特别要注意集成电路的引脚插接顺序。**

② 通电检测：在有声有光、有声无光、无声有光、无声无光四种组合情况下检测 CD4011 的各脚电位，记录在表 1-17 中。特别关注 2 脚与 1 脚电位值的变化，并说明其变化规律。

表 1-17　不同情况下 CD4011 的各脚电位

电位/V 条件														
有声有光														
有声无光														
无声有光														
无声无光														

试一试：改变 R_6 的阻值，是否可以改变光的亮度；改变 C_2 的容量或 R_8 的阻值，是否可以改变延时时间的长短。

想一想：C_2 和 R_8 起什么作用?

【质量评价】质量考核要求及评分标准见表 1-18。

表 1-18　质量考核要求及评分标准

<table>
<tr><td>班级</td><td colspan="2"></td><td>姓名</td><td>学号</td><td></td><td>组别</td><td></td></tr>
<tr><td>考核
项目</td><td colspan="2">考 核 要 求</td><td>配分</td><td colspan="2">评 分 标 准</td><td>自评分</td><td>互评分</td></tr>
<tr><td>准备工作</td><td colspan="2">15min 内完成所有元器件的清点、检测及调换</td><td>10</td><td colspan="2">规定时间以外更换元器件，扣 5 分/个</td><td></td><td></td></tr>
<tr><td>组装焊接</td><td colspan="2">元器件按要求整形；正确安装元器件；焊点美观、走线合理、布局漂亮</td><td>20</td><td colspan="2">整形、安装或焊点不规范，1 分/处；元器件安装错误或损坏元器件，2 分/处</td><td></td><td></td></tr>
<tr><td>通电调试</td><td colspan="2">试通电电路工作正常</td><td>15</td><td colspan="2">检修一次后电路才正常，扣 2 分；检修两次后电路才正常，扣 4 分</td><td></td><td></td></tr>
</table>

（续）

班级		姓名		学号		组别	
考核项目	考核要求		配分	评分标准		自评分	互评分
通电检测	表1-17中的数据准确		25	数据不准确，扣1分/处；数据错误，扣2分/处			
调试电路	改变 R_6、C_2 及 R_8 的数值，能分析电路现象		10	分析错误，每处扣2分；不分析，每处扣5分			
安全文明操作	严格遵守用电安全操作规程；工作台工具、器件摆放整齐		10	违反安全操作规程，扣1～10分；工具、器件不整齐，扣1～5分			
定额时间	180min		10	提前正确完成，每10min加2分；超过定额时间每10min扣2分			
合计			100				
学生交流改进总结							
教师签名：							

注：本表的形式也可用于本章其他实验实训项目。

本章小结

1. 数字信号是指在时间和数值上都离散的物理量。对数字信号进行处理的电路电路统称为数字电路，也称为逻辑电路。

2. 数制是人类进行计数时进位制的简称。数字电路中常用数制有十进制、二进制和十六进制，且不同数制可以相互转换。

3. 编码是指利用二进制数表示图形、文字、符号和数字等信息的过程。数字电路中常用编码制式为8421BCD码。8421BCD码各位的权从高到低分别为8、4、2、1。

4. 数字电路中的基本逻辑有与逻辑（AND）、或逻辑（OR）和非逻辑（NOT）三种。利用上述三种基本逻辑可以组合成与非、或非、与或非、异或、同或等复合逻辑。

5. 逻辑函数是分析和设计数字电路的重要工具。常用描述方法有逻辑真值表、逻辑函数式和逻辑图三种，且不同描述方式之间可以相互转换。

6. 逻辑函数的化简方法有公式化简法和卡诺图化简法两种。公式化简法适用于任何复杂逻辑函数的化简，特别是输入变量多的逻辑函数的化简。公式化简法需要熟练地掌握逻辑函数的常用公式和定理，并要求有一定的技巧。卡诺图化简法通常用于五变量以下的逻辑函数的化简，它比较直观，简便和易于掌握。

7. 常用数字集成电路系列有TTL系列、CMOS系列集成电路。其中TTL系列具有开关速度快、抗干扰能力强等特点，在数字电路中得到比较广泛的应用。CMOS系列具有集成度高、制造工艺简单、功耗很低等特点，在数字电路中得到极为广泛的应用。

第 2 章　组合逻辑电路

本章导读

知识目标：

① 了解组合逻辑电路的基本概念及特点。

② 掌握组合逻辑电路的分析方法及步骤。

③ 掌握编码器、译码器的逻辑功能和应用特性。

技能目标：

① 能利用数字电路实验箱验证常用组合逻辑器件的逻辑功能。

② 会用万用表测试集成组合逻辑器件性能的好坏。

③ 会组装与调试三人表决器。

④ 会查阅集成电路手册，能按要求选用集成组合逻辑器件。

2.1　组合逻辑电路的基本知识

话题引入

众所周知，目前计算机已普及到各行各业、各个领域。早期计算机的设计目的是用于快速计算，主要用于军事方面，随着计算机技术的发展和应用需求的增加，计算机已从主要用于科学计算和工程计算发展到数据处理、辅助设计、过程控制以及人工智能等诸多方面。据统计，80%以上的计算机主要用于数据处理，这类工作量大面宽，决定了计算机应用的主导方向。

目前，计算机数据处理功能已广泛地应用于办公自动化、情报检索、图书管理、电影电视动画设计、会计电算化等领域。而实现计算机数据处理功能的关键部件为组合逻辑电路部件。

2.1.1　组合逻辑电路的基本特征

按照电路结构和工作原理不同，数字电路分为组合逻辑电路和时序逻辑电路两类。其中在任何时刻，电路的输出状态只取决于该时刻的输入，而与该时刻之前电路的状态无关的逻辑电路，称为组合逻辑电路（Combinational Logic Circuit），简称组合电路。组合逻辑电路的一般模型如图 2-1 所示。

图 2-1 中 X_1、X_2、…、X_n 表示输入变量，Y_1、Y_2、…、Y_m 表示输出变量，输出变量与输入变量之间的逻辑关系可表示为

$$Y_i = f(X_1, X_2, \cdots, X_n)\ (i = 1, 2, \cdots, m) \tag{2-1}$$

图 2-1　组合逻辑电路一般模型

组合逻辑电路的基本特征如下：

1）输出、输入之间没有反馈网络。

2）电路中没有记忆元件，全部由逻辑门电路组成。

在生产与生活实践中，组合逻辑电路已在各领域得到广泛应用，其典型应用如图 2-2 所示。

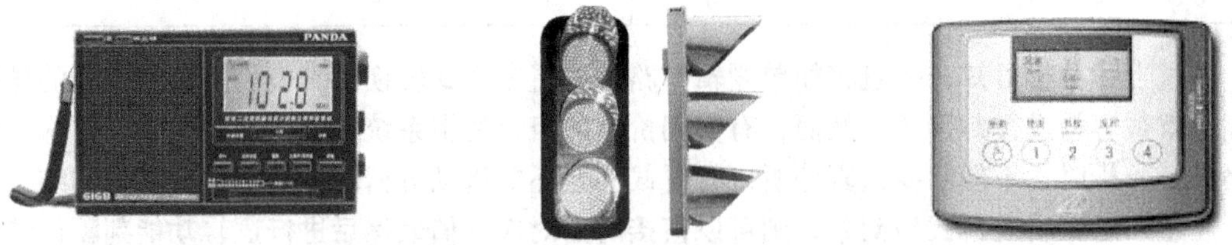

a) 数码显示　b) 交通信号灯控制器　c) 表决器

图 2-2　组合逻辑电路的典型应用

2.1.2　组合逻辑电路的分析方法

组合逻辑电路的分析是指根据给定的逻辑电路通过特定的分析方法，推导出输出变量与输入变量之间逻辑关系的过程。通常按下述四个步骤进行：

1）根据给定的逻辑电路，写出输出变量的逻辑表达式。

2）将得到的逻辑表达式化简。

3）由化简的逻辑表达式列出真值表。

4）判断逻辑电路的逻辑功能。

组合逻辑电路的分析步骤可用图 2-3 所示的框图表示，下面通过一个具体实例来说明。

图 2-3　组合逻辑电路分析步骤

例 2-1　分析并说明图 2-4 所示逻辑电路的逻辑功能。

解：1）根据给定的逻辑电路写出输出变量 Y 和输入变量 A、B、C 之间的逻辑表达式，并进行化简。

$$Y = \overline{A\,\overline{ABC} + B\,\overline{ABC} + C\,\overline{ABC}}$$
$$= \overline{\overline{ABC}(A+B+C)}$$
$$= ABC + \bar{A}\,\bar{B}\,\bar{C}$$

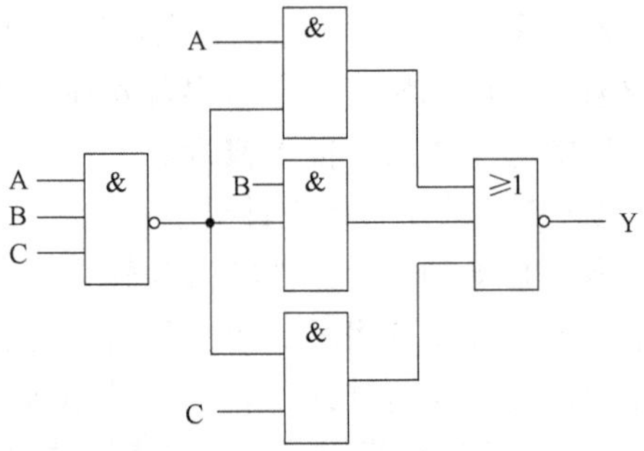

图 2-4　例 2-1 逻辑图

2）根据逻辑表达式列出真值表见表 2-1。

3）分析逻辑功能。

由表 2-1 所示真值表可知，输入变量 A、B、C 只有同时为 0 或同时为 1 时，输出变量 Y 才为 1。即当 A、B、C 三个输入状态一致时，电路才有输出。因此，该逻辑电路是输入一致检测器。

表 2-1　例 2-1 真值表

A	B	C	Y	A	B	C	Y
0	0	0	1	1	0	0	0
0	0	1	0	1	0	1	0
0	1	0	0	1	1	0	0
0	1	1	0	1	1	1	1

通过上述分析可知，一旦将简单逻辑电路的逻辑表达式转换成真值表，电路实现的逻辑功能也就很容易进行判别了。然而，有实用价值的组合逻辑系统通常都比较复杂。对这样的电路进行分析时，不但需要认真分析，有时候甚至还要借助分析者的实践经验来得到结论。

注意：若逻辑表达式较简单，则可以直接写出对应真值表然后进行逻辑功能判断；若逻辑表达式较复杂，常常先采用公式化简法或卡诺图化简法将逻辑表达式化简成最简形式，从而降低由逻辑表达式过于复杂而为真值表的分析带来的难度。

*2.1.3　组合逻辑电路的设计方法

组合逻辑电路的设计就是根据给出的逻辑功能要求及元器件资源，设计出能够实现该逻辑功能的最简逻辑电路的过程。它是组合逻辑电路分析的逆过程。在组合逻辑电路设计中常用的器件有小规模集成门电路、中规模集成组合逻辑电路和存储器、可编程逻辑器件等。本章只讨论采用小规模集成门电路构成组合逻辑电路的设计方法。采用小规模集成门电路设计组合逻辑电路通常按下述三个步骤进行。

1）分析设计要求，列出符合要求的真值表。

2）由真值表写出逻辑表达式，并对其进行化简。

3）由化简后的逻辑表达式画出逻辑电路图。

组合逻辑电路的设计步骤可用图 2-5 所示的框图表示，下面也通过具体实例来说明。

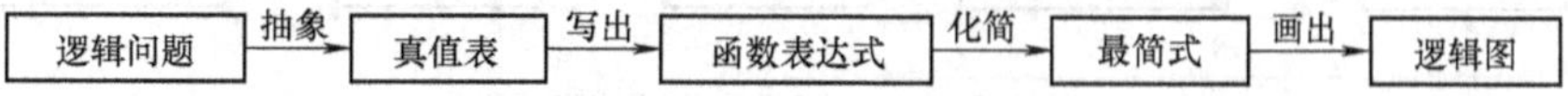

图 2-5　组合逻辑电路的设计步骤

例 2-2　设计一个监视三台电动机工作状态的逻辑电路。正常工作情况下，任何时刻有且仅有一台电动机工作。若出现其他工作状态，则认为电路发生故障，这时要求发出故障信号，以提醒维护人员前去修理。

解：1）首先分析设计要求：

取三台电动机的工作状态为输入变量，分别用 A、B、C 表示，并规定电动机工作用 1 表示，不工作用 0 表示。取故障信号为输出变量，用 Y 表示，并规定电路正常工作时 $Y=0$，发生故障时 $Y=1$。根据题意，可列出如表 2-2 所示的逻辑真值表。

2）由逻辑真值表写出逻辑表达式为

$$Y=\overline{A}\,\overline{B}\,\overline{C}+\overline{A}BC+A\overline{B}C+AB\overline{C}+ABC$$

3）化简、变换逻辑表达式可得最简与或式为

$$Y=\overline{A}\,\overline{B}\,\overline{C}+AB+AC+BC$$

表 2-2　例 2-2 逻辑真值表

A	B	C	Y	A	B	C	Y
0	0	0	1	1	0	0	0
0	0	1	0	1	0	1	1
0	1	0	0	1	1	0	1
0	1	1	1	1	1	1	1

若所用器件种类限定为与非门，则可以对上式两次求反，变换为与非-与非表达式，即

$$Y=\overline{\overline{\bar{A}\,\bar{B}\,\bar{C}}\cdot\overline{AB}\cdot\overline{AC}\cdot\overline{BC}}$$

4）根据最简与或式可以画出对应的逻辑电路，如图 2-6 所示。选择与非门时的逻辑电路请读者自己分析。

例 2-3　试用与非门设计一个供 A、B、C 三人使用的表决电路，以表决某一提案是否通过。若多数赞成，则提案通过，输出高电平。否则，提案不通过，输出低电平。

解：1）首先分析设计要求：

取输入变量为 A、B、C，且规定投赞成票用 1 表示，投反对票或弃权用 0 表示；输出变量为 Y，且规定提案通过用 1 表示，通不过用 0 表示。根据题意，可列出真值表见表 2-3。

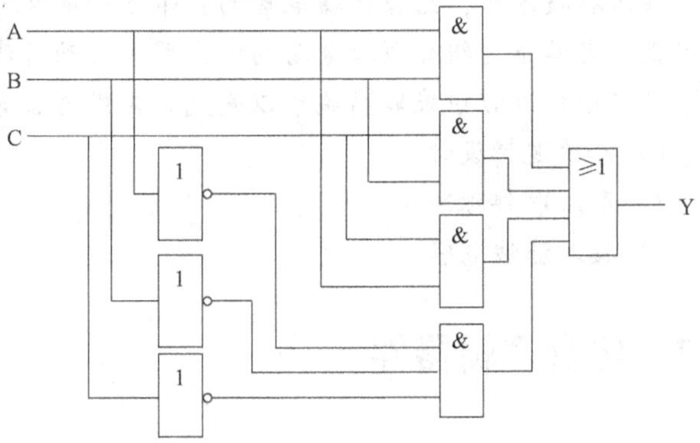

图 2-6　例 2-2 与或结构的逻辑电路

表 2-3　例 2-3 真值表

A	B	C	Y	A	B	C	Y
0	0	0	0	1	0	0	0
0	0	1	0	1	0	1	1
0	1	0	0	1	1	0	1
0	1	1	1	1	1	1	1

2）由表 2-3 可写出逻辑表达式

$$Y=\bar{A}BC+A\bar{B}C+AB\bar{C}+ABC$$

3）化简、变换逻辑表达式可得最简与或式为

$$Y=AB+AC+BC$$

由于所选器件种类限定为与非门器件，则需对上式进行两次求反，变换为与非-与非达式，即

$$Y=\overline{\overline{AB}\cdot\overline{AC}\cdot\overline{BC}}$$

4）根据最简与非-与非式可以画出对应的逻辑电路，如图 2-7 所示。

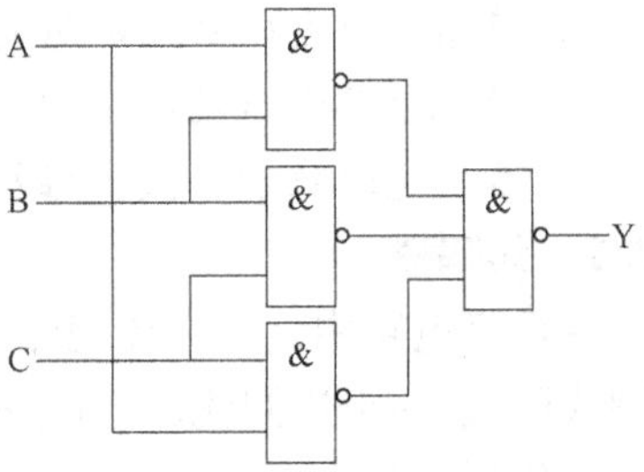

图 2-7　例 2-3 逻辑电路

注意：对于给定的逻辑功能要求，由于选定器件不

同，逻辑电路可以有多种电路结构形式。同时上述的设计步骤并不是一成不变的，简单的逻辑功能要求或设计要求以真值表的形式直接给定的，就可以直接写出逻辑表达式，而不用再分析设计要求。

阅读材料

什么是逻辑竞争？什么是逻辑冒险？

【逻辑竞争】组合逻辑电路中，由于逻辑门的输入信号通过不同途径的传输电路，到达门电路输入端的时间会有先有后，这种现象称为逻辑竞争（Logic Race）。其中可能导致错误输出的逻辑竞争称为临界竞争，不会导致错误输出的逻辑竞争称为非临界竞争。

【逻辑冒险】逻辑门因输入端的临界竞争而导致输出不应有的尖峰干扰脉冲现象，称为逻辑冒险（Logic Hazard）。

在工程技术中，组合逻辑电路的竞争冒险现象持续时间虽然不长，但对电路的危害却不可忽视。尤其是当组合逻辑电路的输出用来驱动时序逻辑电路时，有可能造成严重后果。因此，应在设计过程中采取措施予以避免。常用消除竞争冒险现象的方法有如下三种：

1）修改逻辑设计。

2）引入取样脉冲。

3）接入滤波电容。

2.2　组合逻辑器件

话题引入

在工程技术中，有些种类的组合逻辑电路使用特别频繁，为便于使用，把它们制成了标准化的中规模组合逻辑器件，供用户直接选用。这些器件包括编码器、译码器、数据选择器、加法器、数值比较器等。由于中规模组合逻辑器件具有通用性强、体积小、功耗低、可靠性高等一系列优点，使用这些常用组合逻辑器件，可以像搭积木一样构建自己需要的数字电路系统，从而可以加速数字系统的设计速度、提高系统的可靠性，使数字电路系统向微型化和智能化方向发展。

目前，利用组合逻辑器件设计数字电路系统已成为设计者的优选方案，主要表现在以下几个方面：

1）精简设计电路所用的器件，简化结构。

2）节省设计电路所用的时间，缩短设计周期。

3）简化电路调试过程，缩短测试周期。

4）方便电路维护，减少维护成本。

2.2.1　编码器

在数字电路中，经常要把输入的各种信号（例如文字、符号、十进制数等）转换为二进制代码或二-十进制代码，这种转换过程称为编码。能够完成编码逻辑功能的逻辑器件统称为编码器（Encoder）。常见的编码器有二进制编码器和优先编码器。

【二进制编码器】用 n 位二进制代码对 2^n 个信号进行编码的电路，称为二进制编码器，也称为普通编码器。3位二进制编码器的基本电路如图2-8所示。图中 A_1、A_2、A_3、A_4、A_5、A_6、A_7 表示需要编码的8位输入信号（由于 $A_0=1$ 时对应的3位二进制代码为000，因此在逻辑电路中 A_0 省略未画），Y_0、Y_1、Y_2 表示3位二进制代码输出信号。该二进制编码器又称为8线-3线编码器。

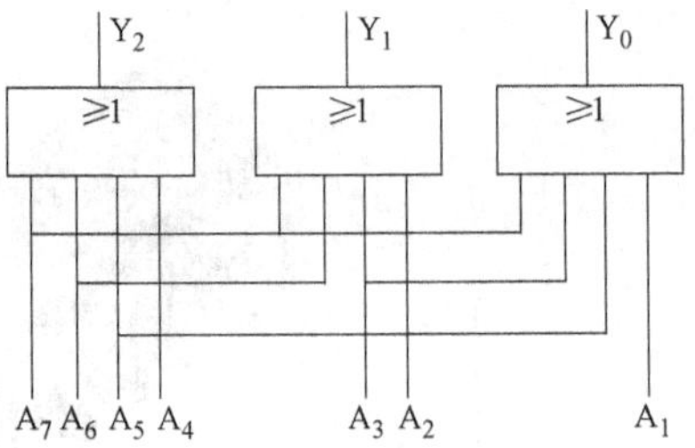

图2-8　8线-3线编码器

根据电路中各器件的逻辑功能，可以写出 Y_0、Y_1、Y_2 与 A_0、A_1、A_2、A_3、A_4、A_5、A_6、A_7 之间的逻辑表达式为

$$\begin{cases} Y_0 = A_1 + A_3 + A_5 + A_7 \\ Y_1 = A_2 + A_3 + A_6 + A_7 \\ Y_2 = A_4 + A_5 + A_6 + A_7 \end{cases}$$

由逻辑表达式列出真值表，见表2-4。

表2-4　8线-3线编码器真值表

A_7	A_6	A_5	A_4	A_3	A_2	A_1	A_0	Y_2	Y_1	Y_0
0	0	0	0	0	0	0	1	0	0	0
0	0	0	0	0	0	1	0	0	0	1
0	0	0	0	0	1	0	0	0	1	0
0	0	0	0	1	0	0	0	0	1	1
0	0	0	1	0	0	0	0	1	0	0
0	0	1	0	0	0	0	0	1	0	1
0	1	0	0	0	0	0	0	1	1	0
1	0	0	0	0	0	0	0	1	1	1

由表2-4可知，图2-8所示8线-3线编码器在任何时刻只能对一个输入信号进行编码，不允许有两个或两个以上的输入信号同时请求编码，否则编码器将产生错误输出。因此该电路并不实用。解决的办法是采用优先编码器（Priority Encoder）。

【优先编码器】所谓优先编码器，就是当两个或多个输入信号同时请求编码时，其输出总是与优先权最高的那个输入信号相对应，而与其他输入信号状态无关。目前，优先编码器的种类繁多，性能各不相同。下面以集成优先编码器74LS148为例，介绍其引脚功能及应用特性。

74LS148属于8线-3线优先编码器，可以实现8个输入信号优先编码的逻辑功能。74LS148的外形、引脚排列如图2-9所示，真值表见表2-5。

74LS148各引脚的功能如下：

1）$\overline{A_0} \sim \overline{A_7}$：编码输入端，低电平有效。

2）$\overline{Y_0}$、$\overline{Y_1}$、$\overline{Y_2}$：编码输出端，反码输出。

3）$\overline{ST}$：输入使能端，低电平有效。

4）Y_S：级联输出使能端，通常连接低位编码器的$\overline{ST}$端。

5）$\overline{Y_{EX}}$：优先输出（扩展）端，在多片编码器级联编码时作为编码输出的扩展位。

6）V_{CC}：电源端。

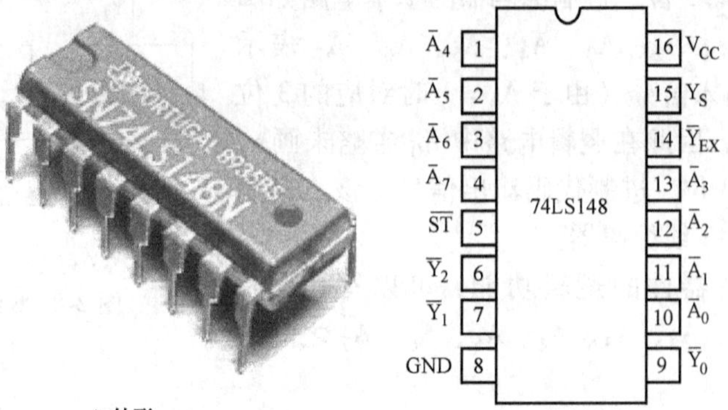

a) 外形　　b) 引脚排列

图 2-9　74LS148 的外形、引脚排列

7）GND：接地端。

表 2-5　74LS148 的真值表

$\overline{ST}$	$\overline{A}_7$	$\overline{A}_6$	$\overline{A}_5$	$\overline{A}_4$	$\overline{A}_3$	$\overline{A}_2$	$\overline{A}_1$	$\overline{A}_0$	$\overline{Y}_2$	$\overline{Y}_1$	$\overline{Y}_0$	Y_S	$\overline{Y}_{EX}$
1	ϕ	ϕ	ϕ	ϕ	ϕ	ϕ	ϕ	ϕ	1	1	1	1	1
0	1	1	1	1	1	1	1	1	1	1	1	0	1
0	0	ϕ	ϕ	ϕ	ϕ	ϕ	ϕ	ϕ	0	0	0	1	0
0	1	0	ϕ	ϕ	ϕ	ϕ	ϕ	ϕ	0	0	1	1	0
0	1	1	0	ϕ	ϕ	ϕ	ϕ	ϕ	0	1	0	1	0
0	1	1	1	0	ϕ	ϕ	ϕ	ϕ	0	1	1	1	0
0	1	1	1	1	0	ϕ	ϕ	ϕ	1	0	0	1	0
0	1	1	1	1	1	0	ϕ	ϕ	1	0	1	1	0
0	1	1	1	1	1	1	0	ϕ	1	1	0	1	0
0	1	1	1	1	1	1	1	0	1	1	1	1	0

由表 2-5 所示 74LS148 的真值表可知，编码输入信号$\overline{A}_7$ ~ $\overline{A}_0$均为低电平有效，且$\overline{A}_7$的优先权最高，$\overline{A}_6$次之，$\overline{A}_0$最低。编码输出信号$\overline{Y}_2$、$\overline{Y}_1$、$\overline{Y}_0$为二进制反码输出，将其取反即可得到原码输出。

当$\overline{ST}=1$ 时，编码器处于禁止编码状态，编码输出$\overline{Y}_2$、$\overline{Y}_1$、$\overline{Y}_0$和 Y_S、$\overline{Y}_{EX}$全为 1。

当$\overline{ST}=0$ 时，编码器实现优先编码逻辑功能。如果没有有效的编码输入信号，$\overline{Y}_0$、$\overline{Y}_1$和$\overline{Y}_2$仍然全为 1，但 Y_S、$\overline{Y}_{EX}$为 0、1。如果有有效的编码输入信号，则按输入的优先级别对优先权最高的一个有效输入信号进行编码，且 Y_S、$\overline{Y}_{EX}$为 1、0。例如，当 A_7 为 0 时，无论 A_0 ~ A_6 为何值，电路总是对 A_7 进行编码，其输出为“7”的二进制“111”的反码“000”；当 A_7 的输入信号为 1 而 A_6 为 0 时，不管其他编码输入为何值，都对 A_6 进行编码，输出为“6”的二进制码“110”的反码“001”。

可见，级联输出使能端 Y_S 和优先输出（扩展）端$\overline{Y}_{EX}$的输出值描述了 74LS148 的工作状态。当 $Y_S\ \overline{Y}_{EX}=11$ 时，编码器处于禁止编码状态，输出端均输出高电平 1；当 $Y_S\ \overline{Y}_{EX}=01$ 时，编码器处于正常编码状态，但此时没有有效的编码输入信号需要编码；当 $Y_S\ \overline{Y}_{EX}=10$ 时，编码器处于正常编码状态，且对优先权最高的有效编码输入信号进行编码。利用这些特点，可以方便地实现优先编码器的逻辑功能扩展。

【编码器应用】在工程技术中，编码器的应用广泛，本节通过实例介绍集成优先编码器 74LS148 的应用。

例 2-4　某医院有一、二、三、四号 4 间病房，每间设有呼叫按钮，同时在护士值班室装有对应病房指示灯。病房按病人病情严重程度进行优先顺序分类，一号病房优先权最高，二号病房次之，四号病房最低，试利用 74LS148 优先编码器设计该医院病房的呼叫装置。

解：设$\overline{I}_1$、$\overline{I}_2$、$\overline{I}_3$、$\overline{I}_4$分别表示按下一、二、三、四号病房呼叫按钮时给出的低电平，Y_1、Y_2、Y_3、Y_4 分别表示对应病房指示灯控制信号。根据题意及 74LS148 真值表可知，可将$\overline{I}_1$、$\overline{I}_2$、$\overline{I}_3$、$\overline{I}_4$分别接入$\overline{A}_3$、$\overline{A}_2$、$\overline{A}_1$、$\overline{A}_0$输入端，其他闲置输入端$\overline{A}_7$ ~ $\overline{A}_4$直接接电源 V_{CC} 即可。此外，由于 74LS148 芯片只有三路输出，故需采用逻辑门电路构成辅助电路，利用 74LS148 优先编码器构成的病房呼叫装置逻辑电路如图 2-10 所示。

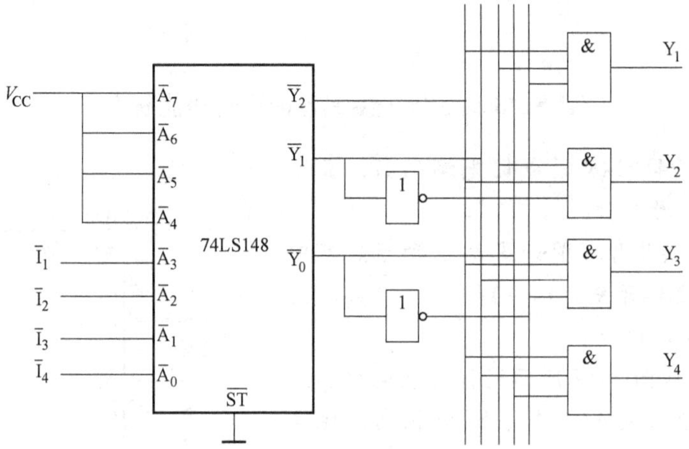

图 2-10　病房呼叫装置的逻辑电路

拓展提高

怎样拓展编码器的逻辑功能？

利用输入使能端$\overline{ST}$、级联输出使能端 Y_S 和优先输出（扩展）端$\overline{Y}_{EX}$可以实现编码器的逻辑功能扩展。利用两片 74LS148 级联扩展实现的 16 线-4 线优先编码器如图 2-11 所示。图中，$\overline{A}_0$ ~ $\overline{A}_{15}$为编码输入信号，Z_0 ~ Z_3 为编码输出信号。片（1）为低位片，片（2）为高位片。

由图 2-11 可知，当$\overline{A}_{15}$ ~ $\overline{A}_8$ 中任一输入端为低电平时，例如$\overline{A}_{10}=0$，则片（2）的$\overline{Y}_{EX}=0$，$Z_3=1$，$\overline{Y}_2\overline{Y}_1\overline{Y}_0=101$。同时片（2）的 $Y_S=1$，将片（1）封锁，使它的输出$\overline{Y}_2\overline{Y}_1\overline{Y}_0=111$。于是在最后的输出端得到 $Z_3Z_2Z_1Z_0=1010$。如果$\overline{A}_{15}$ ~ $\overline{A}_8$ 中同时有几个输入端为低电平，则电路只对优先权最高的一个编码。

当$\overline{A}_{15}$ ~ $\overline{A}_8$全部为高电平时，片（2）的 $Y_S=0$，故片（1）的$\overline{ST}=0$，处于编码状态，对$\overline{A}_7$ ~ $\overline{A}_0$输入的低电平信号中优先权最高的一个进行编码。例如$\overline{A}_4=0$ 时，片（1）的$\overline{Y}_2\overline{Y}_1\overline{Y}_0=011$。而此时片（2）的$\overline{Y}_{EX}=1$，$Z_3=0$，片（2）的$\overline{Y}_2\overline{Y}_1\overline{Y}_0=111$。于是在输出端得到了 $Z_3Z_2Z_1Z_0=1100$。

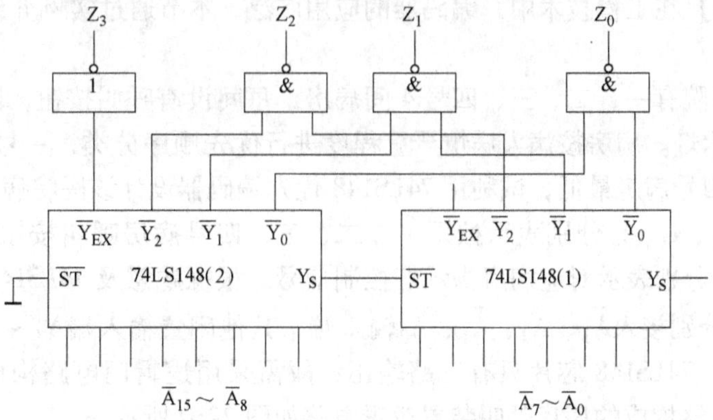

图 2-11　利用两片 74LS148 组成的 16 线-4 线优先编码器

课堂实验

74LS148 集成优先编码器的逻辑功能研究

【实验材料】74LS148 集成优先编码器、数字电路实验箱及相关附件。

【实验原理】实验原理图如图 2-12 所示。其中 $\overline{A}_7\sim\overline{A}_0$、$\overline{ST}$端接逻辑开关，$\overline{Y}_2\sim\overline{Y}_0$、$Y_S$、$\overline{Y}_{EX}$端接至逻辑电平显示输入插口。

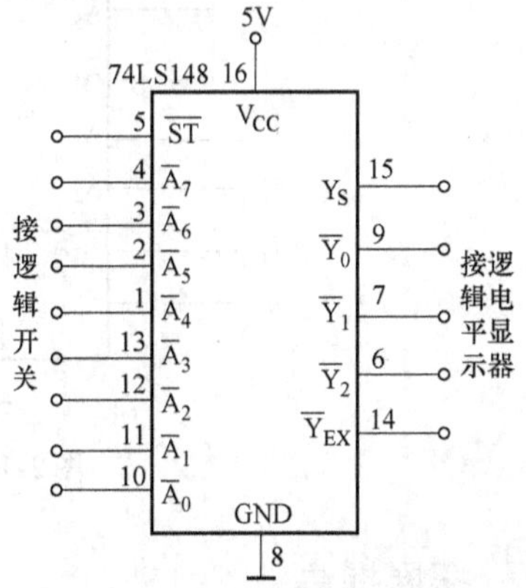

图 2-12　74LS148 逻辑功能实验电路

【实验内容】按图 2-12 所示连接实验电路。然后按表 2-6 的要求改变$\overline{A}_7\sim\overline{A}_0$、$\overline{ST}$端状态，观察$\overline{Y}_2\sim\overline{Y}_0$、$Y_S$、$\overline{Y}_{EX}$端的状态变化，并在表 2-6 相应栏目中记录。

【实验结论】74LS148 集成优先编码器当$\overline{ST}=0$时，可按照优先级对输入信号$\overline{A}_7\sim\overline{A}_0$进行编码；当$\overline{ST}=1$时，74LS148 工作于禁止编码状态。此外，级联输出使能端 Y_S 和优先输出（扩展）端$\overline{Y}_{EX}$的输出值描述了 74LS148 的工作状态。

表 2-6　74LS148 逻辑功能测试表

$\overline{ST}$	$\overline{A}_7$	$\overline{A}_6$	$\overline{A}_5$	$\overline{A}_4$	$\overline{A}_3$	$\overline{A}_2$	$\overline{A}_1$	$\overline{A}_0$	$\overline{Y}_2$	$\overline{Y}_1$	$\overline{Y}_0$	Y_S	$\overline{Y}_{EX}$
1	φ	φ	φ	φ	φ	φ	φ	φ					
0	1	1	1	1	1	1	1	1					
0	0	φ	φ	φ	φ	φ	φ	φ					
0	1	0	φ	φ	φ	φ	φ	φ					
0	1	1	0	φ	φ	φ	φ	φ					
0	1	1	1	0	φ	φ	φ	φ					
0	1	1	1	1	0	φ	φ	φ					
0	1	1	1	1	1	0	φ	φ					
0	1	1	1	1	1	1	0	φ					
0	1	1	1	1	1	1	1	0					

想一想：在表 2-6 所示 74LS148 的逻辑功能测试表中，当$\overline{ST}$为 1 和$\overline{ST}$为 0 且无编码信号输入或$\overline{A_0}$为 0 且其他编码输入端全为 1 时，输出$\overline{Y_2}\,\overline{Y_1}\,\overline{Y_0}$均为 111，这两种情况如何加以区分?

2.2.2　译码器

译码器是将具有特定含义的二进制代码“翻译”成相应输出信号的逻辑器件。这个输出信号可以是脉冲，也可以是电位。译码和编码互为逆过程。常见的译码器有二进制译码器和显示译码器。

【二进制译码器】二进制译码器又称变量译码器，是将二进制代码的各种状态，按其原意“翻译”成对应的输出信号的电路。常用的二进制译码器有 2 线-4 线译码器、3 线-8 线译码器和 4 线-16 线译码器。

2 线-4 线译码器的基本电路如图 2-13 所示。其中 A_1、A_0 表示待“翻译”的二进制代码输入端，$\overline{ST}$为选通控制端，Y_3、Y_2、Y_1、Y_0 表示二进制代码输出端。

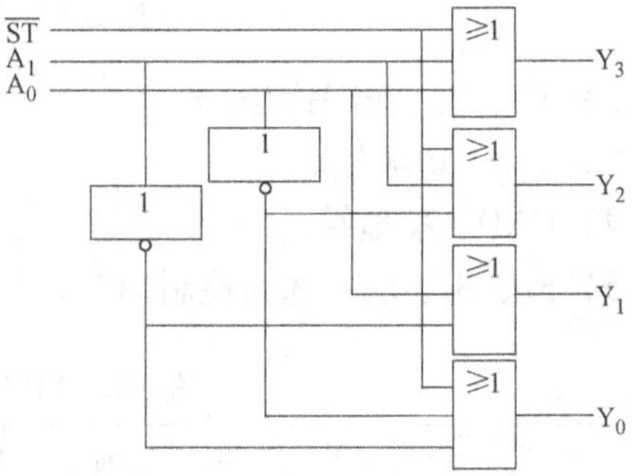

图 2-13　2 线-4 线译码器的基本电路

根据电路中各器件的逻辑功能，可以写出 Y_3、Y_2、Y_1、Y_0 与 A_1、A_0 及$\overline{ST}$之间的逻辑表达式为

$$Y_0 = \overline{A_1} + \overline{A_0} + \overline{ST}$$
$$Y_1 = \overline{A_1} + A_0 + \overline{ST}$$
$$Y_2 = A_1 + \overline{A_0} + \overline{ST}$$
$$Y_3 = A_1 + A_0 + \overline{ST}$$

由逻辑表达式列出真值表，见表 2-7。

表 2-7　2 线-4 线译码器真值表

$\overline{ST}$	A_1	A_0	Y_3	Y_2	Y_1	Y_0
1	ϕ	ϕ	1	1	1	1
0	0	0	1	1	1	0
0	0	1	1	1	0	1
0	1	0	1	0	1	1
0	1	1	0	1	1	1

由表 2-7 可知，当选通控制端$\overline{ST}$为 1 时，译码器处于禁止译码状态，对应输出端 Y_3、Y_2、Y_1、Y_0 为固定高电平。当选通控制端$\overline{ST}$为 0 时，对应代码输入端 A_1、A_0 的每一组代码输入，都能译成在对应输出端输出低电平 0。例如，当代码输入 A_1、A_0 = 11 时，则其对应输出端 Y_3 = 0。根据分析可知，该电路能实现 2 线-4 线译码器逻辑功能。

常用的中规模集成二进制译码器有双 2 线-4 线译码器 54LS139/74LS139、3 线-8 线译码器 54LS138/74LS138、4 线-16 线译码器 54154/74154 等，其中 74LS138 3 线-8 线译码器应用较广泛，其外形和引脚排列如图 2-14 所示，真值表见表 2-8。

74LS138 芯片各引脚的功能为：

1）A_2 ~ A_0：二进制代码输入端。

a) 外形

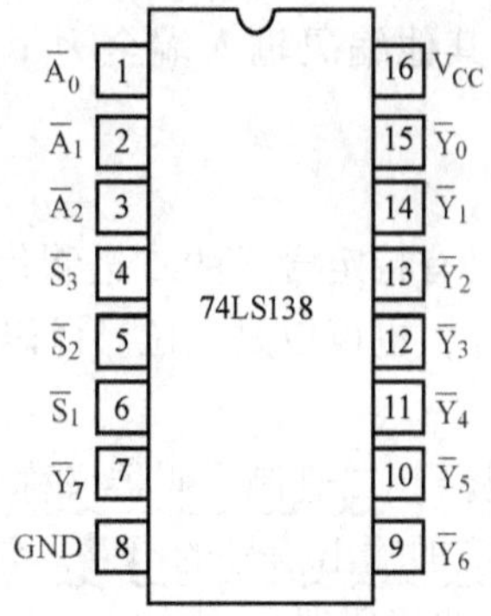

b) 引脚排列

图 2-14 74LS138 外形、引脚排列

2）$\overline{Y}_7 \sim \overline{Y}_0$：译码输出端。

3）V_{CC}：电源端。

4）GND：接地端。

5）S_1、$\overline{S}_2$、$\overline{S}_3$：选通控制端口。

表 2-8 74LS138 3 线-8 线译码器真值表

S_1	$\overline{S}_2+\overline{S}_3$	A_2	A_1	A_0	$\overline{Y}_7$	$\overline{Y}_6$	$\overline{Y}_5$	$\overline{Y}_4$	$\overline{Y}_3$	$\overline{Y}_2$	$\overline{Y}_1$	$\overline{Y}_0$
0	ϕ	ϕ	ϕ	ϕ	1	1	1	1	1	1	1	1
ϕ	1	ϕ	ϕ	ϕ	1	1	1	1	1	1	1	1
1	0	0	0	0	1	1	1	1	1	1	1	0
1	0	0	0	1	1	1	1	1	1	1	0	1
1	0	0	1	0	1	1	1	1	1	0	1	1
1	0	0	1	1	1	1	1	1	0	1	1	1
1	0	1	0	0	1	1	1	0	1	1	1	1
1	0	1	0	1	1	1	0	1	1	1	1	1
1	0	1	1	0	1	0	1	1	1	1	1	1
1	0	1	1	1	0	1	1	1	1	1	1	1

由表 2-8 所示真值表可知，74LS138 译码器的译码输出为低电平有效，且只有当 $S_1\overline{S}_2\overline{S}_3=100$时，译码器才能实现 3 线-8 线译码逻辑功能，否则译码器处于禁止译码状态，$\overline{Y}_7 \sim \overline{Y}_0$输出均为高电平。

【显示译码器】在数字电路中，经常要把二进制代码翻译成十进制数码、文字、符号等信息，并以译码输出信号驱动数码显示器件进行显示，以便人们读取测量、运算或控制的结果。能完成这种逻辑功能的电路统称为显示译码器，包括译码和显示驱动两方面逻辑功能。

（1）数码显示器件　数码显示器件是用来显示数字、文字、符号等信息的器件。目前，常用的数码显示器件有 LED 数码显示器和液晶显示器两类，它们显示的字形为由显示器件各发光段组合成的数字 0 ~ 9，我国的字形管标准为七段字形，如图 2-15 所示。当给某些发光段加上一定的电压或驱动电流时，它就会发光，从而显示出相应的字形。由于各种数码显示器的驱动要求不同，驱动各种数码显示管的译码器也不同，本节以 LED 数码显示器为例进行介绍，液晶显示器的相关知识详见本节知识链接。

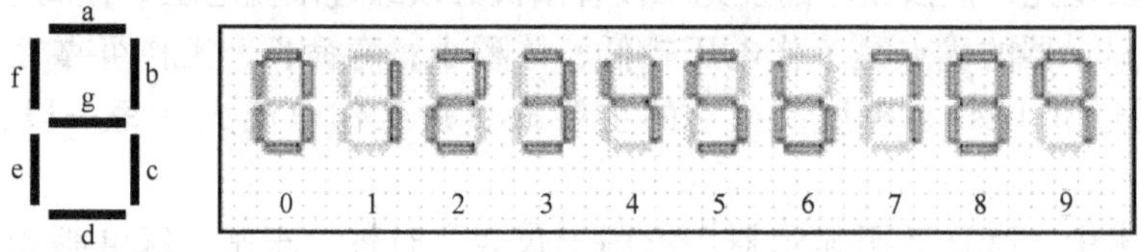

a) 分段示意图　　b) 发光显示图

图 2-15　七段显示器字形

LED 数码显示器又称数码管，它由七段发光二极管封装而成，其常见外形和图形符号如图 2-16 所示。

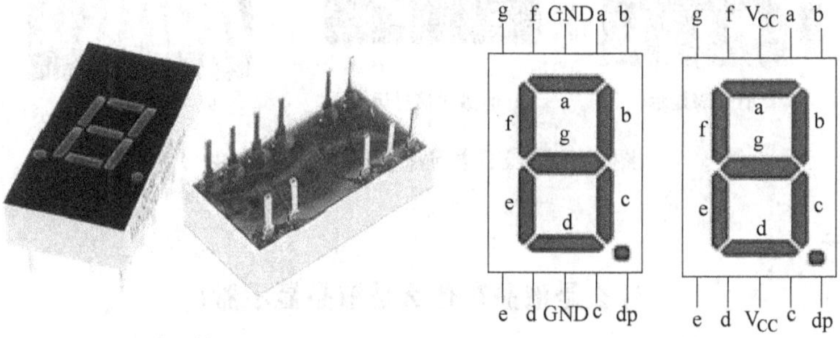

a) 常见外形　　b) 图形符号

图 2-16　LED 数码显示器的常见外形和图形符号

LED 数码显示器各引脚的功能为

1）a、b、c、d、e、f、g：字形七段输入端。

2）V_{CC}：电源端。

3）GND：接地端。

4）dp：小数点输入端。

LED 数码显示器内部发光二极管的接法有两种：共阳极接法和共阴极接法，如图 2-17 所示。

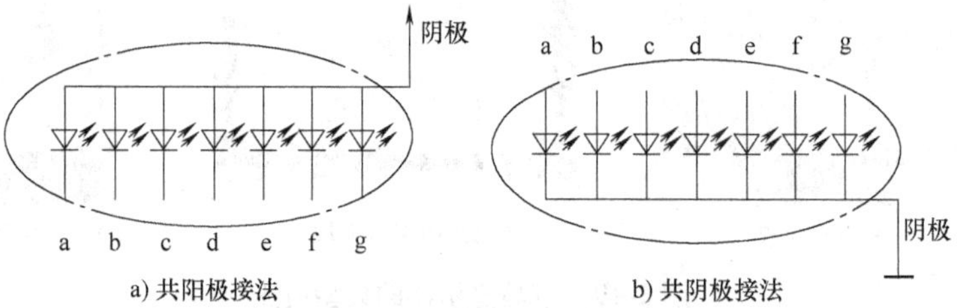

a) 共阳极接法　　b) 共阴极接法

图 2-17　LED 数码显示器的两种接法

共阳极接法是将 LED 数码显示器中 7 个发光二极管的阳极相连，接到电源高电位端，如图 2-17a 所示。若要使某段发光，该段相应的发光二极管阴极必须经过限流电阻 R 接低电平。

共阴极接法是将 LED 数码显示器中 7 个发光二极管的阴极相连并接地，如图 2-17b 所示。若要使某段发光，该段相应的发光二极管阳极必须经过限流电阻 R 接高电平。

LED 数码显示器的优点是工作电压较低、体积小、寿命长、工作可靠性高、响应时间短（一般不超过 0.1μs）、亮度高；它的主要缺点是工作电流大（每一段的工作电流在 10mA 左右）。

在工程技术中，LED 数码显示器广泛用于仪表、时钟、车站、家电等场合。选用时要注意产品的尺寸、颜色、功耗、亮度、波长等。LED 数码显示器的典型应用如图 2-18 所示。

a) 仪表显示　　b) 数码信息历　　c) LED 数码管

图 2-18　LED 数码显示器的典型应用

阅读材料

什么是液晶？什么是液晶显示器？

液晶是一种介于固体和液体之间的有机化合物。它和液体一样可以流动，但在不同方向上的光学特性不同，具有显示类似于晶体的性质，故称这类物质为液晶。

液晶显示器（Liguid Crystal Display，LCD）是一种新型平板薄型显示器件。液晶显示器本身不发光，它是用电来控制光在显示部位的反射和不反射（光被吸收）而实现显示功能的。正因为如此，LCD 工作电压低（约为 2～6V）、功耗小（$1mW/cm^2$ 以下），能与 CMOS 电路匹配。LCD 还具有显示柔和、字迹清晰、体积小、重量轻、可靠性高、使用寿命长等优点，自 1968 年研制成功以来，其发展速度之快、应用之广，远远超过了其他发光型显示器件。液晶显示器的典型应用如图 2-19 所示。

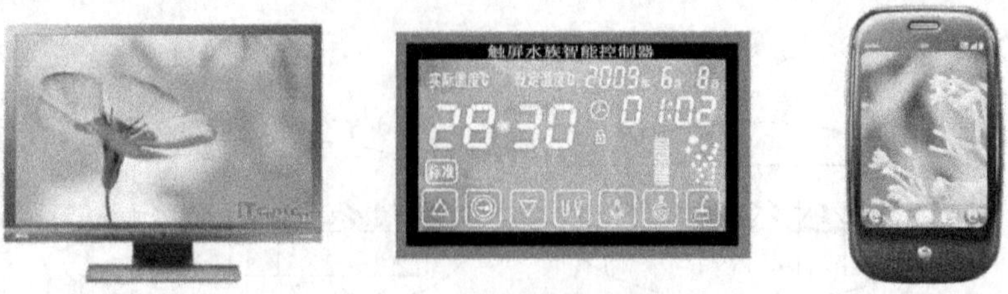

a) 液晶电视　　b) 智能仪器显示屏　　c) 手机显示屏

图 2-19　液晶显示器的典型应用

（2）显示译码器　把输入的 BCD 代码转换成十进制数码各段驱动信号的电路称为显示译码器。目前，应用较广泛的显示译码器主要有驱动 LED 数码显示器的 74LS247 和 74LS248。其中 74LS247 输出低电平有效，可直接驱动共阳极数码管；74LS248 输出高电平有效，可直接驱动共阴极数码管。本节以 74LS247 为例，介绍其引脚功能及应用特性。

74LS247 外形、引脚排列如图 2-20 所示，真值表见表 2-9。

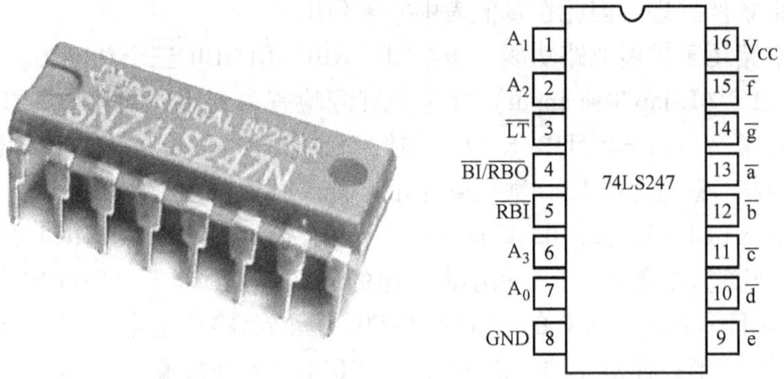

a) 外形　　b) 引脚排列

图 2-20　74LS247 外形、引脚排列

74LS247 芯片各引脚的功能为

1）A_3、A_2、A_1、A_0：BCD 代码输入端。

2）$\overline{a}$ ~ $\overline{g}$：七位二进制代码输出端。

3）V_{CC}：电源端。

4）GND：接地端。

5）$\overline{LT}$、$\overline{RBI}$、$\overline{BI}/\overline{RBO}$：附加控制端。

表 2-9　74LS247 显示译码器真值表

数字	$\overline{LT}$	$\overline{RBI}$	$\overline{BI}/\overline{RBO}$	A_3	A_2	A_1	A_0	$\overline{a}$	$\overline{b}$	$\overline{c}$	$\overline{d}$	$\overline{e}$	$\overline{f}$	$\overline{g}$	字形
0	1	1	1	0	0	0	0	0	0	0	0	0	0	1	0
1	1	ϕ	1	0	0	0	1	1	0	0	1	1	1	1	1
2	1	ϕ	1	0	0	1	0	0	0	1	0	0	1	0	2
3	1	ϕ	1	0	0	1	1	0	0	0	0	1	1	0	3
4	1	ϕ	1	0	1	0	0	1	0	0	1	1	0	0	4
5	1	ϕ	1	0	1	0	1	0	1	0	0	1	0	0	5
6	1	ϕ	1	0	1	1	0	1	1	0	0	0	0	0	6
7	1	ϕ	1	0	1	1	1	0	0	0	1	1	1	1	7
8	1	ϕ	1	1	0	0	0	0	0	0	0	0	0	0	8
9	1	ϕ	1	1	0	0	1	0	0	0	1	1	0	0	9
试灯	0	ϕ	1	ϕ	ϕ	ϕ	ϕ	0	0	0	0	0	0	0	8
灭灯	ϕ	ϕ	0	ϕ	ϕ	ϕ	ϕ	1	1	1	1	1	1	1	暗
清零	1	0	0	0	0	0	0	1	1	1	1	1	1	1	暗

由表 2-9 可知，当$\overline{LT}$、$\overline{RBI}$、$\overline{BI}/\overline{RBO}$均为高电平时，74LS247 可对译码输入为 0 的 BCD 码 0000 进行译码，产生显示 0 所需要的七段显示码 0000001，并驱动 LED 数码显示器显示字符“0”。当$\overline{LT}$和$\overline{BI}/\overline{RBO}$为高电平、$\overline{RBI}$为任意数值时，74LS247 可对译码输入为 1 ~ 9 的 BCD 码 0001 ~ 1001 进行译码，产生显示 1 ~ 9 所需要的七段显示码 1001111 ~ 0001100，并驱动 LED 数码显示器显示字符“1” ~ “9”。当输入为 1010 ~ 1111 这 6 个状态时，LED 数码显

示器显示为特定的字形，无任何实际意义，在数字系统工程设计中，常把 1010 ~ 1111 这 6 个状态作为约束条件处理，因此在真值表中并未列出。

附加控制电路用于扩展电路功能，包括$\overline{LT}$、$\overline{RBI}$、$\overline{BI}/\overline{RBO}$三个功能端。

灯测试输入$\overline{LT}$（Lamp Test Input）又称为灯测检查。利用$\overline{LT}$可检查 LED 数码显示器各字段工作是否正常。当$\overline{LT}=0$ 且$\overline{BI}/\overline{RBO}=1$ 时，无论 BCD 码 $A_3 \sim A_0$ 取值如何，输出七段显示码均为 0000000，驱动七段 LED 数码管显示字符“8”。

动态灭零输入$\overline{RBI}$（Ripple Blanking Input）又称为动态灭 0，利用$\overline{RBI}$可以使不需要显示的“0”熄灭，例如整数前的“0”和小数末尾的“0”。当$\overline{LT}=1$ 且$\overline{BI}/\overline{RBO}$不作为输入端使用时，若$\overline{RBI}=0$ 且译码输入为 0 的 BCD 码 0000，译码器将产生全“1”输出，使数码管全灭，不显示“0”字形；而对于非 0 译码输入，$\overline{BI}/\overline{RBO}$不外加输入信号相当于接高电平，译码器照常译码。

灭灯输入/动态灭零输出$\overline{BI}$（Blanking Input）/ $\overline{RBO}$（Ripple Blanking Output）是双重功能的端口，既可以作为输入信号$\overline{BI}$端口，又可以作为输出信号$\overline{RBO}$端口。当$\overline{BI}=0$ 时，不管其他输入端任何取值，输出七段显示码均为 1111111，数码管发光段都不亮。不需要显示时，利用该功能使数码管熄灭，可以降低显示系统的功耗。如果对$\overline{BI}$进行控制，则可以实现闪烁显示和联动显示等逻辑功能。当译码输入为 0000 且灭零时，$\overline{BI}/\overline{RBO}$端作为动态灭零输出$\overline{RBO}$使用，且$\overline{RBO}=0$，用以指示该片 74LS247 工作于灭零状态。

利用 74LS247 可以直接驱动共阳极接法的数码管。当输出管导通，输出为低电平时，电流流过字段发光二极管，数码管发光。图 2-21 给出了利用 74LS247 驱动 BS204 数码管的连接方法。

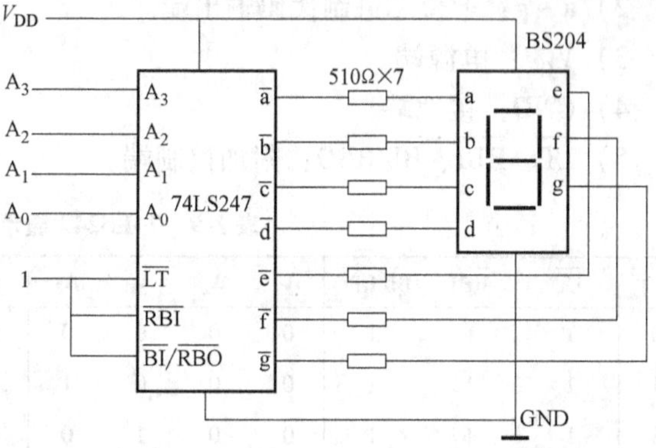

图 2-21　利用 74LS247 驱动 BS204 的连接方法

拓展提高

怎样拓展译码器的逻辑功能?

利用译码器的附加控制或选通控制端口，可以对译码器的逻辑功能进行扩展。利用两片 74LS138 级联扩展实现的 4 线-16 线译码器如图 2-22 所示。图中 $D_3 \sim D_0$为二进制代码输入端，$\overline{Z}_{15} \sim \overline{Z}_0$为译码输出端。片（1）为低位片，片（2）为高位片。

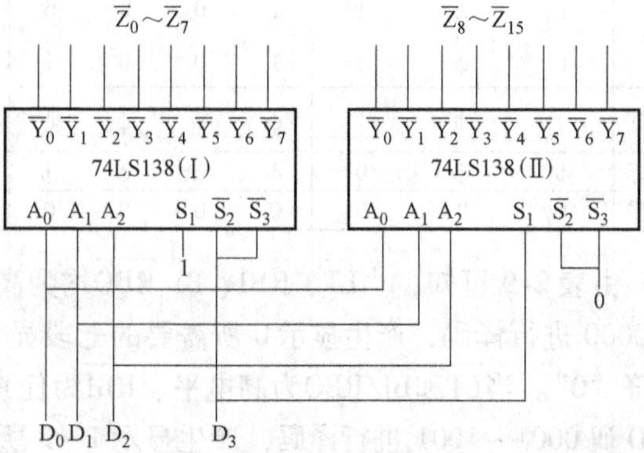

图 2-22　利用两片 74LS138 组成的 4 线-16 线译码器

根据图 2-14 及表 2-8 所示 74LS138 真值表可知，当 $D_3=0$ 时，由于低位 74LS138（Ⅰ）选通控制端口 $S_1\overline{S}_2\overline{S}_3=$

100，该片对二进制代码0000～0111正常译码，其输出构成16位译码输出的低8位；而高位74LS138（Ⅱ）由于选通控制端口$S_1\overline{S_2}\overline{S_3}=000$，该片处于禁止译码状态，其译码输出端口均为高电平。同理可知，当$D_3=1$时，低位74LS138（Ⅰ）处于禁止译码状态，其译码输出端口均为高电平；高位74LS138（Ⅱ）对1000～1111正常译码，其输出构成16位译码输出的高8位。

课堂实验

74LS247集成显示译码器的逻辑功能研究

【实验材料】74LS247集成显示译码器、数字电路实验箱及相关附件。

【实验原理】实验原理图参照图2-21自行设计。其中BCD代码输入端A_3、A_2、A_1、A_0和附加控制端$\overline{LT}$、$\overline{RBI}$、$\overline{BI}/\overline{RBO}$分别接逻辑开关，74LS247七位二进制代码输出端$\overline{a}$～$\overline{g}$经510Ω限流电阻分别接数码显示器字形七段输入端a～g。

【实验内容】参照图2-21连接实验电路。然后按表2-10的项目要求改变A_3～A_0和$\overline{LT}$、$\overline{RBI}$、$\overline{BI}/\overline{RBO}$端状态，观察BS204显示状态变化，并记录表2-10相应栏目中。

表2-10　74LS247逻辑功能测试表

输入情况							显示及功能
$\overline{LT}$	$\overline{RBI}$	$\overline{BI}/\overline{RBO}$	A_3	A_2	A_1	A_0	
1	1	1	0	0	0	0	
1	φ	1	0	0	0	1	
1	φ	1	0	0	1	0	
1	φ	1	0	0	1	1	
1	φ	1	0	1	0	0	
1	φ	1	0	1	0	1	
1	φ	1	0	1	1	0	
1	φ	1	0	1	1	1	
1	φ	1	1	0	0	0	
1	φ	1	1	0	0	1	
0	φ	1	φ	φ	φ	φ	
φ	φ	0	φ	φ	φ	φ	
1	0	0	0	0	0	0	

【实验结论】74LS247集成显示译码器可直接驱动共阳极接法的LED数码显示器，且其工作状态由附加控制端$\overline{LT}$、$\overline{RBI}$、$\overline{BI}/\overline{RBO}$进行控制。

想一想：利用74LS247附加控制端$\overline{LT}$、$\overline{RBI}$、$\overline{BI}/\overline{RBO}$可否实现多位数码显示系统的灭零控制？若能试画出其控制原理图？

*2.2.3　加法器

目前计算机中，二进制数之间的加、减、乘、除算术运算都是化作若干步加法运算进行的，因此，加法器是构成算术运算器的基本单元。加法器按照逻辑功能的不同可分为半加器和全加器。

【半加器】如果不考虑来自低位的进位而将两个二进制数相加，称为半加。实现半加逻辑功能的电路称为半加器（Half Adder，HA）。由异或门、与门构成的半加器典型电路和逻辑符号如图 2-23 所示。图中，A、B 表示两个加数，S 表示相加的和、CO 表示高位进位。

根据电路中异或门和与门的逻辑功能，可以写出 S、CO 与 A、B 之间的逻辑表达式为

$$\begin{cases} S = \overline{A}B + A\overline{B} = A \oplus B \\ CO = AB \end{cases}$$

由逻辑表达式可列出其对应真值表，见表 2-11。可见，该电路可以实现 1 位二进制加法运算逻辑功能，但由于未考虑来自低位进位对输出的影响，因此属于半加器。

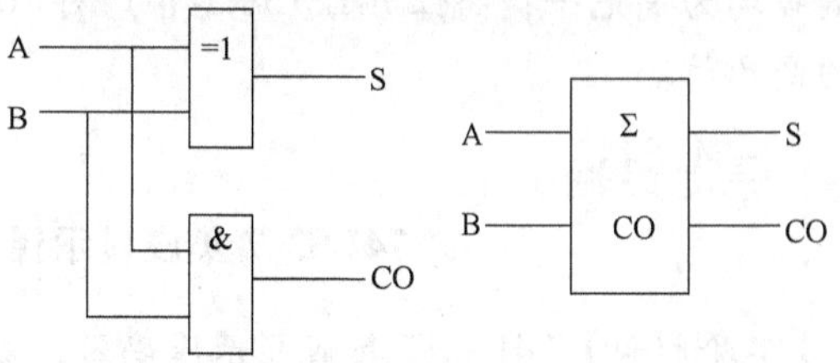

a) 逻辑电路　　b) 逻辑符号

图 2-23　由异或门、与门构成的半加器

表 2-11　半加器真值表

输　入		输　出	
加数 A	加数 B	和数 S	进位数 CO
0	0	0	0
0	1	1	0
1	0	1	0
1	1	1	1

【全加器】考虑来自低位的进位将两个二进制数相加，称为全加。实现全加逻辑功能的电路称为全加器（Full Adder，FA）。利用异或门构成的全加器典型电路及逻辑符号如图 2-24所示。图中 A、B 表示两个加数、CI 表示低位进位、S 表示相加之和、CO 表示高位进位。

a) 逻辑电路　　b) 逻辑符号

图 2-24　由异或门构成的全加器典型电路及逻辑符号

根据电路中异或门和与或非门的逻辑功能，可以写出 S、CO 与 A、B、CI 之间的逻辑表达式为

$$\begin{cases} S = A \oplus B \oplus CI \\ CO = \overline{\overline{(A \oplus B)CI + AB}} = (A \oplus B)CI + AB \end{cases}$$

由逻辑表达式列出对应真值表，见表 2-12。可见，该电路可以实现 1 位二进制数全加逻辑功能。

表 2-12　全加器真值表

输　入			输　出	
加数 A	加数 B	低位进位数 CI	和数 S	高位进位数 CO
0	0	0	0	0
0	0	1	1	0
0	1	0	1	0
0	1	1	0	1
1	0	0	1	0
1	0	1	0	1
1	1	0	0	1
1	1	1	1	1

常用的中规模集成加法器有 54283/74283、54S283/74S283、54LS283/74LS283、CC4008 等。其中 74LS283 加法器应用较广泛。74LS283 外形和引脚排列如图 2-25 所示。

a) 外形

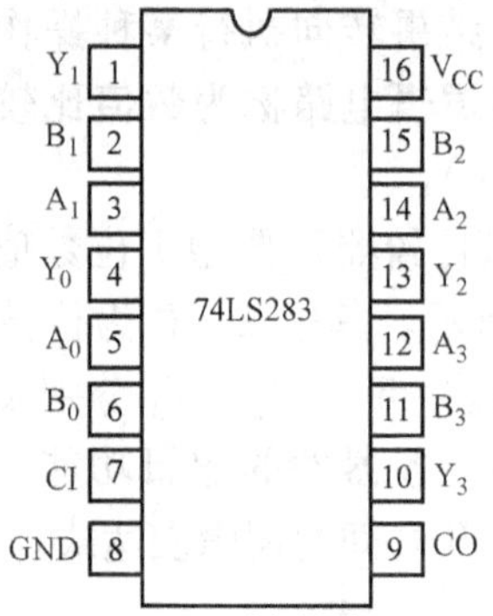

b) 引脚排列

图 2-25　74LS283 外形和引脚排列

74LS283 各引脚的功能为：

1）$A_3 \sim A_0$、$B_3 \sim B_0$：4 位二进制被加数、加数输入端。

2）$Y_3 \sim Y_0$：4 位和输出端。

3）CI：低位进位输入端。

4）CO：高位进位输出端。

5）V_{CC}：电源端。

6）GND：接地端。

在工程技术中，可以把若干片 74LS283 级联起来，可构成多位数的加法器电路，即拓展加法器的逻辑功能。具体级联方法为将高位片的低位进位端 CI 与低位片的高位进位端 CO 相连接即可。此处不予详细阐述。

阅读材料

芯片上的奇迹（1）

1971 年，Intel 公司成功地在一块 $12mm^2$ 的芯片上集成了 2300 个晶体管，制成了一款包括运算器、控制器在内的可编程序运算芯片，它被称为中央处理单元（CPU），又称微处理器，这是世界上第一款微处理器——4004。

1972 年，Intel 公司推出的 8008 微处理器，上面集成了 3500 个晶体管；1974 年，8080 微处理器集成了 6000 个晶体管；1978 年，8086 微处理器集成了 2.9 万个晶体管；1982 年，80286 微处理器集成了 13.4 万个晶体管；1985 年，80386 微处理器集成了 27.5 万个晶体管；1989 年，80486 微处理器集成了 120 万个晶体管；1997 年，Intel 公司发布的奔腾Ⅱ微处理器集成了 750 万个晶体管；1999 年，奔腾Ⅲ微处理器集成了 2800 万个晶体管；2000 年，奔腾 4 微处理器集成了 4200 万个晶体管。目前，Intel 微处理器已经能够集成数亿个晶体管了！2008 年上市的 Intel 酷睿 2 四核 CPU，晶体管数量已达 8.2 亿个。

以现在的发展趋势看，今后将会有更多核的处理器问世。到 2016 年，微处理器将采用 11nm（$1\text{nm}=10^{-9}\text{m}$）生产工艺，微处理器晶体管数量会达到 1280 亿个；预计到 2018 年，微处理器将采用 8nm 生产工艺，集成的晶体管数量将达到 2560 亿个。

*2.2.4　数值比较器

在数字电路中，经常需要对两个数值进行比较，然后根据比较结果转向执行某种操作。用来进行数值大小比较的逻辑电路称为数值比较器，简称比较器（Comparator）。

【1 位数值比较器】典型 1 位数值比较器逻辑电路如图 2-26 所示。其中 A、B 为位数相同且无符号的 1 位二进制数，Y_1、Y_2、Y_3 分别表示比较结果。

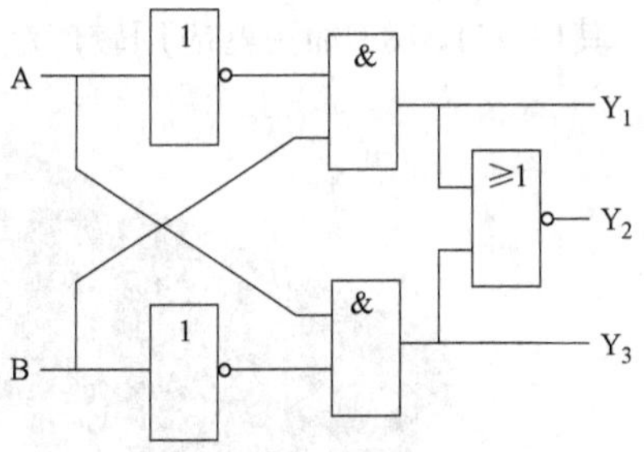

图 2-26　1 位数值比较器逻辑电路

根据电路中各器件的逻辑功能，可以写出 Y_1、Y_2、Y_3 与 A、B 之间的逻辑表达式为

$$\begin{cases} Y_1 = \overline{A}B \\ Y_2 = \overline{\overline{A}B + A\overline{B}} = \overline{\overline{A}B}\cdot\overline{A\overline{B}} = (A+\overline{B})\cdot(\overline{A}+B) = AB + \overline{A}\,\overline{B} = A\odot B \\ Y_3 = A\overline{B} \end{cases}$$

由逻辑表达式列出真值表，见表 2-13。可见，当 $A>B$（即 $A=1$、$B=0$）时，$A\overline{B}=1$，故可以用 $A\overline{B}$ 作为 $A>B$ 的输出信号 Y_3；当 $A<B$（即 $A=0$、$B=1$）时，$\overline{A}B=1$。同理，可以用 $\overline{A}B$ 作为 $A<B$ 的输出信号 Y_1；当 $A=B$（$A=0$、$B=0$ 或 $A=1$、$B=1$）时，$A\odot B=1$，可以用 $A\odot B$ 作为 $A=B$ 的输出信号 Y_2。根据分析可知，该电路能实现 1 位二进制数数值比较的逻辑功能。

表 2-13　1 位数值比较器真值表

输　入		输　出		
A	B	Y_1	Y_2	Y_3
0	0	0	0	1
0	1	0	1	0
1	0	1	0	0
1	1	0	0	1

【集成数值比较器】常用的中规模集成数值比较器有 5485/7485、54S85/74S85、

54LS85/74LS85、CC4063、CC14585 等。本节以 4 位集成数值比较器 74LS85 为例，介绍其逻辑功能及应用特性。74LS85 外形、引脚排列如图 2-27 所示，真值表见表 2-14。

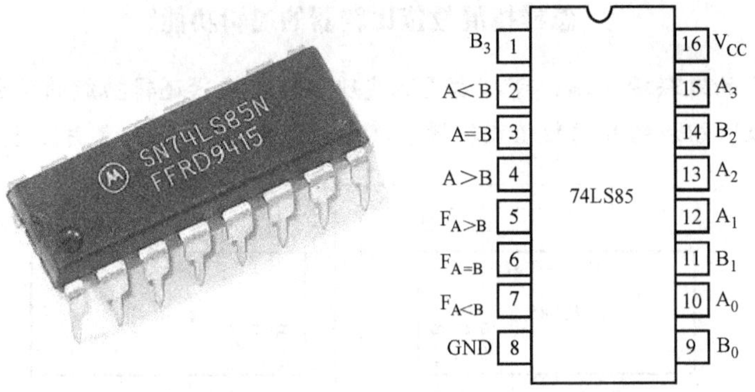

a) 外形　　b) 引脚排列

图 2-27　74LS85 外形、引脚排列

74LS85 各引脚的功能为：

1）$A_3 \sim A_0$、$B_3 \sim B_0$：4 位二进制数输入端。

2）A < B、A > B、A = B：级联输入端，74LS85 作为单级或最低级使用时，应将级联输入端“A < B”、“A > B”端子接低电平，“A = B”端子接高电平，表示更低位数数值大小相等。

3）$F_{A>B}$、$F_{A<B}$、$F_{A=B}$：比较结果输出端。

4）V_{CC}：电源端。

5）GND：接地端。

表 2-14　74LS85 数值比较器真值表

输入				输出		
A_3　B_3	A_2　B_2	A_1　B_1	A_0　B_0	$F_{A>B}$	$F_{A<B}$	$F_{A=B}$
1　0	ϕ　ϕ	ϕ　ϕ	ϕ　ϕ	1	0	0
0　1	ϕ　ϕ	ϕ　ϕ	ϕ　ϕ	0	1	0
$A_3=B_3$	1　0	ϕ　ϕ	ϕ　ϕ	1	0	0
$A_3=B_3$	0　1	ϕ　ϕ	ϕ　ϕ	0	1	0
$A_3=B_3$	$A_2=B_2$	1　0	ϕ　ϕ	1	0	0
$A_3=B_3$	$A_2=B_2$	0　1	ϕ　ϕ	0	1	0
$A_3=B_3$	$A_2=B_2$	$A_1=B_1$	1　0	1	0	0
$A_3=B_3$	$A_2=B_2$	$A_1=B_1$	0　1	0	1	0
$A_3=B_3$	$A_2=B_2$	$A_1=B_1$	$A_0=B_0$	0	0	1

由表 2-14 可知，74LS85 比较器逻辑关系为：

当 $A_3=1$，$B_3=0$ 时，无论其低位值为何值，结果总是 $F_{A>B}=1$；

当 $A_3=0$，$B_3=1$ 时，无论其低位值为何值，结果总是 $F_{A<B}=1$；

如果 $A_3=B_3$，当 $A_2=1$，$B_2=0$ 时，无论其低位值为何值，结果总是 $F_{A>B}=1$；

其余以此类推，仅当 A、B 两组 4 位数码两两相等时，结果才为 $F_{A=B}=1$。

拓展提高

怎样拓展数值比较器的逻辑功能？

利用 74LS85 的级联输入端，可以方便地实现数值比较器逻辑功能的扩展。图 2-28 所示为用两片 74LS85 级联组成的 8 位数值比较器。其中片（Ⅰ）为低位片，片（Ⅱ）为高位片。

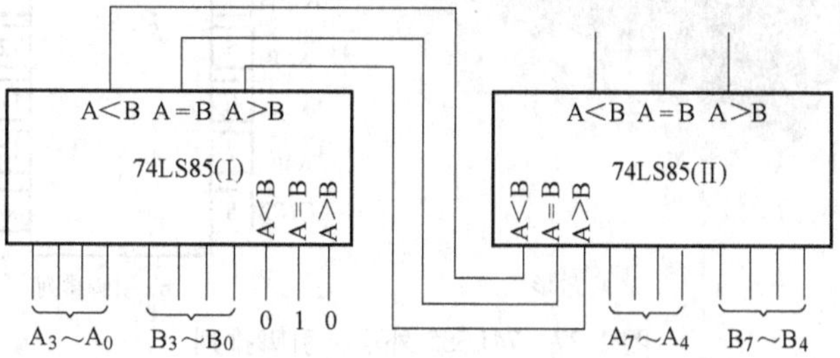

图 2-28　利用两片 74LS85 级联构成的 8 位数值比较器

注意：CMOS 集成数值比较器的级联与 TTL 集成数值比较器不同。CMOS 集成数值比较器的级联方法是：高位片级联输入端 A = B、A < B 分别与低位片对应输出端连接，A > B 接高电平“1”；低位片级联输入端 A < B 接低电平“0”，A > B、A = B 接高电平“1”。

*2.2.5　数据选择器

在数字信号的传输过程中，有时需要从多路输入数据中挑选任一信号进行处理，能完成这种逻辑功能的电路统称为数据选择器（Multiplexer/Date Selector）。目前常用的数据选择器有 2 选 1、4 选 1、8 选 1 和 16 选 1 等多种类型。

【4 选 1 数据选择器】4 选 1 数据选择器的典型逻辑电路如图 2-29 所示。图中 D_3、D_2、D_1、D_0 为四路数据输入端，A_1、A_0 为地址输入端，Y 为数据输出端，$\overline{ST}$为选通控制端（又称附加控制端），低电平有效，即当$\overline{ST}=0$ 时，数据选择器正常工作；$\overline{ST}=1$ 时，数据选择器不工作。

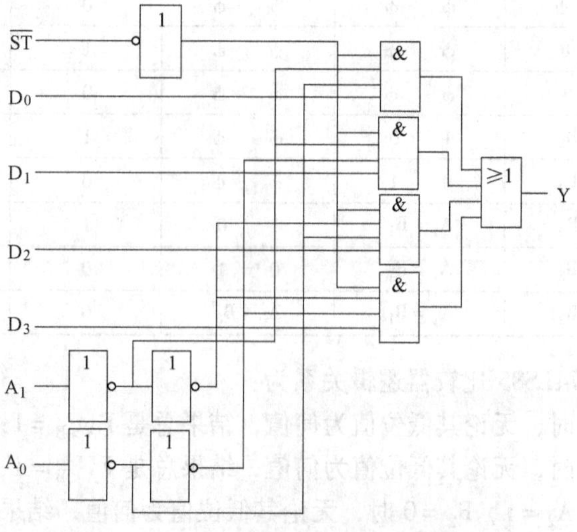

图 2-29　4 选 1 数据选择器的典型逻辑电路

根据电路中各器件的逻辑功能，可以写出 Y 与 A_1、A_0、$\overline{ST}$及 D_3、D_2、D_1、D_0 之间的逻辑表达式为

$$Y=\overline{ST}\ \overline{A_1}\,\overline{A_0}D_0+\overline{ST}\ \overline{A_1}A_0D_1+\overline{ST}A_1\overline{A_0}D_2+\overline{ST}\ A_1A_0D_3$$
$$=\overline{ST}(\overline{A_1}\,\overline{A_0}D_0+\overline{A_1}A_0D_1+A_1\overline{A_0}D_2+A_1A_0D_3)$$

由逻辑表达式列出真值表，见表 2-15 所示。

表 2-15　4 选 1 数据选择器的真值表

输入				输出
$\overline{ST}$	D	A_1	A_0	Y
1	φ	φ	φ	0
0	D_0	0	0	D_0
0	D_1	0	1	D_1
0	D_2	1	0	D_2
0	D_3	1	1	D_3

据表 2-15 可知，数据输出 Y 取决于地址输入端 A_1、A_0 不同取值组合。

当 $A_1A_0=00$ 时，电路选择 D_0 输出；

当 $A_1A_0=01$ 时，电路选择 D_1 输出；

当 $A_1A_0=10$ 时，电路选择 D_2 输出；

当 $A_1A_0=11$ 时，电路选择 D_3 输出。

【集成数据选择器】在工程技术中，集成数据选择器种类繁多，且性能各不相同。本节以集成双 4 选 1 数据选择器 74LS153 为例，介绍其逻辑功能及应用特性。74LS153 外形和引脚排列如图 2-30 所示，真值表见表 2-16。

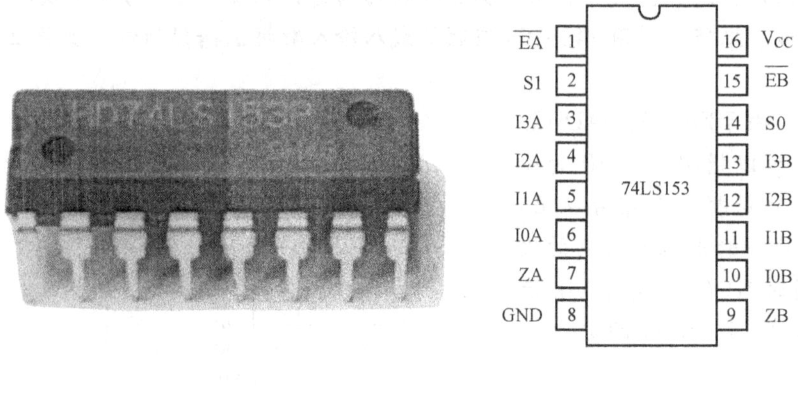

a) 外形　　b) 引脚排列

图 2-30　74LS153 外形、引脚排列

74LS153 芯片各引脚的功能为：

1）S1、S0：公共地址输入端。

2）$\overline{EA}$、$\overline{EB}$：选通控制端（又称附加控制端），低电平有效。

3）ZA、ZB：数据输出端。

4）I3A ~ I0A、I3B ~ I0B：四路数据输入端。

5）V_{CC}：电源端。

6）GND：接地端。

表 2-16　74LS153 数据选择器真值表

输入							输出	说明
片选	选择输入		数据输入					
$\overline{E}$	S1	S0	I0	I1	I2	I3	Z	
1	ϕ	ϕ	ϕ	ϕ	ϕ	ϕ	0	不工作
0	0	0	0	ϕ	ϕ	ϕ	0	输出为 I0
0	0	0	1	ϕ	ϕ	ϕ	1	
0	0	1	ϕ	0	ϕ	ϕ	0	输出为 I1
0	0	1	ϕ	1	ϕ	ϕ	1	
0	1	0	ϕ	ϕ	0	ϕ	0	输出为 I2
0	1	0	ϕ	ϕ	1	ϕ	1	
0	1	1	ϕ	ϕ	ϕ	0	0	输出为 I3
0	1	1	ϕ	ϕ	ϕ	1	1	

由真值表可知，当选通控制端$\overline{E}=1$时，选择器被禁止；当$\overline{E}=0$时，选择器处于工作状态，此时选择器输出哪一路信号由地址信号决定。

拓展提高

怎样拓展数据选择器的逻辑功能？

在通用集成电路中，厂家生产最大规模的数据选择器是十六选一。如果需要更大规模的数据选择器，必须进行通道扩展。利用数据选择器的选通控制端，可以方便地实现数据选择器逻辑功能的扩展。本节以利用 74LS153 级联构成八输入数据选择器为例（见图 2-31），介绍其级联方法。

当 S2 = 0 时，由于$\overline{EA}=0$，74LS153 的 A 部分工作，可以根据 S1、S0 的输入状态从 I0 ~ I3 中选择 1 个信号从 ZA 输出，经过或门后，输出信号从总的输出端 Z 输出。同时 S2 经过非门反相后送到$\overline{EB}$，使$\overline{EB}=1$，74LS153 的 B 部分不工作。

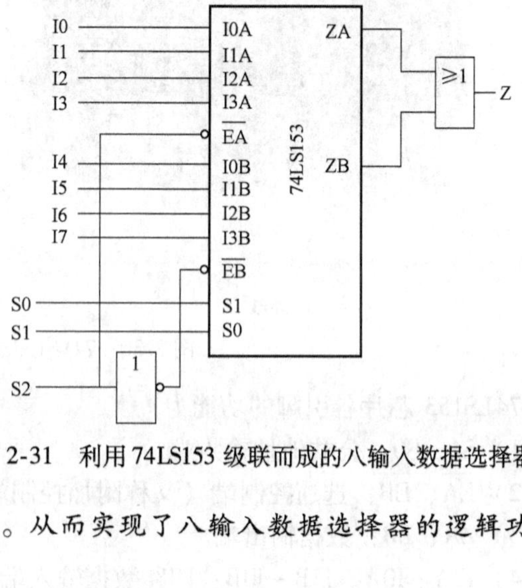

图 2-31　利用 74LS153 级联而成的八输入数据选择器

当 S2 = 1 时，由于$\overline{EA}=1$，74LS153 的 A 部分不工作。同时 S2 经过非门反相后送到$\overline{EB}$，使$\overline{EB}=0$，74LS153 的 B 部分工作。可以根据 S1、S0 的输入状态从 I4 ~ I7 中选择 1 个信号从 ZB 输出，经过或门后，输出信号从总的输出端 Z 输出。从而实现了八输入数据选择器的逻辑功能。S2 实际上起到高位片选通控制端的作用。

技能训练　制作三人表决控制器

【训练目标】

1）认识组合逻辑器件，并能正确选择和使用；

2）掌握用万用表测试、判断组合逻辑器件好坏的基本方法；

3）熟悉三人表决控制器工作原理；

4）会组装、调试三人表决控制器。

【训练材料】见表2-17。

表2-17　材料清单表

代　号	名　称	型号规格	数　量
IC1、IC2	双四输入与非门	CD4012	2
IC3	OC门	ULN2003AN	1
$R_1 \sim R_6$	电阻	47kΩ	6
R_7	电阻	27kΩ	1
R_8	电阻	2.7kΩ	1
$C_1 \sim C_3$	电容	0.01μF	3
$S_1 \sim S_3$	按钮	微型动合式	3
LED	发光二极管	φ5mm 红色	1
其他	印制电路板（万能板）、集成电路插座3块（16引脚1块、14引脚2块）		

【相关原理介绍】图2-32所示为三人表决控制器原理图。该电路使用了数字集成电路CD4012、ULN2003AN、发光二极管等常用电子元器件，其工作过程如下：

当有两个或两个以上的按钮按下时，A、B、C三点至少有两个是高电位，也就是至少有一个两输入端的与非门IC1为低电位输出，此时三输入端的与非门IC2输出为高电位，经过OC门ULN2003AN（集电极开路与非门，采用集电极开路输出，输出电流大，故可以直接驱动继电器或固体继电器等外接控制器件）整形后输出低电位，致使发光二极管LED正向导通而发光。

当无按钮或只有一个按钮按下时，两输入端的与非门IC1均为高电位输出，三输入的与非门IC2输出低电位，经OC门ULN2003AN整形后输出高电位，致使发光二极管截止而不发光。

【实训方法与步骤】

1）查阅集成电路手册，熟悉数字集成电路CD4012和ULN2003AN引脚排列及各引脚功能，按图2-32所示原理图，在印制电路板（万能板）上自己设计电路装配图。

2）用万用表检测元器件质量好坏，并进行整形和搪锡处理。

3）按照图2-32所示三人表决控制器原理图，在印制电路板（或万能板）上正确连接电路。

4）调试与检测电路。

① 电路安装完毕后，对照原理图和装配图，仔细检查电路是否安装正确以及导线、焊

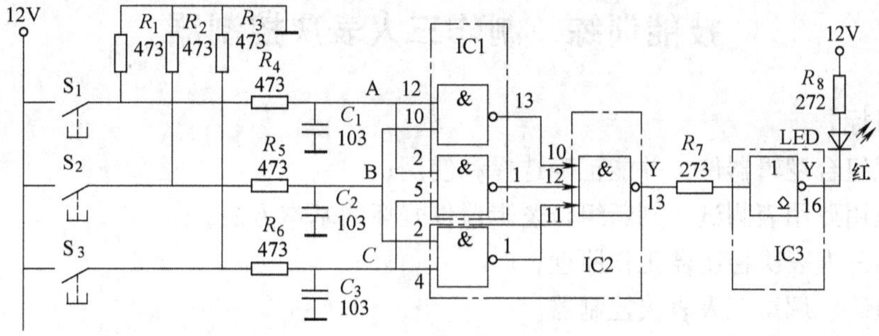

a) 原理图

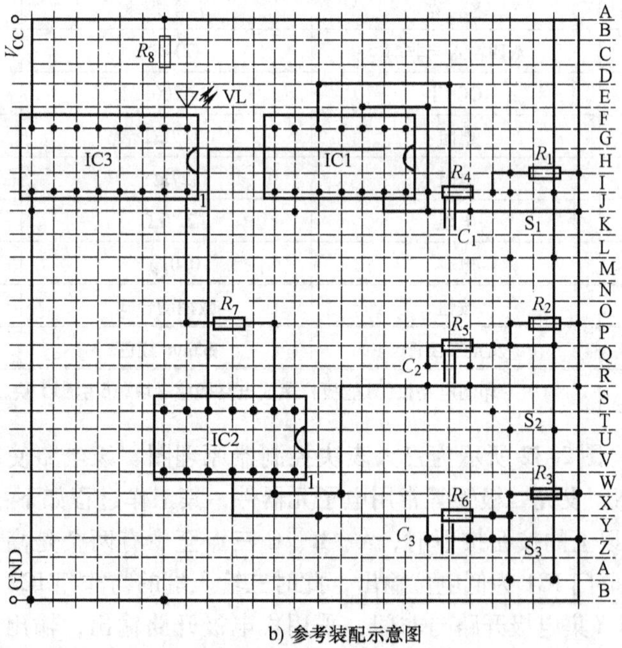

b) 参考装配示意图

图 2-32　三人表决控制器

点是否符合要求，检查发光二极管的极性是否正确。

② 用万用表检测电源是否有问题，包括有无短路、断路现象。若发现故障，应仔细查找原因，并排除故障点。

③ 确认无误后，按集成电路标记口的方向插好集成电路，然后通电测试。

具体测试要求为：设 S_1、S_2、S_3 按下为“1”，未按下为“0”，按表 2-12 的要求分别设置 S_1、S_2、S_3 的不同组合状态，用万用表分别测量 A、B、C、Y、Y1 的电位，将测量结果填入表 2-18 中，观察并记录发光二极管的状态。

表 2-18　测试数据记录

S_1	S_2	S3	V_A	V_B	V_C	V_Y	V_{Y1}	LED 工作状态
0	0	0						
0	0	1						

（续）

S_1	S_2	S_3	V_A	V_B	V_C	V_Y	V_{Y1}	LED 工作状态
0	1	0						
0	1	1						
1	0	0						
1	0	1						
1	1	0						
1	1	1						

想一想：利用两块 CD4012 和一块 CD4011 能否设计出三人表决控制器电路？若能试画其控制原理图和装配图。

注意：测试完毕后，应先断开电源开关，再拆除电源以及其他连接线，否则会损坏元器件或造成逻辑混乱。

【质量评价】项目质量考核要求及评分标准见表 2-19。

表 2-19　质量考核要求及评分标准

班级		姓名		学号		组别		
考核项目	考核要求		配分	评分标准			自评分	互评分
准备工作	15min 内完成所有元器件的清点、检测及调换		15	规定时间以外更换元器件，扣 5 分/项				
组装焊接	元器件按要求整形；正确安装元器件；焊点美观、走线合理、布局漂亮		20	整形、安装或焊点不规范，1 分/处；元器件安装错误或损伤元器件，2 分/处				
通电调试	试通电电路工作正常		20	检修一次后电路才正常，扣 2 分；检修两次后电路才正常，扣 4 分				
通电检测	表 2-12 中的数据准确		25	数据不准确，扣 1 分/处；数据错误，扣 2 分/处				
安全文明操作	严格遵守电业安全操作规程；工作台工具、器件摆放整齐		10	违反安全操作规程，扣 1 ~ 10 分；工具、器件不整齐，扣 1 ~ 5 分				
定额时间	120min		10	提前正确完成每 10min 加 2 分；超过定额时间每 10min 扣 2 分				
合计			100					

学生交流改进总结

教师签名：

注：本表格式也可用于本章其他实验实训项目。

本 章 小 结

1. 组合逻辑电路是指电路的输出状态只取决于该时刻的输入，而与该时刻之前电路的状态无关的逻辑电路。具有输出、输入之间没有反馈网络和电路中没有记忆元件的基本特征。

2. 组合逻辑电路的逻辑功能可用真值表、逻辑表达式、卡诺图和逻辑图、波形图五种方法来描述，它们在本质上是相通的，即可以相互转换。利用上述描述方法可对简单组合逻辑电路逻辑功能进行分析。

3. 组合逻辑电路设计是组合逻辑电路分析的逆过程。在许多情况下，利用组合逻辑器件设计数字电路系统已成为设计者的优选方案。

4. 编码器是指能够完成编码逻辑功能的逻辑器件，常见的编码器有二进制编码器和优先编码器。其中74LS148属于8线-3线优先编码器，利用其辅助控制端可对其逻辑功能进行扩展。

5. 译码器是将具有特定含义的二进制代码“翻译”成相应输出信号的逻辑器件。常见的译码器有二进制译码器和显示译码器。其中74LS138属于3线-8线译码器，74LS247显示译码器可直接驱动共阳极数码管。

6. 其他常用组合逻辑器件有加法器、数值比较器和数据选择器等。利用上述器件的辅助控制端，也可对其逻辑功能进行扩展。

第3章 触 发 器

本章导读

知识目标：

① 了解RS触发器、JK触发器和D触发器逻辑功能和应用特性。

② 掌握常用集成触发器逻辑功能和应用特性。

技能目标：

① 能利用数字电路实验箱验证触发器逻辑功能。

② 会用万用表测试集成触发器性能好坏。

③ 会组装与调试四人智力竞赛抢答器。

④ 会查阅集成电路手册，能按要求选用集成触发器。

3.1 RS触发器

话题引入

在接触计算机的过程中，你一定听过“缓存（Cache Memory）”这个词。在计算机系统里，缓存是硬盘控制器上的一块内存芯片，具有极快的存取速度，它是硬盘内部存储和外界接口之间的缓冲器。缓存的大小与速度是直接关系硬盘传输速度的重要因素，能够大幅度地提高硬盘整体性能。缓存的基本逻辑单元是触发器。事实上，触发器的应用范围很广泛，像日常使用的数码照相机、MP3等领域，都有触发器的身影。触发器的典型应用如图3-1所示。

在工程技术中，触发器是指具有记忆功能的二进制信息存储器件，它是构成时序逻辑电路的基本单元电路。迄今为止，人们已经研制出了许多种触发器电路。根据逻辑功能的不同，可以将它们分为RS触发器、JK触发器、D触发器、T触发器等几种类型。初学者学习时序逻辑电路课程时，一般要将触发器作为首要研究对象。

a) 数码照相机

b) MP4

c) 智力竞赛抢答器

图3-1 触发器的典型应用

3.1.1　基本 RS 触发器

基本 RS 触发器是触发器电路中结构形式最简单的一种。实际应用时，通过扩展其基本逻辑功能可以实现其他多功能触发器的开发与应用。

【电路结构】基本 RS 触发器由两个交叉耦合的与非门连接而成，其逻辑图及逻辑符号如图 3-2 所示。图中，$\overline{R}_D$、$\overline{S}_D$为触发信号输入端；Q、$\overline{Q}$为互补输出端。当 Q = 1，$\overline{Q}$ = 0 时称触发器处于 1 状态，记为 Q = 1；当 Q = 0，$\overline{Q}$ = 1 时，称触发器处于 0 状态，记为 Q = 0。这两种状态与二进制数码的 1 和 0 相对应。

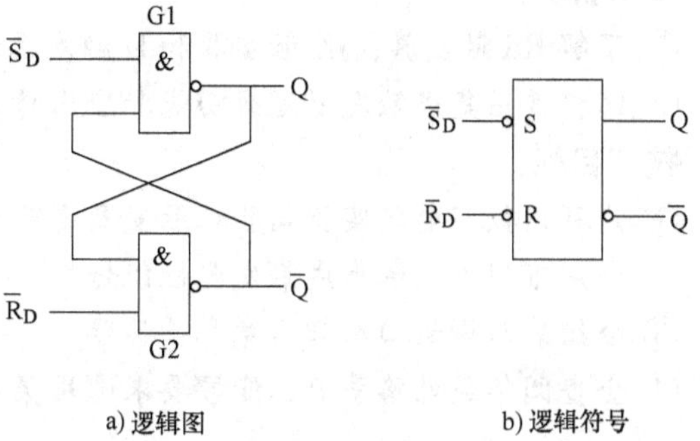

图 3-2　基本 RS 触发器

【逻辑功能】图 3-2 中，根据与非门逻辑关系，按照触发信号输入端的不同组合不难看出：

1）当 $\overline{R}_D$ = 0，$\overline{S}_D$ = 1 时，触发器置 0。

因$\overline{R}_D$ = 0，G2 输出$\overline{Q}$ = 1，同时 G1 的输入端均为高电平，输出 Q = 0，触发器处于 0 状态。使触发器处于 0 状态的输入端 $\overline{R}_D$ 称为触发器的置 0 端或复位端（Reset）。

2）当$\overline{R}_D$ = 1，$\overline{S}_D$ = 0 时，触发器置 1。

因$\overline{S}_D$ = 0，G1 输出 Q = 1，同时 G2 的输入端均为高电平，输出$\overline{Q}$ = 0，触发器处于 1 状态。使触发器处于 1 状态的输入端$\overline{S}_D$称为置 1 端或置位端（Set）。

3）当$\overline{R}_D$ = 1，$\overline{S}_D$ = 1 时，触发器保持原状态不变。

当触发器的现态为 0 态时，Q = 0 反馈到 G2 输入端，使 G2 输出$\overline{Q}$ = 1，$\overline{Q}$ = 1 反馈到 G1 输入端使 G1 输出 Q = 0，即触发器处于 0 状态。同理，当触发器的现态为 1 态时，通过反馈也将使触发器处于 1 状态。

4）当$\overline{R}_D$ = 0，$\overline{S}_D$ = 0 时，触发器状态不确定。

此时，触发器的输出 Q = $\overline{Q}$ = 1，既不是定义的 1 状态，也不是定义的 0 状态。而在$\overline{R}_D$和$\overline{S}_D$同时由 0 变为 1 时，由于 G1 和 G2 电气性能上的差异，其输出状态无法确定。因此，在正常工作时基本 RS 触发器输入信号应遵守$\overline{R}_D + \overline{S}_D = 1$ 的约束条件。

由上述分析可知，基本 RS 触发器具有置 0、置 1 及保持的逻辑功能。

基本 RS 触发器结构简单，是构成其他性能更完善的触发器的基础，但由于其输入信号必须满足$\overline{R}_D + \overline{S}_D = 1$ 的约束条件，因此使用受到一定的限制。

阅读材料

触发器逻辑功能描述方法

【状态转换真值表】状态转换真值表描述了在输入信号作用下，触发器下一稳定状态（次态）Q^{n+1}与原稳定状态（现态）Q^n及输入信号（基本 RS 触发器为$\overline{R}_D$、$\overline{S}_D$）之间关系。基本 RS 触发器的状态转换真值表见表 3-1。

表 3-1　基本 RS 触发器状态转换真值表

$\overline{R}_D$	$\overline{S}_D$	Q^n	Q^{n+1}	功能说明
0	1	0	0	置0
0	1	1	0	
1	0	0	1	置1
1	0	1	1	
1	1	0	0	保持
1	1	1	1	
0	0	0	ϕ	不确定
0	0	1	ϕ	

【状态方程】描述触发器次态 Q^{n+1} 与现态 Q^n 及输入信号（基本 RS 触发器为$\overline{R}_D$、$\overline{S}_D$）之间关系的逻辑表达式称为触发器的状态方程。由表 3-1 通过逻辑函数化简，可得到基本 RS 触发器的状态方程为

$$\begin{cases} Q^{n+1} = S_D + \overline{R}_D Q^n \\ \overline{S}_D + \overline{R}_D = 1 \end{cases}$$

式中，$\overline{S}_D + \overline{R}_D = 1$ 为约束条件。

【状态转换图】状态转换图表示触发器从一个状态转换到另一个状态或保持原状态不变时，对输入信号提出的要求。图 3-3 为基本 RS 触发器的状态转换图。图中的两个圆圈表示触发器的两个稳定状态，箭头表示在输入信号作用下状态转换的方向，箭头旁的标注表示状态转换的条件。

由图 3-3 可知，如果触发器现态 $Q^n = 0$，则当输入信号满足 $\overline{R}_D = 1$、$S_D = 0$ 条件时，触发器转移到次态 $Q^{n+1} = 1$；当输入信号满足 $\overline{R}_D = \phi$、$\overline{S}_D = 1$ 条件时，触发器保持 0 状态。同理，如果触发器现态 $Q^n = 1$，当输入条件满足 $\overline{R}_D = 0$、$S_D = 1$（或 $\overline{R}_D = 1$、$\overline{S}_D = \phi$）时，触发器转移到次态 $Q^{n+1} = 0$（或保持 1 状态）。

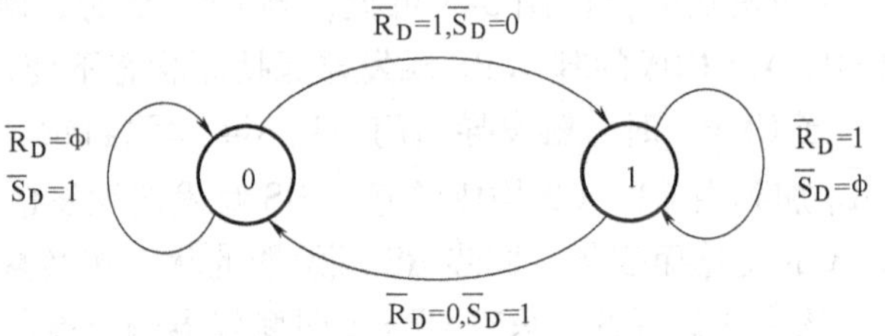

图 3-3　基本 RS 触发器状态转换图

例 3-1　在图 3-1a 所示基本 RS 触发器电路中，已知$\overline{S}_D$和$\overline{R}_D$的波形如图 3-4 所示，试画出 Q 和$\overline{Q}$端对应的波形。

解：实质上这是一个用已知的$\overline{S}_D$、$\overline{R}_D$状态来确定 Q、$\overline{Q}$状态的问题。只要根据每个时间区间里$\overline{S}_D$和$\overline{R}_D$的状态去查基本 RS 触发器的状态转换真值表，即可找出 Q 和$\overline{Q}$的相应状态，并画出它们的波形如图 3-4 所示。

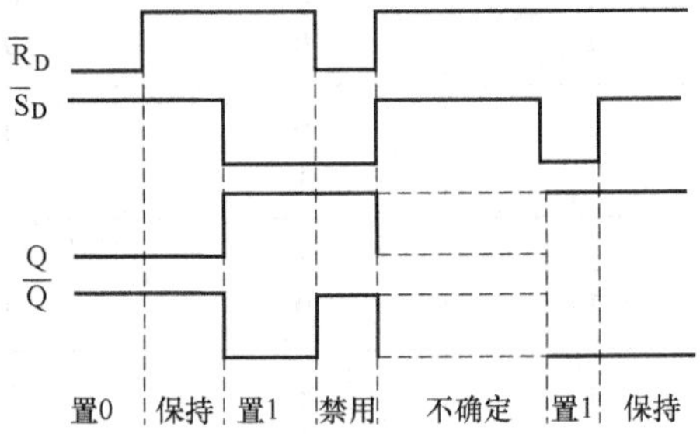

图 3-4　例 3-1 电压波形

3.1.2　同步 RS 触发器

在数字系统中，一般包含多个触发器，为协调各部分工作，通常要求某些触发器的工作状态

按照一定的时间节拍变化，这就要求触发器的状态转换时刻受时钟脉冲 CP（ClockPulse）的控制，而转换到何种状态由输入信号决定。时钟脉冲在这类触发器电路中起时间同步的作用，常称为同步时钟。

具有时钟脉冲控制的触发器统称为时钟触发器，又称为同步触发器或钟控触发器。常用的有同步 RS 触发器、同步 JK 触发器、同步 D 触发器等类型。本节以同步 RS 触发器为例，介绍该类型触发器的电路结构及逻辑功能。

【电路结构】同步 RS 触发器是各类型同步触发器的基本电路形式，其逻辑图及逻辑符号如图 3-5 所示。其中 G1、G2 构成基本 RS 触发器，G3、G4 构成触发导引电路。CP 为时钟脉冲输入端，简称钟控端或 CP 端，R 为置 0 输入端，S 为置 1 输入端。

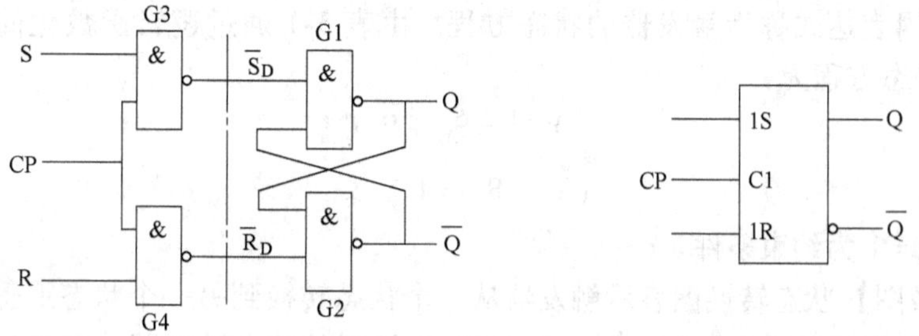

a) 逻辑图　　b) 逻辑符号

图 3-5　同步 RS 触发器

【逻辑功能】由图 3-5 可见，当 CP = 0 时，触发导引门 G3、G4 被封锁，输出均为 1，由 G1、G2 构成的基本 RS 触发器保持原状态不变，即同步 RS 触发器的状态不变。

当 CP = 1 时，触发导引门 G3、G4 解除封锁，S、R 信号通过门 G3、G4 反相后形成 $\overline{S}_D$ 和 $\overline{R}_D$ 加到由 G1、G2 构成的基本 RS 触发器触发信号输入端，使 Q 和 $\overline{Q}$ 的状态跟随输入信号 S、R 的变化而变化。同步 RS 触发器的状态转换真值表见表 3-2。

从表 3-2 可见，只有 CP = 1 时触发器输出端的状态才受输入信号的控制，而且在 CP = 1 时其状态转换真值表和基本 RS 触发器的状态转换真值表相同。同时，在 R = S = 1 时，触发

表 3-2　同步 RS 触发器状态转换真值表

CP	R	S	Q^n	Q^{n+1}	功能说明
0	ϕ	ϕ	0	0	保持
0	ϕ	ϕ	1	1	
1	0	0	0	0	保持
1	0	0	1	1	
1	0	0	0	1	置 1
1	1	1	1	1	
1	1	1	0	0	置 0
1	0	0	1	0	
1	1	1	0	ϕ	不确定
1	1	1	1	ϕ	

器的输出状态不确定，为了避免出现这种情况，输入信号需要遵守 RS = 0 的约束条件。

化简表3-2 所示状态转换真值表，可以得到在 CP = 1 时描述同步 RS 触发器状态转换规律的状态方程及状态方程成立的条件（即对 R、S 输入信号的约束条件）为

$$\begin{cases} Q^{n+1} = S + \overline{R}Q^n \\ RS = 0 \end{cases}$$

式中，RS = 0 为约束条件。

同理，根据表3-2 可以得到在 CP = 1 时同步 RS 触发器的状态转换图，如图3-6 所示。

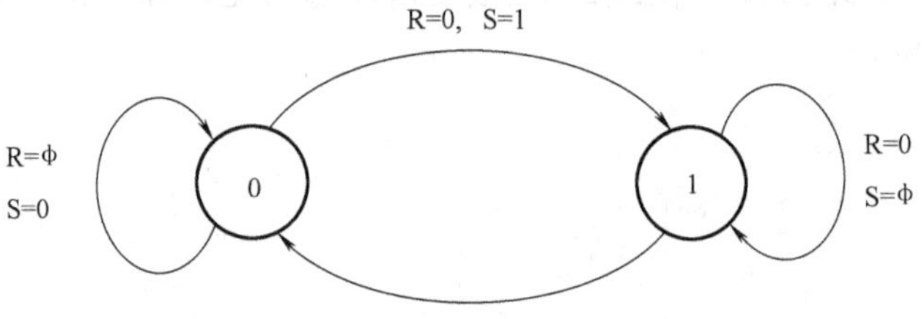

图3-6　同步 RS 触发器状态转换图

由图3-6 可知，如果触发器现态 $Q^n = 0$，则当输入信号满足 R = 0、S = 1 条件时，触发器转移到次态 $Q^{n+1} = 1$；当输入信号满足 R = Φ、S = 0 条件时，触发器保持 0 状态。同理，如果触发器现态 $Q^n = 1$，当输入信号满足 R = 1、S = 0（或 R = 0、S = ϕ）条件时，触发器转移到次态 $Q^{n+1} = 0$（或保持 1 状态）。

同步 RS 触发器的显著特点是在 CP = 1 时接收信号。但由于 CP = 1 时，S、R 仍然直接控制输出端的状态，故 S、R 之间存在约束。且同步触发器存在空翻（指一个 CP 脉冲作用期间发生多次状态转换）现象，抗干扰能力差。

例 3-2　在图3-5a 所示同步 RS 触发器电路中，已知 CP、输入信号 S、R 的波形如图3-7 所示，试画出 Q 和 $\overline{Q}$ 端对应的输出波形。设触发器的初始状态为 Q = 0。

解：由给定的输入波形可见，在第一个 CP 高电平期间 S = 1、R = 0，输出被置成 Q = 1、$\overline{Q} = 0$；第二个 CP 高电平期间 S = R = 1，为约束条件，故触发器状态不确定，实际应用时该输入状态应禁止出现；第三个 CP 高电平期间 S = 0、R = 1，输出被置于 Q = 0、$\overline{Q} = 1$；第四个 CP 高电平期间 S = R = 0，输出保持 Q = 0、$\overline{Q} = 1$ 状态不变。Q 和 $\overline{Q}$ 端对应的电压波形见图3-7。

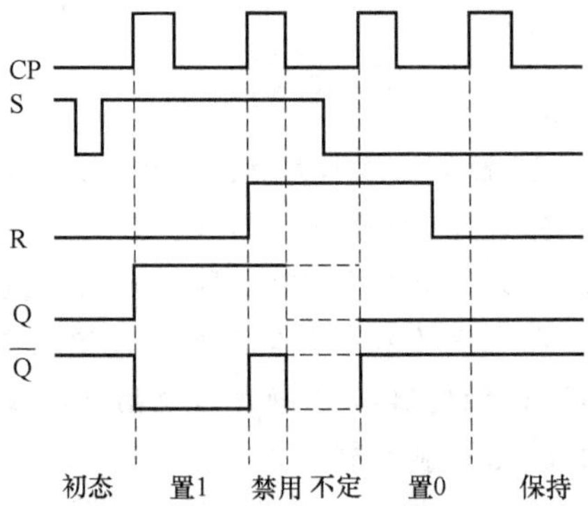

图3-7　例3-2 输出波形

根据前面的分析，可以总结触发器具有如下特性。

（1）记忆特性　触发器的次态 Q^{n+1} 不但与输入信号（如 $\overline{S}_D$、$\overline{R}_D$）有关，而且和原来触发器的状态 Q^n 有关。

（2）双状态特性　触发器一般有两个互补输出端 Q 和 $\overline{Q}$，并定义 Q = 1、$\overline{Q} = 0$ 时触发器状态为 1 状态，Q = 0、$\overline{Q} = 1$ 时触发器状态为 0 状态，即定义 Q 端的状态为触发器状态。利用这两个状态可以用来存储一位二进制数码 0 或 1。

(3) 触发翻转特性　当触发器的输入端加入不同的逻辑电平时，触发器可能置成 0 状态或者 1 状态，且两种状态在一定的输入信号作用下可以转换。外加的输入信号又称为触发信号，所导致的状态转换又称为状态翻转。

阅读材料

具有状态预置电路的同步 RS 触发器

在工程技术中，根据电路逻辑功能的不同，常需要在时钟信号 CP 到来之前将触发器预先置成指定的状态，为此在触发器上往往还设置有状态预置电路。具有状态预置电路的同步 RS 触发器如图 3-8 所示。

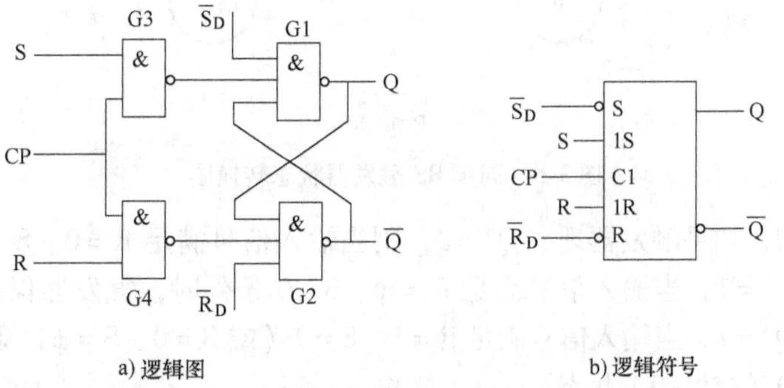

图 3-8　具有状态预置电路的同步 RS 触发器

图 3-8 中，$\overline{S}_D$为异步置位（置 1）端，$\overline{R}_D$为异步复位（置 0）端。实际应用时，只要在$\overline{S}_D$或$\overline{R}_D$上加入低电平，即可立即将触发器置 1 或置 0，而不受时钟脉冲 CP 和输入信号的控制。当$\overline{R}_D=\overline{S}_D=1$ 时，触发器正常工作。

注意：当$\overline{S}_D=\overline{R}_D=0$ 时，触发器状态不定，应避免此种情况发生。

3.2 JK 触发器和 D 触发器

话题引入

RS 触发器输入端 S、R 直接控制输出端的状态，在 S = R = 1 时将出现不确定的输出状态，即 S、R 之间存在约束，且存在空翻现象，抗干扰能力差，不能满足大多数电子设备的要求。为了克服 RS 触发器的缺陷，提高触发器的实用性能，研发实用型触发器成为必然。

在工程技术中，实用型触发器主要有 JK 触发器、D 触发器等类型。对于初学者，一般应将 JK 触发器和 D 触发器电路结构及逻辑功能作为首要研究对象。

3.2.1　JK 触发器

JK 触发器是功能完善、使用灵活且通用性强的实用型触发器，它可实现缓冲寄存器、移位寄存器和计数器等逻辑功能。同时，通过扩展其基本逻辑功能可以实现多功能触发器开发与应用。

【电路结构】JK 触发器是将同步 RS 触发器输出端 Q 和$\overline{Q}$的状态反馈至输入端，使触发导引门 G3、G4 的输入不会同时出现 1，从而避免了不确定状态的出现。采用这种电路结构的触发器称为同步 JK 触发器（JK Flip-Flop），其逻辑图及逻辑符号如图 3-9 所示。

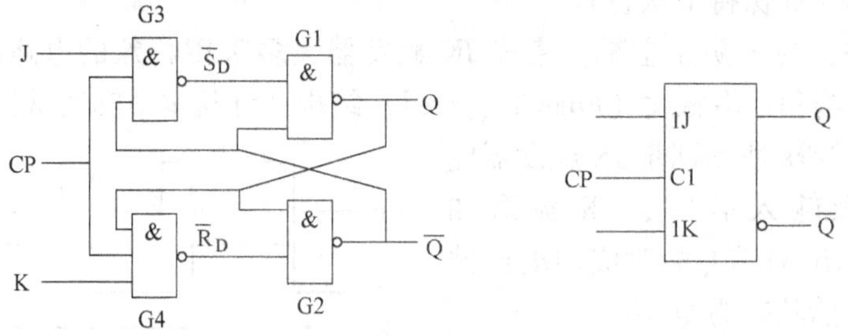

a) 逻辑图　　b) 逻辑符号

图 3-9　同步 JK 触发器

【逻辑功能】由图 3-9 可知，当 CP = 0 时，触发导引门 G3、G4 被封锁，输出均为 1，由 G1、G2 构成的基本 RS 触发器保持原状态不变，即同步 JK 触发器的状态不变。

当 CP = 1 时，触发导引门 G3、G4 解除封锁，G3、G4 的输出$\overline{J\overline{Q}}$和$\overline{KQ}$加到由 G1、G2 构成的基本 RS 触发器触发信号输入端，使 Q 和$\overline{Q}$的状态跟随输入信号的变化而变化。同步 JK 触发器状态转换真值表见表 3-3。

表 3-3　同步 JK 触发器状态转换真值表

CP	J	K	Q^n	Q^{n+1}	功能说明
0	φ	φ	0	0	保持
0	φ	φ	1	1	
1	0	0	0	0	保持
1	0	0	1	1	
1	0	0	0	0	置 0
1	1	1	1	0	
1	1	1	0	1	置 1
1	0	0	1	1	
1	1	1	0	1	状态翻转
1	1	1	1	0	

从表 3-3 可知，当 CP = 1 时，触发器输出端的状态受输入信号的控制，同步 JK 触发器具有置 0、置 1、保持和状态翻转逻辑功能。

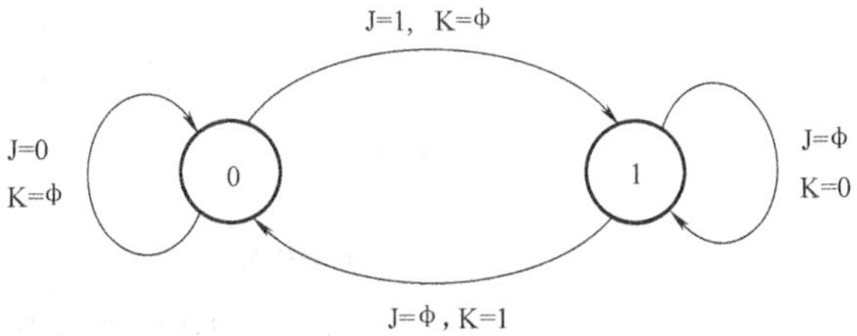

图 3-10　同步 JK 触发器状态转换图

化简表 3-3 所示状态转换真值表，可以得到在 CP = 1 时描述同步 JK 触发器状态转换规律的状态方程为

$$Q^{n+1} = J\overline{Q^n} + \overline{K}Q^n$$

同理，根据表 4-6 可以得到在 CP = 1 时同步 JK 触发器的状态转换图，如图 3-10 所示。

由图 3-10 可知，如果触发器现态 $Q^n=0$，则当输入信号满足 J = 1、K = ϕ 条件时，触发器转换到次态 $Q^{n+1}=1$；当输入信号满足 J = 0、K = ϕ 条件时，触发器保持 0 状态。同理，如果触发器现态 $Q^n=1$，当输入信号满足 J = ϕ、K = 1（或 J = ϕ、K = 0）条件时，触发器转换到次态 $Q^{n+1}=0$（或保持 1 状态）。

在工程技术中，为了防止空翻，集成 JK 触发器大多采用特殊的电路结构，例如主从（Master-Slave）结构和边沿触发（Edge Triggered）结构（详见本节阅读材料）。

例 3-3　在图 3-9a 所示同步 JK 触发器电路中，已知 CP 及输入信号 J、K 波形如图 3-11所示，试画出 Q 和$\overline{Q}$端对应的电压波形。设触发器的初始状态为 Q = 0。

解：根据同步 JK 触发器状态转换真值表可知，当 CP = 0 时，不论 J、K 如何变化，触发器状态保持不变，只有当 CP = 1 时，J、K 的变化才能引起触发器状态的改变。根据每个时间区间里 J 和 K 的状态去查其状态转换真值表，即可找出 Q 和$\overline{Q}$的相应状态，并画出它们的波形如图 3-11 所示。

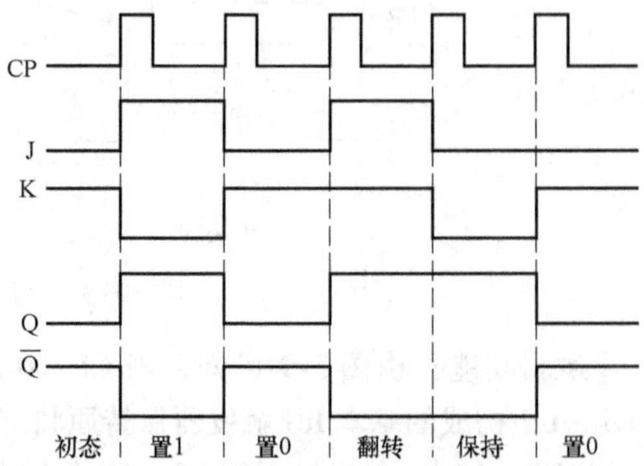

图 3-11　例 3-3 电压波形

阅读材料

什么是主从结构？什么是边沿触发结构？

【主从结构】主从结构 JK 触发器（简称主从 JK 触发器）由两个同样的同步 RS 触发器组成，但它们的时钟信号相位相反，且将输出端 Q 和$\overline{Q}$作为附加控制信号反馈至输入端，其逻辑图和逻辑符号如图 3-12 所示。其中 FF1 为主触发器，FF2 为从触发器，非门 G1 的作用是将时钟脉冲 CP 反相为$\overline{CP}$，使主、从两个同步 RS 触发器工作在两个不同的时间段内。图形符号中的“┐”表示“延迟输出”，即 CP 返回 0 以后输出状态才改变。因此输出状态的变化发生在 CP 的下降沿。

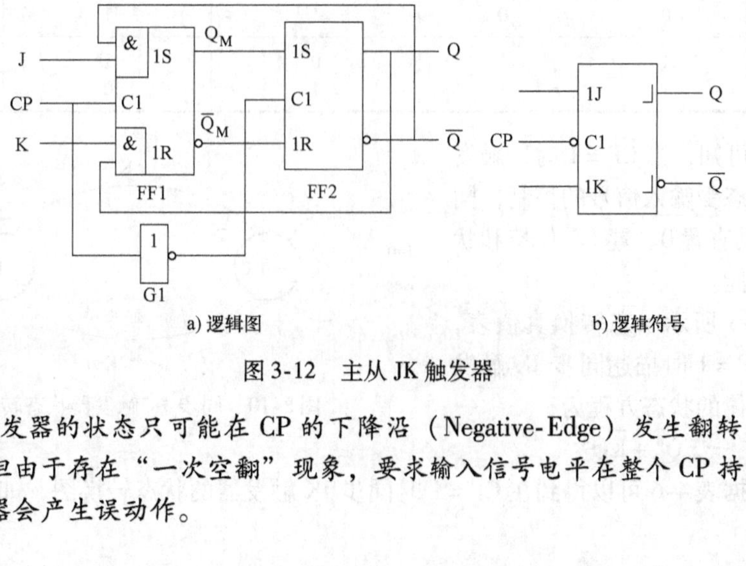

图 3-12　主从 JK 触发器

主从 JK 触发器的状态只可能在 CP 的下降沿（Negative-Edge）发生翻转，从而提高了抗干扰能力。但由于存在“一次空翻”现象，要求输入信号电平在整个 CP 持续时间保持不变，否则触发器会产生误动作。

【边沿触发结构】图3-13所示为利用门电路的传输延迟时间实现边沿触发的边沿JK触发器逻辑图及逻辑符号。其中与或非门G1和G2构成两个基本RS触发器，与非门G3和G4构成触发导引电路。逻辑符号中CP信号端标记“∧”表示边沿触发，标记“○”表示下降沿触发。而且，门电路G3、G4的平均传输延迟时间大于基本RS触发器状态翻转时间。

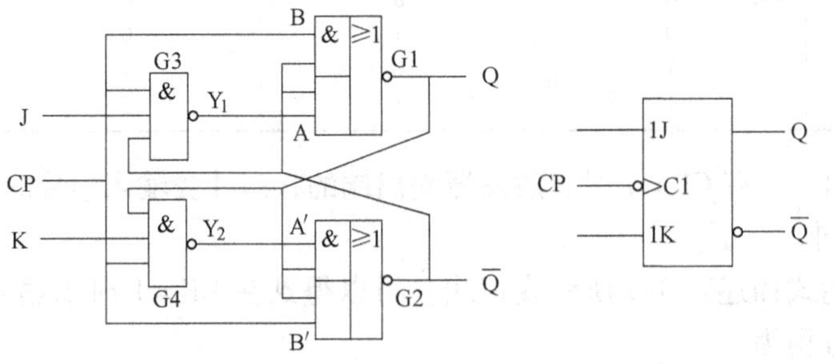

a) 逻辑图　　b) 逻辑符号

图3-13　边沿JK触发器

边沿JK触发器输出状态的转移发生在CP下降沿时刻。在稳定的CP=0或CP=1期间，触发器状态均维持不变，从而进一步提高了触发器工作的可靠性和抗干扰能力。目前已在计算机、家用电器等领域得到广泛应用。

3.2.2　D触发器

D触发器是另一种使用灵活、通用性较强的实用型触发器。它可实现数字信号的寄存、移位寄存、分频和波形发生等逻辑功能。

【电路结构】将同步RS触发器的S端外接D输入，D反相后接R端，可构成同步D触发器（Delay Flip Flop），又称为D锁存器。由于D和$\overline{D}$不能同时为1，因此采用该电路结构，可以克服同步RS触发器在R=S=1时出现不确定输出状态的缺陷。同步D触发器逻辑图及逻辑符号如图3-14所示。

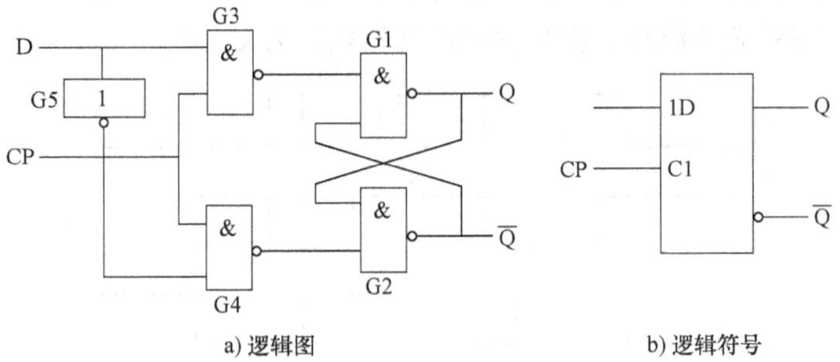

a) 逻辑图　　b) 逻辑符号

图3-14　同步D触发器

【逻辑功能】由图3-14可知，当CP=0时，触发导引门G3、G4被封锁，输出均为1，由G1、G2构成的基本RS触发器保持原状态不变，即同步D触发器的状态不变。

当CP=1时，触发导引门G3、G4解除封锁，D信号的一路直接加到导引门G3输入端，另一路通过反相器G5反相后加到导引门G4输入端，经G3、G4反相后形成$\overline{D}$和D加到由G1、G2构成的基本RS触发器触发信号输入端，使Q和$\overline{Q}$的状态随着输入信号D的变化而变化。同步D触发器状态转换真值表见表3-4。

表 3-4 同步 D 触发器状态转换真值表

CP	D	Q^n	Q^{n+1}	功能说明
0	φ	0	0	保持
0	φ	1	1	
1	0	0	0	触发器状态与D相同
1	0	1	0	
1	1	0	1	
1	1	1	1	

从表 3-4 可知，只有 CP = 1 时，触发器输出端的状态才受输入信号的控制，而且触发器状态与 D 取值相同。

利用逻辑表达式描述表 3-5 所示真值表，可以得到在 CP = 1 时描述同步 D 触发器状态转换规律的状态方程为

$$Q^{n+1} = D$$

同理，根据表 3-4 可以得到在 CP = 1 时同步 D 触发器的状态转换图，如图 3-15 所示。

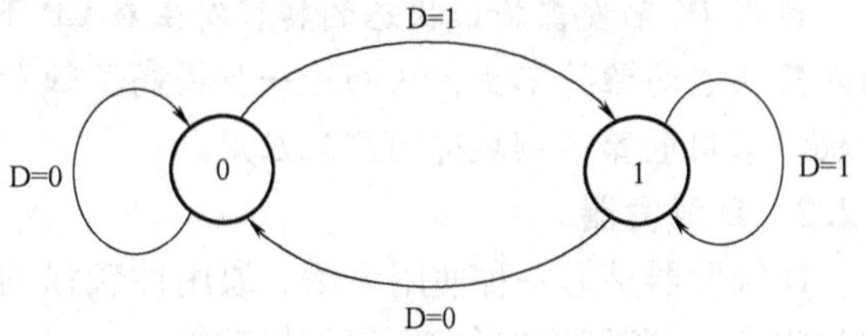

图 3-15 同步 D 触发器状态转换图

由图 3-15 可知，如果触发器现态 $Q^n = 0$，则当输入信号满足 D = 1 条件时，触发器转换到次态 $Q^{n+1} = 1$；当输入信号满足 D = 0 条件时，触发器保持 0 状态。同理，如果触发器现态 $Q^n = 1$，当输入信号满足 D = 0（或 D = 1）条件时，触发器转换到次态 $Q^{n+1} = 0$（或保持 1 状态）。

与集成 JK 触发器类似，为了防止空翻，集成 D 触发器也大多采用特殊的电路结构，例如主从（Master-Slave）结构和边沿触发（Edge Triggered）结构。

例 3-4 在图 3-14a 所示同步 D 触发器电路中，已知 CP、输入信号 D 波形如图 3-16 所示，试画出 Q 和 $\overline{Q}$ 端对应的波形。设触发器的初始状态为 Q = 0。

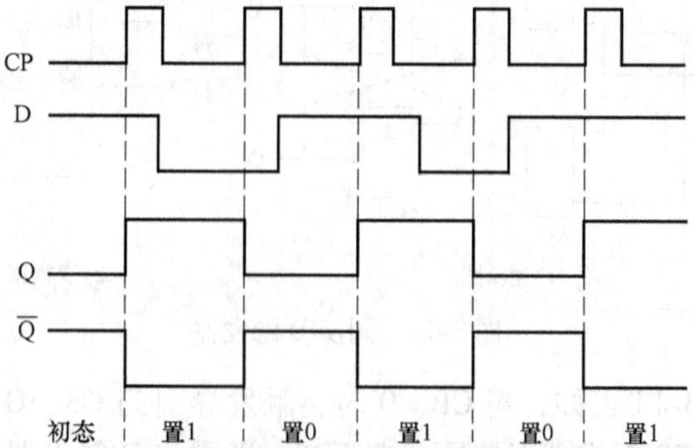

图 3-16 例 3-4 电压波形

解：根据同步 D 触发器状态转换真值表可知，当 CP = 0 时，不论 D 如何变化，触发器状态保持不变，只有当 CP = 1 时，D 的变化才能引起触发器状态的改变。根据每个时间区间中 D 的状态便可得出 Q 和 $\overline{Q}$ 的相应状态，并画出它们的波形图如图 3-16 所示。

阅读材料

触发器选用原则

1）通常根据数字系统的时序配合关系选用触发器。除特殊功能外，一般在同一系统中选择相同触发方式的同类型触发器较好。

2）工作速度要求较高的情况下，应选用边沿触发方式的触发器。但速度越高，触发器越易受外界干扰。上升沿触发还是下降沿触发，原则上没有优劣之分。如果是TTL电路的触发器，因为输出为“0”时驱动能力远强于输出为“1”时的驱动能力，尤其是当集电极开路输出时上升沿更差，所以TTL电路触发器选用下降沿触发更好些。

3）触发器在使用前必须经过全面测试才能保证可靠性。使用前必须注意复位、置位端脉冲宽度及恢复时间。

4）触发器状态翻转时的动态功耗远大于静态功耗，为此设计时应尽可能避免同一封装内的触发器同时翻转，尤其在高速电路中要注意此问题。

5）尽管CMOS集成触发器与TTL集成触发器在逻辑功能、触发方式上基本相同，但CMOS电路内部结构以及对触发时钟脉冲的要求与TTL电路存在较大差别，使用时不宜将这两种器件同时使用。

3.3 集成触发器简介

话题引入

随着集成电路技术的发展，对一些经常使用、功能固定的触发器电路，人们不再利用小规模门电路临时设计的方法来实现，而是将其整体封装在一个集成芯片内部，形成中规模的常用触发器器件，如集成JK触发器、集成D触发器等。使用这些常用触发器器件，可以像搭积木一样构建自己需要的数字电路系统，从而可以加速数字系统的设计速度，提高系统的可靠性，使数字系统向微型化和智能化方向发展。

本书选取应用广泛的集成JK触发器和集成D触发器进行阐述。初学者学习集成触发器时，一般将集成触发器逻辑功能及应用特性作为研究对象，对于集成触发器内部电路可视为“黑匣子”，不予研究。

3.3.1 集成JK触发器芯片介绍

目前，集成JK触发器芯片的种类繁多，性能各不相同。本节以集成JK触发器74LS76为例，介绍其逻辑功能及应用特性。

74LS76属于下降沿触发的双JK触发器。它可以实现两组JK触发器的逻辑功能，且每组具有独立的置位和复位功能。74LS76外形、引脚排列如图3-17所示，功能表见表3-5。

74LS76芯片各引脚的功能为：

1）J_1、K_1、J_2、K_2：JK输入端。

2）Q_1、$\overline{Q_1}$、Q_2、$\overline{Q_2}$：互补输出端。

3）$\overline{CP_1}$、$\overline{CP_2}$：时钟脉冲输入端。

a) 外形

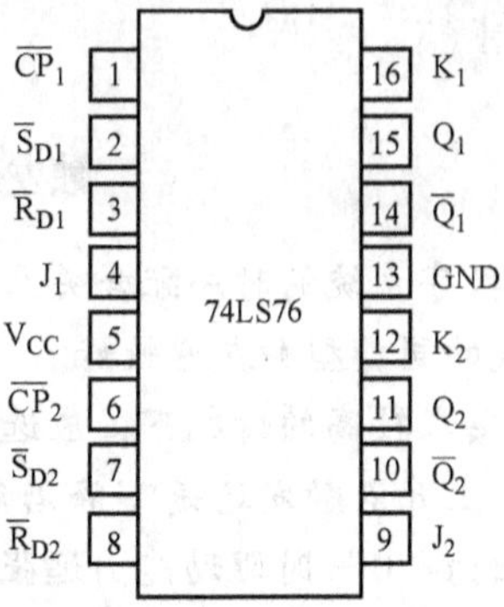

b) 引脚排列

图 3-17　74LS76 外形、引脚排列

4) GND：接地端。

5) V_{CC}：电源端。

6) $\overline{R}_D$、$\overline{S}_D$：复位、置位端。

表 3-5　JK 触发器 74LS76 功能表

输　入					输出
$\overline{S}_D$	$\overline{R}_D$	CP	J	K	Q^{n+1}
0	1	ϕ	ϕ	ϕ	1
1	0	ϕ	ϕ	ϕ	0
0	0	ϕ	ϕ	ϕ	状态不定
1	1	↓	0	0	Q^n
1	1	↓	1	0	1
1	1	↓	0	1	0
1	1	↓	1	1	$\overline{Q}^n$
1	1	↑	ϕ	ϕ	Q^n

课堂实验

集成 JK 触发器 74LS76 的逻辑功能验证

【实验材料】集成 JK 触发器 74LS76、数字电路实验箱及相关附件。

【实验原理】图 3-18 所示为 74LS76 逻辑功能验证实验电路。其中$\overline{R}_D$、$\overline{S}_D$、J、K 端接逻辑开关，CP 端接单次脉冲源，输出端 Q、$\overline{Q}$端接至逻辑电平显示输入插口。

【实验内容】按图 3-18 所示连接实验电路。然后按下述步骤进行实验。

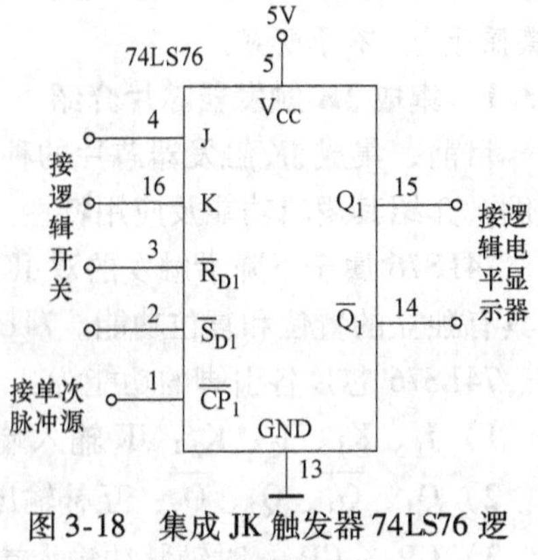

图 3-18　集成 JK 触发器 74LS76 逻辑功能实验电路

(1) 测试$\overline{R}_D$、$\overline{S}_D$的复位、置位功能　按照表 3-7 的要求改变$\overline{R}_D$、$\overline{S}_D$和 CP（J、K 任意）的状态（$\overline{R}_D = \overline{S}_D = 1$

的情况暂不研究），并在$\overline{R}_D=0$（$\overline{S}_D=1$）或$\overline{S}_D=0$（$\overline{R}_D=1$）作用期间任意改变J、K的状态，观察Q、$\overline{Q}$状态，并记录在表3-6中。

表3-6 触发器的复位、置位功能测试

$\overline{R}_D$	$\overline{S}_D$	CP	Q	$\overline{Q}$	$\overline{R}_D$	$\overline{S}_D$	CP	Q	$\overline{Q}$
0	0	0			0	1	↑		
0	0	1			0	1	↓		
0	0	↑			1	0	1		
0	0	↓			1	0	0		
0	1	1			1	0	↑		
0	1	0			1	0	↓		

（2）逻辑功能验证　以下实验要求将异步复位、置位端全部置1，即$\overline{R}_D=\overline{S}_D=1$，然后按表3-7的要求改变J、K、CP端的状态，观察Q、$\overline{Q}$状态变化，且观察触发器状态转换是否发生在CP脉冲的下降边，并在表3-7相应栏目中记录。

表3-7 JK触发器逻辑功能测试

J	K	Q^n	CP	Q^{n+1}	J	K	Q^n	CP	Q^{n+1}
0	0	0	↑		1	0	0	↑	
			↓					↓	
		1	↑				1	↑	
			↓					↓	
0	1	0	↑		1	1	0	↑	
			↓					↓	
		1	↑				1	↑	
			↓					↓	

注：由于$\overline{Q}$状态与Q状态一一对应，表中省去了对$\overline{Q}$状态的记录。

【实验结论】由表3-6、表3-7可知，集成JK触发器74LS76当异步复位、置位端全部置1，即$\overline{R}_D=\overline{S}_D=1$时，具有保持、置0、置1、状态翻转逻辑功能。此外，和基本RS触发器的用法一样，不允许异步复位、置位端同时有效，即不允许$\overline{R}_D=\overline{S}_D=0$。

想一想：利用74LS76可否构成D触发器？若能试绘制其实验电路，并验证电路逻辑功能。

阅读材料

点沙成金的故事

人类生活的世界是一个宏观世界，当我们深入到物质的内部去研究组成物质的分子、原子以及它们的运动规律时，就进入了微观世界。通过对微观世界的研究，人们发现了半导体的神奇特性。由于这些独特性能，半导体成为电子时代的宠儿，被广泛用于制作各类电子元器件。

硅是一种性能优越、含量丰富的元素半导体。集成电路最为普通的制作原料是硅片，而硅片的原始材料来源于地球上最为常见的沙子，它取之不尽，用之不竭。一块灰黑色、具有金属光泽的硅片，看上去非常普通，但是经过人们的新设计和一系列工艺制造技术，便将人类的智慧与创造固化在其中，成为一块块集成电路，而这些集成电路便是构建人类宏伟信息大厦的金砖。这就是“点沙成金”的故事。

3.3.2 集成D触发器芯片介绍

目前，集成D触发器芯片符合工业标准的产品系列众多，在产品维护及设计选用时，只要根据具体的需要进行选取即可。本节以集成D触发器74LS74为例，介绍其逻辑功能及应用特性。

74LS74属于上升沿触发的双边沿D触发器（有置位和复位）集成电路，可以实现两组D触发器逻辑功能，且每组均具有独立的置位和复位功能。74LS74外形、引脚排列如图3-19所示，功能表见表3-8。

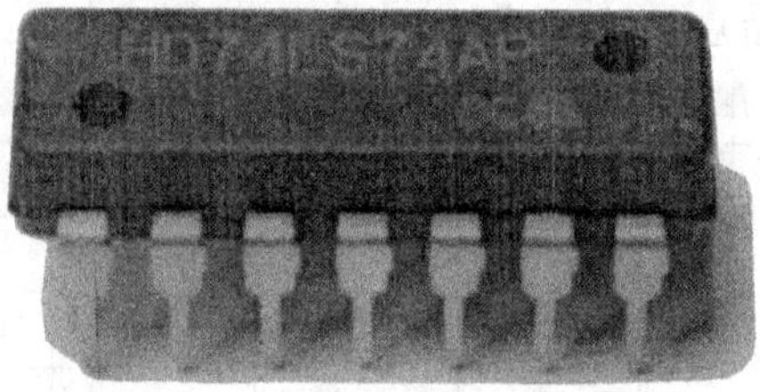

a) 外形

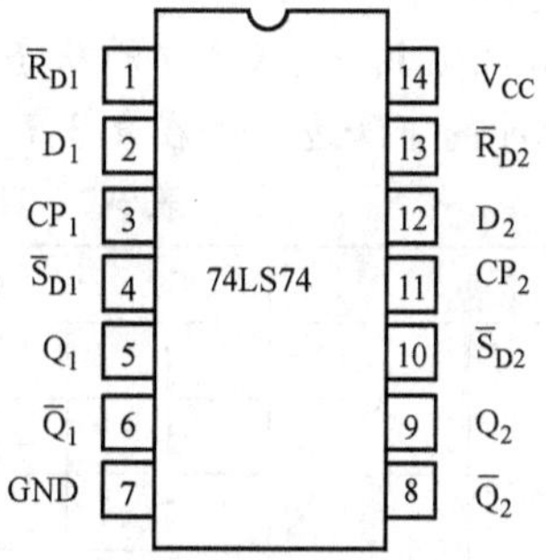

b) 引脚排列

图3-19 74LS74外形、引脚排列

表3-8 D触发器74LS74功能表

输入				输出	
$\overline{S}_D$	$\overline{R}_D$	CP	D	Q^{n+1}	$\overline{Q}^{n+1}$
0	1	ϕ	ϕ	1	0
1	0	ϕ	ϕ	0	1
0	0	ϕ	ϕ	状态不定	状态不定
1	1	↑	1	1	0
1	1	↑	0	0	1
1	1	↓	ϕ	Q^{n+1}	$\overline{Q}^{n+1}$

74LS74芯片各引脚的功能为：

1）D_1、D_2：信号输入端。

2）Q_1、$\overline{Q_1}$、Q_2、$\overline{Q_2}$：互补输出端。

3）CP_1、CP_2：时钟脉冲输入端。

4）GND：接地端。

5）V_{CC}：电源端。

6）$\overline{R}_D$、$\overline{S}_D$：复位、置位端。

课堂实验

集成D触发器74LS74的逻辑功能验证

【实验材料】集成D触发器74LS74、数字电路实验箱及相关附件。

【实验原理】图3-20所示为74LS74逻辑功能验证实验电路。其中$\overline{R}_D$、$\overline{S}_D$、D端接逻辑开关，CP端接单次脉冲源，输出端Q、$\overline{Q}$端接至逻辑电平显示输入插口。

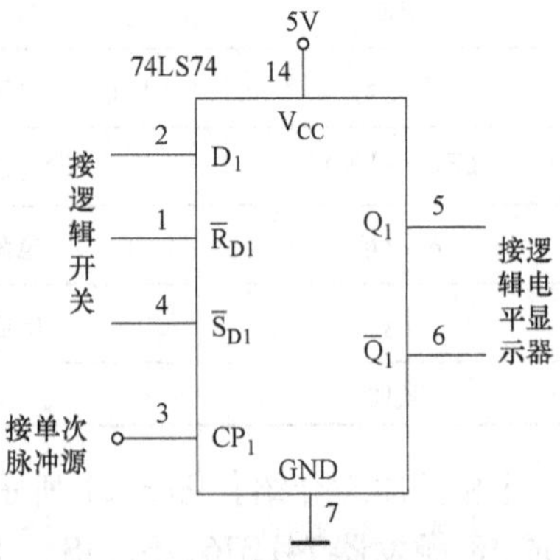

图3-20 集成D触发器74LS74逻辑功能实验电路

【实验内容】按图3-20所示连接实验电路。然后按下述步骤进行实验。

（1）测试$\overline{R}_D$、$\overline{S}_D$的复位、置位功能 测试方法同74LS76的实验内容。请仿照表3-7，自拟表格记录测试结果。

（2）逻辑功能验证 按表3-9要求进行测试，并观察触发器状态转换是否发生在CP脉冲的上升沿，并在表3-9相应栏目中记录。

表3-9 D触发器逻辑功能测试

D	Q^n	CP	Q^{n+1}	D	Q^n	CP	Q^{n+1}
0	0	↑		1	0	↑	
		↓				↓	
	1	↑			1	↑	
		↓				↓	

【实验结论】由表3-10可见，集成D触发器74LS74当异步复位、置位端全部置1，即$\overline{R}_D=\overline{S}_D=1$时，触发器输出状态与D相同。此外，和基本RS触发器的用法一样，不允许异步复位、置位端同时有效，即$\overline{R}_D=\overline{S}_D=0$。

想一想：利用74LS74可否构成JK触发器？若能试绘制其实验电路，并验证电路逻辑功能。

技能训练 制作四人智力竞赛抢答器

【训练目标】

1）认识常用集成触发器芯片，并能正确选择和使用；

2）掌握利用万用表测试、判断集成触发器好坏的基本方法；

3）熟悉四人智力竞赛抢答器工作原理；

4）会组装、调试四人智力竞赛抢答器电路。

【训练材料】见表3-10。

表 3-10　四人智力竞赛抢答器元器件明细表

代　号	名　称	型号规格	数　量
IC1 ~ IC4	JK 触发器	74LS76	2
IC5	非门	74LS04	1
IC6	与非门	74LS20	1
S_1 ~ S_5	按钮	微型动合式	5
LED_1 ~ LED_4	发光二极管	ϕ5mm	4
R_1 ~ R_4	电阻器	510Ω	4
R_5	电阻器	5.1kΩ	1
其他	印制电路板(万能板)及集成电路插座 4 块		

【相关原理介绍】图 3-21 所示为四人智力竞赛抢答器电路原理图。其中 IC1 ~ IC4 选用集成 JK 触发器 74LS76，S_1、S_2、S_3 和 S_4 为四路抢答按钮，S_5 为主持人控制的复位按钮。抢答前主持人操作按钮 S_5 使抢答有效指示灯 LED_1 ~ LED_4 熄灭，当 S_1 ~ S_4 任意按钮按下时，其对应的指示灯 LED 亮，同时其余的按钮不起作用，即其对应的指示灯灭。

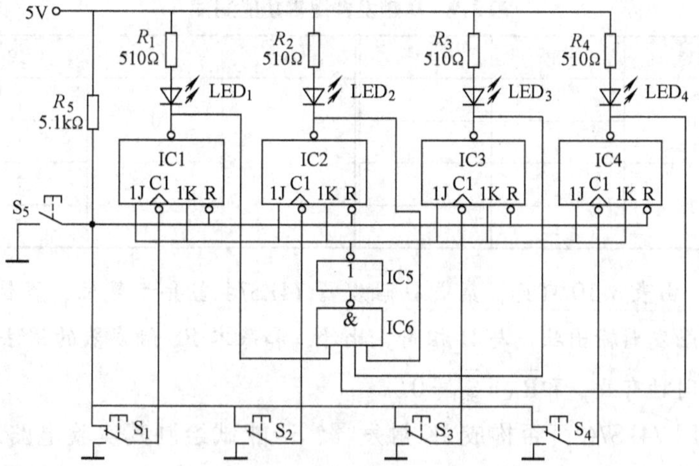

图 3-21　四人智力竞赛抢答器电路原理图

【实训方法与步骤】

1）观察 74LS76、74LS04、74LS20 和发光二极管外部形状，并区分引脚；

2）用万用表检测元器件质量好坏，并进行筛选；

3）按照图 3-21 所示四人智力竞赛抢答器电路原理图，在实验板（或万能板）上正确连接电路。

4）电路调试。

① 通电前检查：对照电路原理图检查 74LS76、74LS04、74LS20 和发光二极管的连接极性及电路的连线。

② 试通电：接通 5V 电源，观察电路的工作情况。如正常则进行下一步骤检查。

③ 通电观测：分别操作按钮 S_5 和 $S_1 \sim S_4$，观察发光二极管 $LED_1 \sim LED_4$ 工作状态是否符合控制要求。

想一想：

1. 能否用 74LS76 输出端 Q 控制指示灯 $LED_1 \sim LED_4$？若能该怎样接线？

2. 能否用集成 D 触发器 74LS74 制作四人智力竞赛抢答器？若能试画出电路图。

【质量评价】项目质量考核要求及评分标准见表 3-11。

表 3-11 质量评价表

班级	姓名		学号	组别	
考核项目	考核要求	配分	评分标准	自评分	互评分
准备工作	15min 内完成所有元器件的清点、检测及调换	20	规定时间以外更换元器件，扣 5 分/项		
组装焊接	元器件按要求整形；正确安装元器件；焊点美观、走线合理、布局漂亮	30	整形、安装或焊点不规范，扣 1 分/处；元器件安装错误或损伤元器件，扣 2 分/处		
通电调试	试通电电路工作正常	25	检修一次后电路才正常，扣 2 分；检修两次后电路才正常，扣 4 分		
安全文明操作	严格遵守电业安全操作规程；工作台工具、器件摆放整齐	15	违反安全操作规程，扣 1～10 分；工具、器件不整齐，扣 1～5 分		
定额时间	160min	10	提前正确完成，每 10min 加 2 分；超过定额时间每 10min 扣 2 分		
合计		100			

学生交流改进总结

教师签名：

本章小结

1. 触发器是指具有记忆功能的二进制信息存储器件，具有两互补的输出 Q、$\overline{Q}$。它是构成时序逻辑电路的基本单元电路。常用触发器逻辑功能描述方法有状态转换表、状态方程、状态转换图。

2. 根据触发器逻辑功能的不同，可分为 RS 触发器、JK 触发器、D 触发器等几种类型。且同一种逻辑功能的触发器可以有各种不同的电路结构形式和制造工艺。

3. RS 触发器具有置位、复位、保持等逻辑功能，常用作简单寄存器。一般功能复杂的触发器除其本身逻辑功能外，还具有异步置位、异步复位功能。

4. JK 触发器功能齐全，具有很强的通用性，且通过扩展其基本逻辑功能可以实现多功能触发器开发与应用。

5. D触发器结构简单、价格便宜，一般在单端输入且CP=1期间信号稳定不变时，可用作数码寄存器。

6. 数字电路集成触发器具有体积小、重量轻、可靠性高等优点，因而在各领域迅速取代了分立元器件电路。目前，符合工业标准的常用集成触发器产品系列主要有集成JK触发器、集成D触发器。

第4章　时序逻辑电路

本章导读

知识目标：

① 了解时序逻辑电路逻辑功能描述方法及分析方法。

② 了解寄存器和计数器逻辑功能和应用特性。

③ 掌握常用集成时序逻辑器件的逻辑功能和应用特性。

技能目标：

① 能利用数字电路实验箱验证寄存器和计数器逻辑功能。

② 会用万用表测试集成时序逻辑器件性能好坏。

③ 会组装与调试篮球比赛24秒倒计时控制器。

④ 会查阅集成电路手册，能按要求选用集成时序逻辑器件。

4.1　时序逻辑电路基本知识

话题引入

第2章介绍了组合逻辑电路。这类电路的一个共同特点，就是结构上没有反馈网络，功能上没有记忆，电路在任何时刻的输出只与该时刻的输入有关，而与过去的输入没有任何关系。组合逻辑电路的这一特点，在一定程度上限制了它的应用领域。例如电子钟和电子表，单靠组合逻辑电路是无法实现计时功能的。

在工程技术中，数字电路除了组合逻辑电路外，还有另外一类逻辑电路，其功能特点是任一时刻，电路的输出状态不仅取决于该时刻的输入状态，还与前一时刻电路的状态有关，具有这种功能特点的电路称为时序逻辑电路（Sequential Logic Circuit）。它通过存储器件“记住”输入信号的历史，可以解决组合逻辑电路无法解决的“记忆”问题，从而拓宽了逻辑设计的应用领域。初学者学习本课程时，一般要将常用时序逻辑部件逻辑功能及应用特性作为主要研究对象。

4.1.1　时序逻辑电路的基本特征

时序逻辑电路的一般模型如图4-1所示，它由组合逻辑电路和具有记忆逻辑功能的存储电路组成。

图4-1中，X_1、…、X_k 表示输入信号；Z_1、…、Z_m 表示输出信号；Q_1、…、Q_r表示存储电路的输出信号，通常用来表示电路现在所处的状态，简称现态（Present State），Y_{11}、Y_{1y}、Y_{21}、…、Y_{ry}表示存储电路的输入信号，它关系着电路将要到达的下一个状态，简称次态（Next State）。

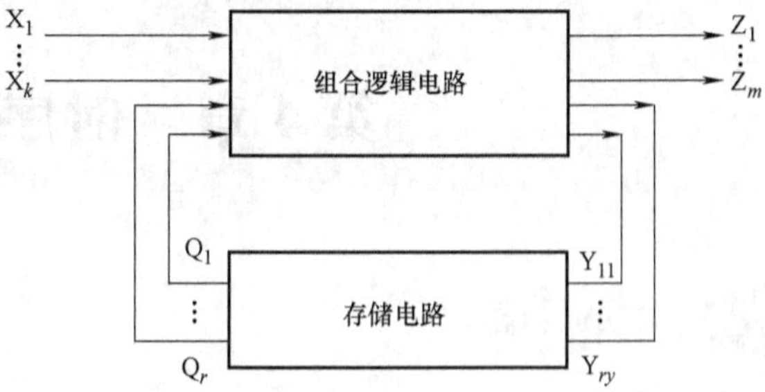

图 4-1　时序逻辑电路的一般模型

根据存储电路中触发器的动作特点不同，可以将时序逻辑电路分为同步时序逻辑电路（Synchronous Sequential Circuit）和异步时序逻辑电路（Asynchronous Sequential Circuit）两类。在同步时序逻辑电路中，所有触发器状态的变化都是在同一时钟脉冲控制下同时发生的。而在异步时序逻辑电路中，触发器状态的变化不是同时发生的。本书重点介绍同步时序电路电路结构及应用特性。

与组合逻辑电路相比，时序逻辑电路具有以下两个基本特征：

1）结构上存在输出端到输入端的反馈网络，且有存储器件。

2）存储电路的输出状态反馈到组合逻辑电路的输入端，并与输入信号一起，共同决定组合逻辑电路的输出，即电路具有记忆功能。

在工程技术中，时序逻辑电路已在各领域得到了广泛应用，其典型应用如图 4-2 所示。

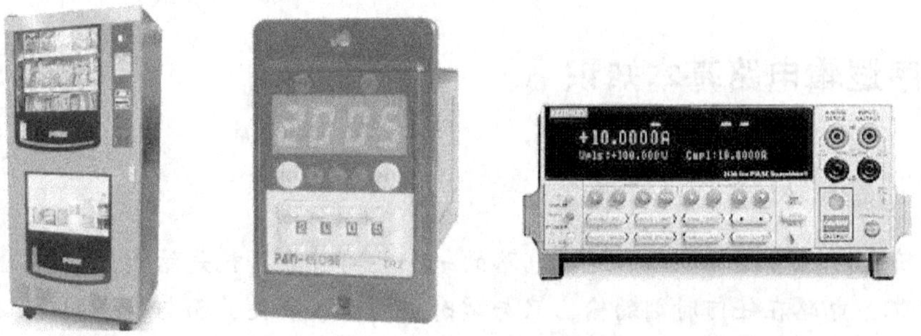

a) 自动售货机　　b) 工业计时器　　c) 序列发生器

图 4-2　时序逻辑电路的典型应用

阅读材料

时序逻辑电路逻辑功能描述方法简介

【状态图描述法】状态图（State Diagram）是时序逻辑电路状态转换图的简称，它能够直观地描述时序逻辑电路的状态转换关系和输入输出关系，是分析和设计时序逻辑电路的一个重要工具。状态图的基本结构如图 4-3 所示。

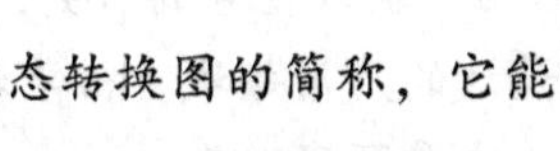

图 4-3　状态图的基本结构

状态图中，电路的状态用状态名符号外加圆圈（称为状态圈）表示，状态转换的方向用箭头表示，箭头旁以 X/Z 的形式标出转换的输入条件 X 和相应的电路输出 Z。

该图读法如下：当电路在时刻 t^n 处于现态 S_i 而输入为 X 时，电路输出为 Z；在时刻 t^{n+1}，电路将转换到次态 S_j。

【状态表描述法】时序逻辑电路的状态转换关系和输入输出关系也可以用状态表（State Table）的形式进行描述，状态表的结构如图4-4所示。

输入 / 状态/输出 / 现态		X	
S_i		S_j/Z	

图4-4　状态表的结构

图4-4中，电路所有可能的输入组合列在表的顶部，所有的状态作为现态列在表的左边，对应的次态和输出填入表中。

该表读法如下：当电路在时刻 t^n 处于现态 S_i 而输入为 X 时，电路输出为 Z；在时刻 t^{n+1} 时，电路将转换到次态 S_j。状态图和状态表可以相互转换。

4.1.2　时序逻辑电路的分析方法

时序逻辑电路的分析，就是根据给定的时序逻辑电路，利用状态图、状态表等逻辑功能描述方法，找出该逻辑电路在输入信号以及时钟脉冲作用下，存储电路状态的变化规律及电路的输出状态，从而了解该时序逻辑电路所完成的逻辑功能。本书以利用小规模集成门电路构成的同步时序逻辑电路为例，介绍其分析方法。

【分析时序逻辑电路基本步骤】

（1）根据给定逻辑电路写出时钟方程、输出方程、驱动方程和次态方程　即列出以下方程。

时钟方程：各触发器时钟脉冲的逻辑表达式。

输出方程：时序逻辑电路的输出逻辑表达式，它通常为现态的函数。

驱动方程：各触发器输入激励信号的逻辑表达式。

次态方程：将驱动方程代入相应触发器的状态方程中，便可得到该时序电路的次态方程。

（2）列状态转换真值表　将电路现态的各种取值代入次态方程和输出方程中进行计算，求出相应的次态和输出，可列出状态转换真值表。如现态的初始值已给定，则从给定值开始计算。如没有给定，则可设定一个现态初始值依次进行计算。

（3）画状态转换图　为了以更加形象的方式直观显示出时序逻辑电路的逻辑功能，有时还进一步把状态转换真值表的内容表示成状态转换图的形式。

（4）检查电路能否自启动　若时序逻辑电路存在无用的工作状态（称为无效状态），需检查电路一旦进入无效状态后能否在时钟脉冲作用下自动返回有效状态。如能自动返回到有效状态，则电路具备自启动能力；如不能返回到有效状态，则电路无自启动能力，即进入无效状态后，电路不再进行状态转换，而是停止在这些状态上。

（5）判断逻辑电路的逻辑功能　根据状态转换真值表和状态转换图等逻辑功能描述方法，判断逻辑电路的逻辑功能。

时序逻辑电路的分析步骤可用图4-5所示的框图表示。下面通过一个具体实例来说明时序逻辑电路的分析过程。

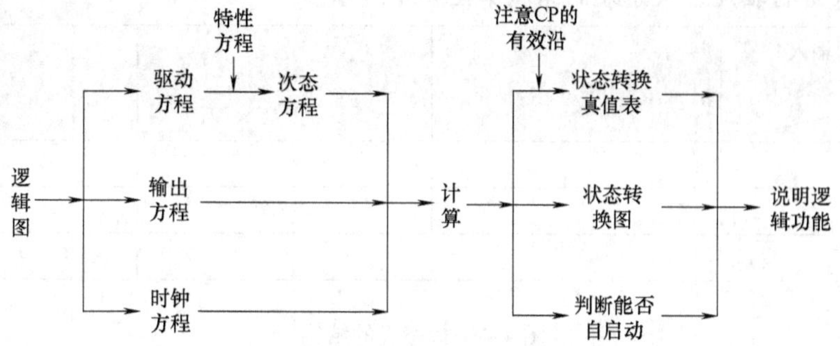

图 4-5　时序逻辑电路的分析步骤

例 4-1　分析图 4-6 所示时序逻辑电路的逻辑功能，并说明电路是否具有自启动特性。

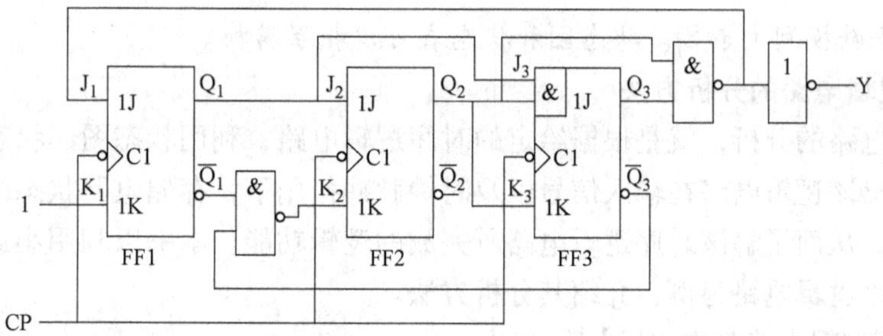

图 4-6　例 4-1 逻辑电路

解：该时序逻辑电路由 3 个 JK 触发器和一些与非门构成，其中 JK 触发器作为存储电路。各级触发器受同一时钟 CP 控制，所以为同步时序逻辑电路。

（1）写出各级触发器的驱动方程为

$$\begin{cases} J_1 = \overline{Q_1 Q_3} & K_1 = 1 \\ J_2 = Q_1 & K_2 = \overline{\overline{Q_1}\,\overline{Q_3}} \\ J_3 = Q_1 Q_2 & K_3 = Q_2 \end{cases}$$

（2）将驱动方程代入 JK 触发器的状态方程 $Q^{n+1} = J\overline{Q^n} + \overline{K}Q^n$ 中去，可得

$$\begin{cases} Q_1^{n+1} = \overline{Q_1 Q_3}\,\overline{Q_1} \\ Q_2^{n+1} = Q_1\overline{Q_2} + \overline{Q_1}\,\overline{Q_3}Q_2 \\ Q_3^{n+1} = Q_1 Q_2\overline{Q_3} + \overline{Q_2}Q_3 \end{cases}$$

这个方程称为触发器的次态方程。

（3）根据逻辑电路写出输出方程为

$$Y = Q_2 Q_3$$

（4）列状态转换真值表　图 4-6 中，电路没有外加的输入信号，因此存储电路的次态和输出仅仅取决于电路的初始状态。设给定逻辑电路的初始状态为 $Q_3^n Q_2^n Q_1^n = 000$，并将其代入电路输出方程和次态方程中进行计算后得 $Y = 0$ 和 $Q_3^{n+1} Q_2^{n+1} Q_1^{n+1} = 001$，这说明在时钟

脉冲下降沿触发后，电路的状态由000转换到001；将这一结果作为新的初态，即 $Q_3^nQ_2^nQ_1^n=001$，代入输出方程和状态方程中进行计算后得 $Y=0$ 和 $Q_3^{n+1}Q_2^{n+1}Q_1^{n+1}=010$，如此继续进行，当 $Q_3^nQ_2^nQ_1^n=110$ 时，代入上述二式，可求得 $Q_3^{n+1}Q_2^{n+1}Q_1^{n+1}=000$，返回到最初设定的初始状态。把全部的计算结果列成真值表的形式，就得到了给定逻辑电路的状态转换真值表，见表4-1。

表4-1　例4-1状态转换真值表

CP的顺序	Q_3^n	Q_2^n	Q_1^n	Q_3^{n+1}	Q_2^{n+1}	Q_1^{n+1}	Y
0	0	0	0	0	0	1	0
1	0	0	1	0	1	0	0
2	0	1	0	0	1	1	0
3	0	1	1	1	0	0	0
4	1	0	0	1	0	1	0
5	1	0	1	1	1	0	0
6	1	1	0	0	0	0	1
无效状态	1	1	1	0	0	0	1

在表4-1中，有7个状态反复循环，这7个状态为该时序电路的有效状态。然而，采用3级触发器，$Q_3Q_2Q_1$ 一共有8种状态组合，现在除7种有效状态外，还有一种状态（111）为无效状态，或称为偏离状态。为了了解该电路的全部工作状态转移情况，在列状态转换真值表时还必须将无效状态代入输出方程和次态方程中进行计算，这样就得到表4-1所示完整的状态转移真值表。

（5）画状态转换图　根据表4-1可画出如图4-7所示的逻辑电路状态转换图。

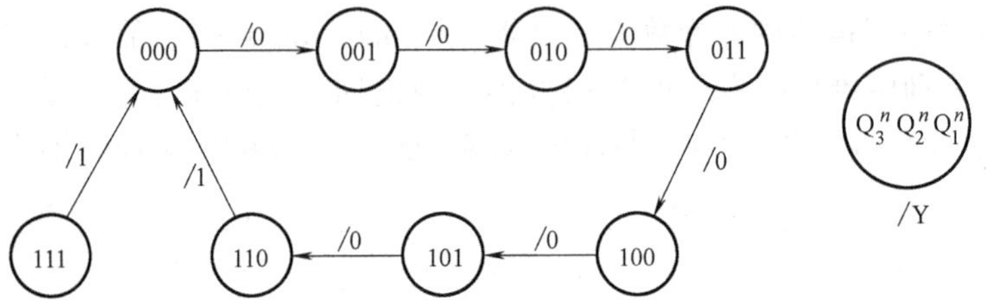

图4-7　例4-1状态转换图

（6）判断逻辑电路的逻辑功能　从状态转换真值表和状态转换图可以看出，每经过7个时钟脉冲下降沿以后逻辑电路的状态循环变化一次，所以这个电路具有对时钟脉冲信号计数的逻辑功能。同时，因为每经过7个时钟脉冲作用后输出端Y输出一个脉冲，所以这是一个七进制计数器，Y端的输出就是进位脉冲。

另外，将无效状态 $Q_3^nQ_2^nQ_1^n=111$ 代入状态方程和输出方程进行计算，得到 $Y=1$ 和 $Q_3^{n+1}Q_2^{n+1}Q_1^{n+1}=000$。而"000"为电路的有效状态，这表示逻辑电路进入无效状态后，在时钟脉冲CP的作用下，能自动返回有效状态。因此，该逻辑电路具有自启动逻辑功能。

通过上述时序逻辑电路分析可见：只要将简单时序逻辑电路的逻辑功能列成状态转换真值表和状态转换图，它的逻辑功能也就一目了然了。然而，有实用价值的时序逻辑系统通常都比较复杂。对这样的电路进行分析时，不但需要认真分析方可得到结论，有时候甚至还要借助计算机辅助模拟测试系统来进行时序逻辑系统的逻辑功能分析。

注意：1）上述分析步骤在实际应用中可根据给定时序逻辑电路难易程度进行选用，当给定逻辑电路较简单时，可不用画出状态转换图，利用状态转换真值表即可直接对给定电路逻辑功能进行判断。

2）分析同步时序逻辑电路时，可以不考虑时钟脉冲的影响。

4.2　寄存器

话题引入

1971 年，Intel 公司推出了世界上第一款 CPU（Central Pocessing Unit，中央处理器）4004，为计算机的普及奠定了技术基础。历经了近 40 年的技术革新和高速发展，CPU 已成为现代计算机的核心部件。CPU 是计算机的“心脏”，是完成各种运算和控制的核心，其规格与频率常常被用来作为衡量计算机性能好坏的重要指标。CPU 一般由运算逻辑部件、寄存器部件和控制部件组成。其中寄存器部件包括通用寄存器、专用寄存器和控制寄存器，主要实现数据寄存功能。事实上，寄存器是数字仪表和计算机硬件系统中最基本的功能器件之一。

在工程技术中，寄存器（Register）是由触发器组成的时序逻辑部件。迄今为止，人们已经研制出了许多种寄存器电路。根据逻辑功能的不同，可以将它们分为数据寄存器和移位寄存器两大类。通常，寄存器应具有预置数码、接收数据、寄存数据和输出数据的基本逻辑功能。初学者学习本课程时，一般要将寄存器逻辑功能及应用特性作为主要研究对象。

4.2.1　数码寄存器

存放数码的时序逻辑器件称为数码寄存器（Number Register），简称寄存器。

图 4-8 所示为利用维持阻塞结构 D 触发器组成的四位数码寄存器。图中$\overline{R}_D$为异步复位端，CP 为时钟脉冲，$D_0 \sim D_3$ 为并行数码输入端，$Q_0 \sim Q_3$为并行数码输出端。

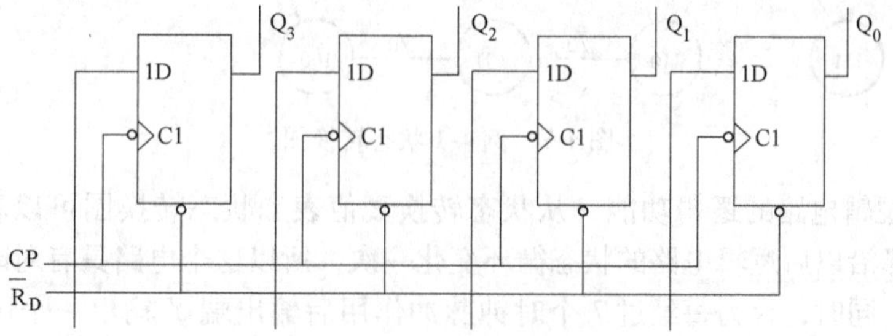

图 4-8　四位数码寄存器

【清零】当$\overline{R}_D = 0$ 时，$Q_3 \sim Q_0$均为 0 态，即 $Q_3Q_2Q_1Q_0 = 0000$，实现了各触发器直接清零。当寄存器正常工作时，应使$\overline{R}_D = 1$。

【接收数据】设要存放的数据是 1011，将数据 1011 加到对应的输入端，即令 $D_3D_2D_1D_0 = 1011$，当 CP 下降沿到来时，各触发器的输出状态与输入端状态相同，即 $Q_3Q_2Q_1Q_0 = 1011$，于是4位数据便接收到寄存器中。

【保存数据】CP下降沿消失后，各触发器处于保持状态，寄存器保存数据1011。

【输出数据】该寄存器的4个输出端并行排列，所以其状态可以同时输出，即可得 $Q_3Q_2Q_1Q_0=1011$。

由于该寄存器能同时输入、输出4位数码，故称为四位并行输入、并行输出数码寄存器。

4.2.2 移位寄存器

具有寄存数码及令数码移位逻辑功能的寄存器称为移位寄存器（Shift Register）。移位寄存器可分为单向移位寄存器和双向移位寄存器。

【单向移位寄存器】在移位控制脉冲的作用下，寄存器所寄存数码只能向某一方向移动的寄存器称为单向移位寄存器。图4-9所示为利用边沿触发结构D触发器组成的4位右移移位寄存器，图中D为串行输入端，$Q_3 \sim Q_0$为并行输出端，Y为串行输出端，时钟脉冲信号CP为移位控制脉冲。

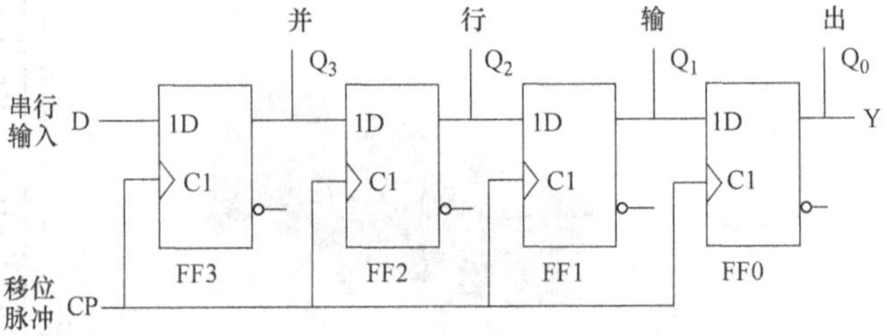

图4-9 4位右移移位寄存器

由图4-9可知，$Q_3^{n+1}=D$，$Q_2^{n+1}=Q_3^n$，$Q_1^{n+1}=Q_2^n$，$Q_0^{n+1}=Q_1^n$。在移位脉冲信号作用下，当前输入数码寄存到FF3中，FF3的原状态寄存到FF2中。依此类推，即可实现输入数码在移位脉冲信号的作用下向右移位的逻辑功能。

设串行输入数据 D=1001，且电路初始状态为 $Q_3Q_2Q_1Q_0=0000$。当输入第一个数码1时，在第一个移位脉冲CP上升沿的作用下，FF3的输出状态 $Q_3=1$，即第一位数码寄存于FF3中。同时FF3原状态0移位至FF2中，数码向右移了一位，同理FF2、FF1、FF0的数码也都依次向右移了一位。这时，寄存器的状态为 $Q_3Q_2Q_1Q_0=1000$。当输入第二个数码0时，在第二个移位脉冲上升沿作用下，FF3的输出状态 $Q_3=0$，即第二位数码寄存于FF3中。同时，FF3原状态1移位至FF2中，即 $Q_2=1$。同理 $Q_1=Q_0=0$，移位寄存器中的数码又依次向右移了一位。依此类推，在4个移位脉冲信号作用下，输入的4位串行数码1001全部存入了寄存器中，移位情况见表4-2。

表4-2 4位右移移位寄存器状态表

CP	D	Q_3^n	Q_2^n	Q_1^n	Q_0^n	Q_3^{n+1}	Q_2^{n+1}	Q_1^{n+1}	Q_0^{n+1}
ф	0	0	0	0	0	0	0	0	0
↑	1	0	0	0	0	1	0	0	0
↑	0	1	0	0	0	0	1	0	0
↑	0	0	1	0	0	0	0	1	0
↑	1	0	0	1	0	1	0	0	1

图4-9所示移位寄存器中的数码可由 Q_3、Q_2、Q_1、Q_0并行输出，也可以从Y端串行输出，但这时需要继续输入4个移位脉冲才能从寄存器中取出寄存的4位数码1001。

图 4-10 所示为利用边沿触发结构 D 触发器组成的四位左移移位寄存器，其工作原理请读者参照 4 位右移移位寄存器自行分析。

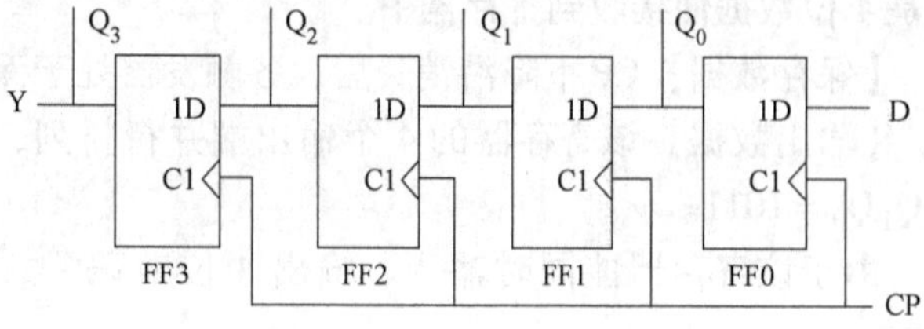

图 4-10　4 位左移移位寄存器

【双向移位寄存器】在移位控制脉冲作用下，能作右移位和左移位的寄存器称为双向移位寄存器，本节以集成 4 位双向通用移位寄存器芯片 74LS194 为例，介绍其逻辑功能及应用特性。74LS194 外形、引脚排列如图 4-11 所示，逻辑功能见表 4-3。

a) 外形

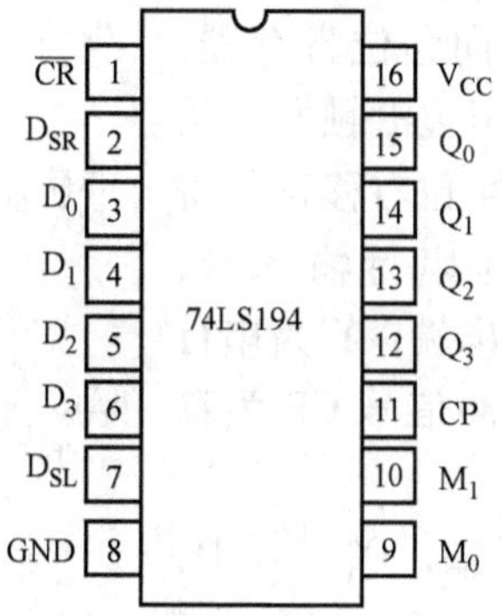

b) 引脚排列

图 4-11　74LS194 外形、引脚排列

表 4-3　74LS194 逻辑功能表

$\overline{CR}$	M_1	M_0	D_3	D_2	D_1	D_0	Q_3^{n+1}	Q_2^{n+1}	Q_1^{n+1}	Q_0^{n+1}	功能说明
0	ϕ	ϕ	ϕ	ϕ	ϕ	ϕ	0	0	0	0	置 0
1	0	0	ϕ	ϕ	ϕ	ϕ	Q_3^n	Q_2^n	Q_1^n	Q_0^n	保持
1	0	1	ϕ	ϕ	ϕ	ϕ	D_{SR}	Q_3^n	Q_2^n	Q_1^n	右移
1	1	0	ϕ	ϕ	ϕ	ϕ	Q_2^n	Q_1^n	Q_0^n	D_{SL}	左移
1	1	1	X_3	X_2	X_1	X_0	X_3	X_2	X_1	X_0	并行置数

74LS194 芯片各引脚的功能为：

1）$D_0 \sim D_3$：并行数码输入端。

2）$Q_0 \sim Q_3$：并行输出端。

3）$\overline{CR}$：清零（复位）端。

4）D_{SL}、D_{SR}：左、右串行数码输入端。

5）CP：移位脉冲输入端（上升沿有效）。

6）V_{CC}：电源端。

7）GND：接地端。

8）M_0、M_1：工作方式控制端。

由表 4-3 可见，利用工作方式控制端 M_1、M_0 的不同取值组合可以使寄存器实现不同的逻辑功能。

1）当 $M_1M_0=00$ 时，不论移位脉冲 CP 为何值，寄存器中数据保持不变。

2）当 $M_1M_0=01$ 时，寄存器实现数码右移逻辑功能，数码由 D_{SR} 串行输入，在移位脉冲 CP 控制下，依次向 Q_3、Q_2、Q_1、Q_0 方向移动，数据可以从 Q_0 串行输出，也可以从 $Q_3 \sim Q_0$ 并行输出。

3）当 $M_1M_0=10$ 时，寄存器实现数码左移逻辑功能，数码由 D_{SL} 串行输入，在移位脉冲 CP 控制下，依次向 Q_0、Q_1、Q_2、Q_3 方向移动，数据可以从 Q_3 串行输出，也可以从 $Q_0 \sim Q_3$ 并行输出。

4）当 $M_1M_0=11$ 时，寄存器实现并行置数逻辑功能，在移位脉冲 CP 控制下，数码由 $D_3 \sim D_0$ 并行输入各触发器，由 $Q_3 \sim Q_0$ 并行输出。

此外，当 $\overline{CR}=0$ 时，寄存器强制实现复位逻辑功能，即寄存器寄存数据均清零；当 $\overline{CR}=1$ 时，寄存器实现其他逻辑功能。

在工程技术中，移位寄存器的级联扩展比较简单，只要将移位寄存器接为相应的正常工作状态，且低位芯片的串行输出端接到高位芯片的串行输入端，即可实现级联扩展。

拓展提高

如何利用 74LS194 实现三位串行-并行转换功能？

在数字系统中，数据的传输通常是串行传送，而终端的输入或输出往往是并行的，因此需要将串行信号转换为并行信号，或由并行信号转换为串行信号。利用移位寄存器可实现该逻辑功能。

图 4-12 所示为利用四位双向移位寄存器 74LS194 构成的带有识别标志的三位串行-并行转换电路。

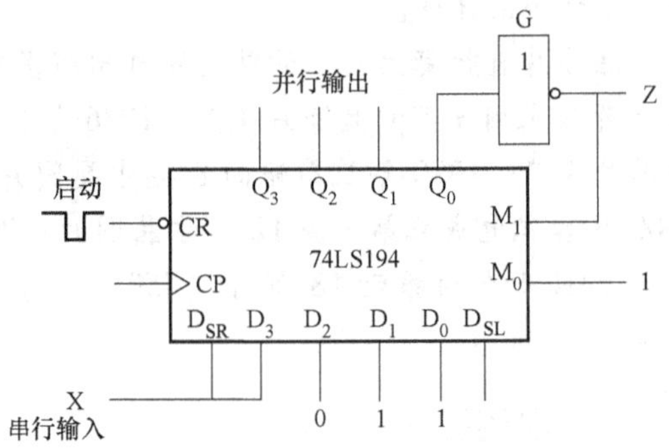

图 4-12　三位串行-并行转换电路

开始工作时，首先加一个负向启动脉冲将 74LS194 清零，即 $Q_3Q_2Q_1Q_0=0000$。清零后，当 $M_1M_0=11$ 时，74LS194 实现并行置数逻辑功能，当移位脉冲 CP 第一个上升沿到达时并行输入数码 X_0011，其中 X_0 为串行输入 X 的最低位。并行置数后，$Q_3Q_2Q_1Q_0=X_0011$。当 $M_1M_0=01$ 时，74LS194 实现右移逻辑功能，即在移位脉冲 CP 上升沿到达时，74LS194 处于右移位状态，串行输入数据 X 的另外两位依次移入 74LS194 中。当第 3 个 CP 脉冲作用后，0 移入到 Q_0。此时 $Z=1$，向系统提供三位串行数据已经变换为并行数据的状态信息，请系统执行取数操作；同时 $M_1M_0=11$，下一个移位脉冲 CP 到来时再一次置数，开始新一轮的串行-并行变换。因此，此处置入的 0 是一个重要的识别标志。

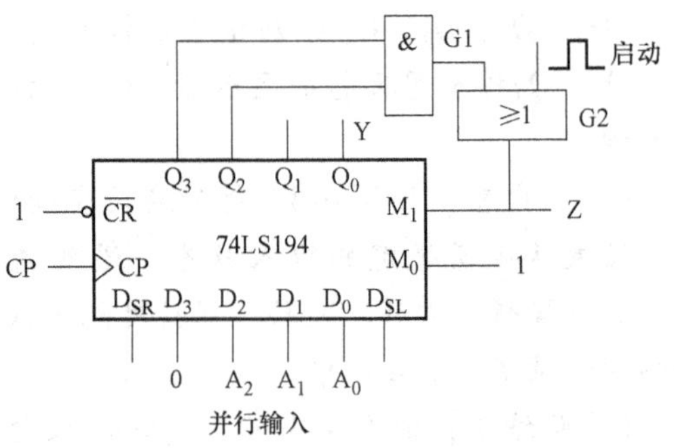

图 4-13　三位并行-串行转换电路

图 4-13 所示为利用四位双向移位寄存器 74LS194 构成的带有识别标志的三位并行-串

行转换电路。其工作原理请读者参照图 4-12 所示三位串行—并行转换电路自行分析，此处不再赘述。

阅读材料

芯片上的奇迹（2）

集成电路飞速发展的一个很重要的原因就是制造工艺一直以惊人的速度在发展。特征尺寸和晶圆片的尺寸是衡量集成电路工艺水平的关键指标。

特征尺寸通常指集成电路中半导体器件的最小尺度，如 MOS 晶体管的栅极长度。特征尺寸是衡量集成电路制造和设计水平的重要指标：特征尺寸越小，芯片的集成度越高、速度越快、性能越好。

早在 1971 年，Intel 推出第一款 CPU 4004，采用 10μm 工艺，集成了 2300 个晶体管；1993 年推出的奔腾处理器芯片特征尺寸就已降到 0.8μm，集成度为 310 万个晶体管；1995 年 Intel 奔腾处理器特征尺寸已达到 0.6μm，集成度为 550 万个晶体管；1997 年的奔腾二代 CPU 特征尺寸为 0.35μm，集成度已达 750 万个晶体管；2002 年 Intel 引入 90nm 工艺，同年德州仪器开始采用 90nm CMOS 工艺；2004 年德州仪器发布 65nm 工艺；2007 年 Intel 的 45nm CPU 进行规模量产。2008 年上市的 Intel 酷睿 2 Quad CPU，特征尺寸为 45nm，集成度达 8.2 亿个晶体管。

晶圆片直径越大，上面就能制作出越多的芯片，这样能有效地降低芯片成本。1972 年，Intel 开始采用 3 英寸晶圆片生产，1976 年转入 4 英寸晶圆片生产，1983 年开始采用 6 英寸晶圆片生产，1990 年业界转向 8 英寸晶圆片生产，1993 年三星建立第一个 8 英寸晶圆片；2000 年台积电成立第一座 12 英寸晶圆片；2002 年 Intel 采用 12 英寸晶圆片芯片制造技术。目前 Intel 正在为推动 18 英寸（450 毫米）芯片制造技术而做出不懈努力，预计 2012 年问世。

课堂实验

四位双向移位寄存器 74LS194 的逻辑功能验证

【实验材料】四位双向移位寄存器 74LS194、数字电路实验箱及相关附件。

【实验原理】图 4-14 所示为 74LS194 逻辑功能验证实验电路。其中 $\overline{CR}$、M_1、M_0、D_{SR}、D_{SL}、D_0、D_1、D_2、D_3 分别接至逻辑开关，Q_0、Q_1、Q_2、Q_3 接至逻辑电平显示器，CP 端接单次脉冲源。

【实验内容】按图 4-14 所示连接实验电路。然后按表 4-4 所规定的输入状态，逐项进行清零、并行置数、右移、左移、保持功能测试，并将测试记录填入表 4-4 中。

【实验结论】由表 4-4 可见，四位双向移位寄存器 74LS194 按规定状态输入时，输出状态随

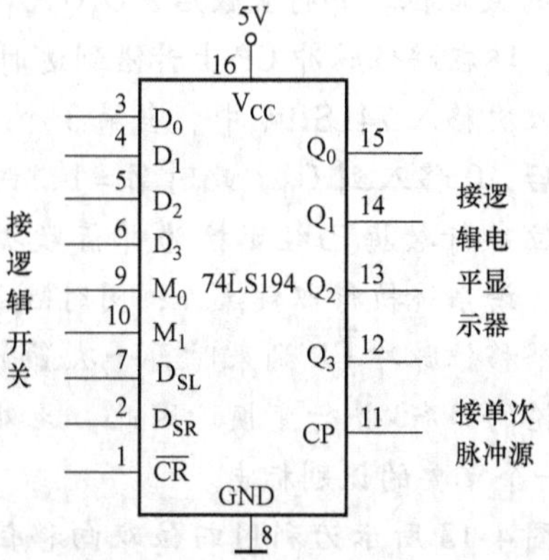

图 4-14　74LS194 逻辑功能验证实验电路

之变化，且符合双向移位寄存器逻辑功能。即 74LS194 具有清零、并行置数、右移、左移、保持逻辑等功能。

表 4-4　74LS194 逻辑功能测试

$\overline{CR}$	M_1	M_0	CP	D_{SL}	D_{SR}	D_3	D_2	D_1	D_0	Q_3^{n+1}　Q_2^{n+1}　Q_1^{n+1}　Q_0^{n+1}	功能总结
0	φ	φ	φ	φ	φ	φ	φ	φ	φ		
1	1	1	↑	φ	φ	X_3	X_2	X_1	X_0		
1	0	1	↑	φ	0	φ	φ	φ	φ		
1	0	1	↑	φ	1	φ	φ	φ	φ		
1	1	0	↑	0	φ	φ	φ	φ	φ		
1	1	0	↑	1	φ	φ	φ	φ	φ		
1	0	0	↑	φ	φ	φ	φ	φ	φ		

想一想：利用 74LS194 可否构成顺序脉冲发生器？若能试绘制其实验电路，并验证电路逻辑功能。

4.3　计数器

话题引入

篮球运动最早起源于美国，自 1891 年发展至今，先后经历了初创时期、完善时期、普及时期、全面提高时期。尤其是 20 世纪 80 年代中期以来，世界篮球职业队走上奥运赛场，更是推动世界篮球运动跨入了一个再创佳绩的新阶段。1992 年巴塞罗那第 25 届奥运会篮球赛中美国“梦之队”的绝妙表现，显示着篮球运动整体内容结构和优秀运动队伍综合智能、技能、能力结构发生了质的变化。为提高篮球运动信息技术服务水平和重大比赛裁判执法的公正性，各篮球场馆均设置有新型篮球计时系统设备，主要实现比赛计时、计秒和 24 秒倒计时等功能。新型篮球计时系统主要由各类计数器构成。事实上，计数器的应用范围很广泛，像日常使用的电子时钟、计算机、工业自动控制等领域，都有计数器的影子。

在工程技术中，用来统计和存储输入时钟脉冲 CP 个数的电路，称为计数器（Counter）。它主要用于计数、定时、分频、产生节拍脉冲序列和数字运算等领域，是数字系统中使用最多的时序逻辑器件。初学者学习计数器课题时，一般应将计数器的逻辑功能及应用特性作为首要研究对象。

4.3.1　异步二进制计数器

计数脉冲只加到部分触发器的时钟脉冲输入端上，而其他触发器的触发信号则由电路内部提供，触发器状态更新有先有后的二进制计数器，称为异步二进制计数器，也称为串行二进制计数器。

【电路结构】图 4-15 所示为用 4 个 JK 触发器组成的四位异步二进制加法计数器。图中 JK 触发器都接成 T′触发器，即每当 CP 脉冲下降沿到来时，触发器的状态就翻转一次。计数脉冲接入最低位触发器的时钟脉冲输入端 CP，低位触发器的输出端 Q 接至相邻高位触发器的时钟脉冲输入端 CP，即高位触发器在相邻低位触发器的状态由 1 变为 0 时翻转。

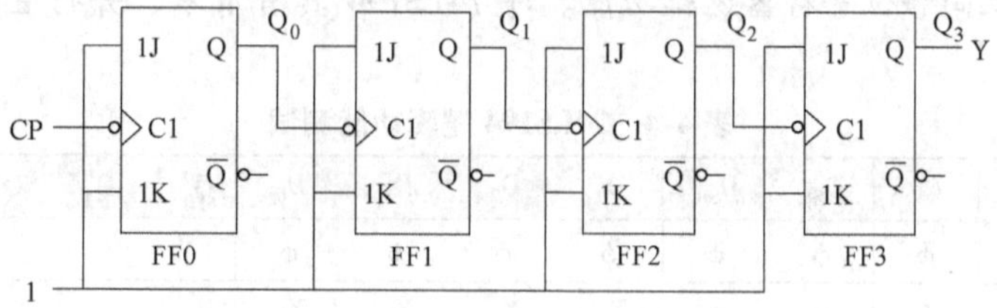

图 4-15　四位异步二进制加法计数器

【工作原理】计数器工作前先清零，即计数器的初始状态为 $Q_3Q_2Q_1Q_0=0000$。

当第一个 CP 下降沿到来时，触发器 FF0 翻转，Q_0由 0 变 1。FF1 的 CP 控制端无下降沿信号不能翻转。于是第一个 CP 下降沿过后，计数器的状态为 $Q_3Q_2Q_1Q_0=0001$。

当第二个 CP 下降沿到来时，FF0 翻转，Q_0由 1 变 0。Q_0产生的下降沿信号加至 FF1 的 CP 控制端，FF1 翻转，Q_1由 0 变 1，FF2 无下降沿信号不能翻转。于是第二个 CP 下降沿过后，计数器的状态为 $Q_3Q_2Q_1Q_0=0010$。

依次类推，当第十五个 CP 下降沿到来时，计数器的状态为 $Q_3Q_2Q_1Q_0=1111$。

第十六个 CP 下降沿到来时，FF0 翻转，Q_0由 1 变 0；Q_0引起 FF1 翻转，Q_1由 1 变 0；Q_1引起 FF2 翻转，Q_2由 1 变 0；Q_2引起 FF3 翻转，Q_3由 1 变 0，于是计数器的状态全部重新复位到 $Q_3Q_2Q_1Q_0=0000$。以后，当 CP 下降沿到来时，计数器开始新的计数周期。根据以上分析可列出该计数器的状态表见表 4-5。

表 4-5　四位异步二进制加法计数器状态表

CP 下降沿的序号	Q_3^n	Q_2^n	Q_1^n	Q_0^n	Q_3^{n+1}	Q_2^{n+1}	Q_1^{n+1}	Q_0^{n+1}	Y
0	0	0	0	0	0	0	0	1	0
1	0	0	0	1	0	0	1	0	0
2	0	0	1	0	0	0	1	1	0
3	0	0	1	1	0	1	0	0	0
4	0	1	0	0	0	1	0	1	0
5	0	1	0	1	0	1	1	0	0
6	0	1	1	0	0	1	1	1	0
7	0	1	1	1	1	0	0	0	1
8	1	0	0	0	1	0	0	1	1
9	1	0	0	1	1	0	1	0	1
10	1	0	1	0	1	0	1	1	1
11	1	0	1	1	1	1	0	0	1
12	1	1	0	0	1	1	0	1	1
13	1	1	0	1	1	1	1	0	1
14	1	1	1	0	1	1	1	1	1
15	1	1	1	1	0	0	0	0	0

综上所述，该计数器的特点是：

1）各触发器的翻转时刻不统一。Q_0在 CP 下降沿翻转，Q_1、Q_2、Q_3分别在 Q_0、Q_1、

Q_2下降沿翻转，所以称为异步计数器。

2）计数器从 0000 计到 1111，按二进制规律计数，所以称为二进制加法计数器。

3）计数器由 4 个触发器组成，计数周期包括 16 个计数状态。如果从 Q_0输出，就是二进制计数器；如果从 Q_1输出，就是四进制计数器；如果从 Q_2输出，就是八进制计数器；如果从 Q_3输出，就是十六进制计数器。

异步二进制计数器虽然结构简单，但速度较慢（只能逐级翻转）。为了提高速度，可将 CP 脉冲信号同时送到每个触发器的脉冲输入端，使每个触发器的状态变化和 CP 计数脉冲同步，这种计数器称为同步计数器。

【集成异步计数器】在基本异步计数器的基础上增加一些附加电路，即可构成中规模集成异步计数器，本节以集成异步 2-5-10 进制计数器 74LS290 为例，介绍其引脚功能及应用特性。74LS290 外形、引脚排列如图 4-16 所示，逻辑功能见表 4-6。

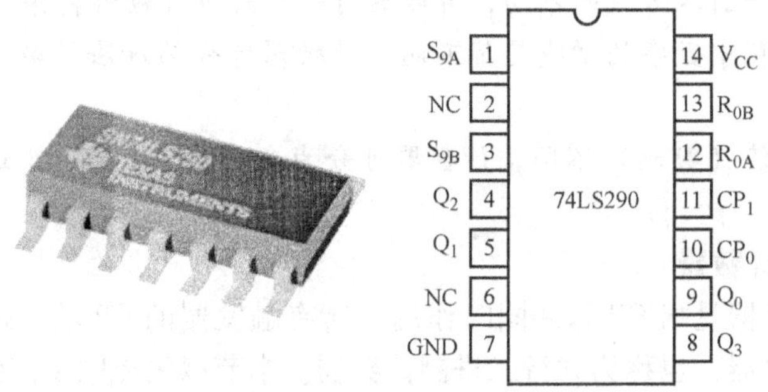

a) 外形　　b) 引脚排列

图 4-16　74LS290 外形、引脚排列

表 4-6　74LS290 逻辑功能表

$R_{0A}\cdot R_{0B}$	$S_{9A}\cdot S_{9B}$	CP	Q_3^{n+1}	Q_2^{n+1}	Q_1^{n+1}	Q_0^{n+1}	逻辑功能
1	0	ϕ	0	0	0	0	置 0
0	1	ϕ	1	0	0	1	置 9
0	0	↓	加法计数				加法计数

74LS290 芯片各引脚的功能为：

1）R_{0A}、R_{0B}：置 0 输入端。

2）S_{9A}、S_{9B}：置 9 输入端。

3）CP_0、CP_1：计数脉冲输入端。

4）V_{CC}：电源端。

5）GND：接地端。

6）NC：空脚。

7）$Q_0 \sim Q_3$：计数器状态输出端。

由表 4-8 可知，利用 $R_{0A}\cdot R_{0B}$和 $S_{9A}\cdot S_{9B}$的不同取值组合，可以实现不同的逻辑功能。

当 $R_{0A}\cdot R_{0B}=1$、$S_{9A}\cdot S_{9B}=0$ 时，电路实现置 0 逻辑功能，即 $Q_3^nQ_2^nQ_1^nQ_0^n=0000$。

当 $R_{0A}\cdot R_{0B}=0$、$S_{9A}\cdot S_{9B}=1$ 时，电路实现置 9 逻辑功能，即 $Q_3^nQ_2^nQ_1^nQ_0^n=1001$。

当 $R_{0A} \cdot R_{0B} = 0$、$S_{9A} \cdot S_{9B} = 0$ 时，在 CP 下降沿的作用下，电路实现加法计数逻辑功能。此时，若计数脉冲由 CP_0 输入，输出为 Q_0 时，则电路构成一位二进制计数器；若计数脉冲由 CP_1 输入，输出为 $Q_3Q_2Q_1$ 时，则电路构成异步五进制计数器；如将 Q_0 与 CP_1 相连，计数脉冲由 CP_0 端输入，输出为 $Q_3Q_2Q_1Q_0$ 时，则电路构成 8421BCD 码异步十进制计数器；如将 Q_3 与 CP_0 相连，计数脉冲由 CP_1 输入，从高位到低位输出为 $Q_0Q_3Q_2Q_1$ 时，则构成 5421BCD 码异步十进制加法计数器。

由以上分析可知，74LS290 具有置 0、置 9、加法计数等逻辑功能，是一种功能比较全面的异步计数器。

阅读材料

计数器的分类方法

1）根据计数脉冲引入方式的不同，计数器可分为同步计数器和异步计数器。

2）根据计数过程中数字的增减趋势不同，计数器可分为加法计数器、减法计数器和可逆计数器。

3）根据计数模值（数制）不同，计数器可分为二进制计数器、十进制计数器和循环码计数器等。

4.3.2　同步二进制计数器

同步二进制计数器是指 CP 脉冲同时作用于所有触发器的 CP 端，触发器状态的翻转同时进行的二进制计数器，也称为并行二进制计数器。本节以集成同步四位二进制可预置数加法计数器 74LS163 为例，介绍其引脚功能及应用特性。74LS163 外形、引脚排列如图 4-17 所示，逻辑功能见表 4-7。

a) 外形　　b) 引脚排列

图 4-17　74LS163 外形、引脚排列

表 4-7　74LS163 逻辑功能表

$\overline{CR}$	$\overline{LD}$	CT_P	CT_T	CP	D_3	D_2	D_1	D_0	Q_3^{n+1}	Q_2^{n+1}	Q_1^{n+1}	Q_0^{n+1}	功能说明
0	φ	φ	φ	↑	φ	φ	φ	φ	0	0	0	0	同步清零
1	0	φ	φ	↑	X_3	X_2	X_1	X_0	X_3	X_2	X_1	X_0	同步置数
1	1	φ	0	φ	φ	φ	φ	φ	Q_3^n	Q_2^n	Q_1^n	Q_0^n	保持
1	1	0	φ	φ	φ	φ	φ	φ	Q_3^n	Q_2^n	Q_1^n	Q_0^n	保持
1	1	1	1	↑	φ	φ	φ	φ	加法计数				加法计数

74LS163 芯片各引脚的功能为：

1）$\overline{CR}$：同步清零端。

2）$\overline{LD}$：同步置数端。

3）CP：计数脉冲输入端。

4）CT_P、CT_T：工作方式控制端。

5）C_0：进位信号输出端。

6）V_{CC}：电源端。

7）GND：接地端。

8）$Q_0 \sim Q_3$：计数器状态输出端。

9）$D_0 \sim D_3$：并行数码输入端。

由表4-7可见，当$\overline{CR}=0$时，在CP上升沿的作用下所有触发器将被同时清零，即$Q_3^nQ_2^nQ_1^nQ_0^n=0000$，而且清零操作不受其他输入端状态的影响，电路实现同步清零功能。

当$\overline{CR}=1$、$\overline{LD}=0$时，在CP上升沿的作用下，并行输入的数码$D_3D_2D_1D_0$被置入计数器，即$Q_3^nQ_2^nQ_1^nQ_0^n=X_3X_2X_1X_0$，电路实现同步置数功能。

当$\overline{CR}=\overline{LD}=1$且$CT_P$和$CT_T$中有一个为0时，计数器的状态保持不变，电路实现保持功能。此时，若$CT_P=0$、$CT_T=1$，则$C_0=CT_T$，$Q_3^{n+1}Q_2^{n+1}Q_1^{n+1}Q_0^{n+1}=Q_3^nQ_2^nQ_1^nQ_0^n$，即进位输出信号$C_0$由触发器输出状态决定，若$CT_P=1$、$CT_T=0$，则$C_0=0$。

当$\overline{CR}=\overline{LD}=1$且$CT_P=CT_T=1$时，在CP上升沿的作用下，电路实现二进制加法计数功能。从电路的0000状态开始连续输入16个计数脉冲后，电路将从1111状态返回到0000状态，同时进位输出端从高电平跳变至低电平。

由以上分析可知，74LS163具有同步清零、同步置数、状态保持和计数等功能。此外，使用74LS163的清零和置数功能，可以方便地构成任意进制同步计数器（详见本节拓展提高）。

拓展提高

怎样拓展集成计数器的逻辑功能？

从降低成本考虑，集成电路的定型产品必须有足够大的批量。因此，目前常见的计数器芯片在计数进制上只做成应用较广的几种类型，如二进制、十进制等。在需要其他任意进制的计数器时，只能用已有的计数器产品经过外电路的不同连接方式得到，常用的逻辑功能扩展方法有如下两种：

【反馈归零法】利用同步计数器的清零功能可获得M进制计数器。方法如下：

1）写出状态S_{M-1}的二进制代码。

2）求出反馈归零函数。即根据S_{M-1}写清零端的逻辑表达式。

3）画连接图。

例4-2　试用74LS163构成一个十进制计数器。

解：1）写出状态S_{M-1}的二进制代码为

$$S_{M-1}=S_{10-1}=(1001)_B$$

2）求反馈归零函数。由于74LS163的同步清零0信号为低电平有效，因此

$$\overline{CR}=\overline{Q_3Q_0}$$

3）画连线图。由上式可知，对于74LS163而言，要实现十进制计数逻辑功能，应将同步复位端$\overline{CR}$接$\overline{Q_3Q_0}$。同时为了保证$\overline{CR}=1$时正常计数，$\overline{LD}$、CT_P、CT_T等控制端均应接高电平1。连接图如图4-18所示。

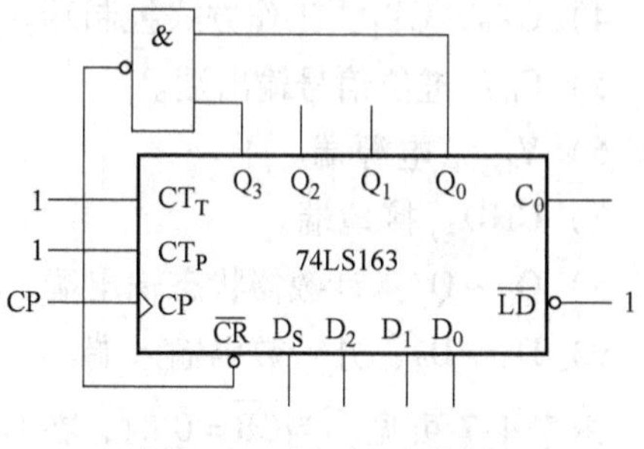

图4-18　例4-2连接图

【反馈置数法】利用同步计数器的置数功能，也可以灵活地构成各种进制的计数器。利用反馈置数法获得M进制计数器的方法与反馈置零法相同。

例4-3　试用74LS163构成一个十二进制计数器。

解：设计数器状态循环采用前面12个状态，则其初始状态为$Q_3^nQ_2^nQ_1^nQ_0^n=0000$，因此，并行数码输入信号$D_3D_2D_1D_0=0000$。

1）写出状态S_{M-1}的二进制代码

$$S_{M-1}=S_{12-1}=(1011)_B$$

2）求反馈置数函数。由于74LS163的同步置数信号为低电平有效，因此

$$\overline{LD}=\overline{Q_3Q_1Q_0}$$

3）画连线图。由上式可知，对于74LS163而言，要实现十二进制计数逻辑功能，应将同步置数端$\overline{LD}$接$\overline{Q_3Q_1Q_0}$。同时为了保证$\overline{LD}=1$时正常计数，$\overline{CR}$、CT_P、CT_T等控制端均应接高电平1。连接图如图4-19所示。

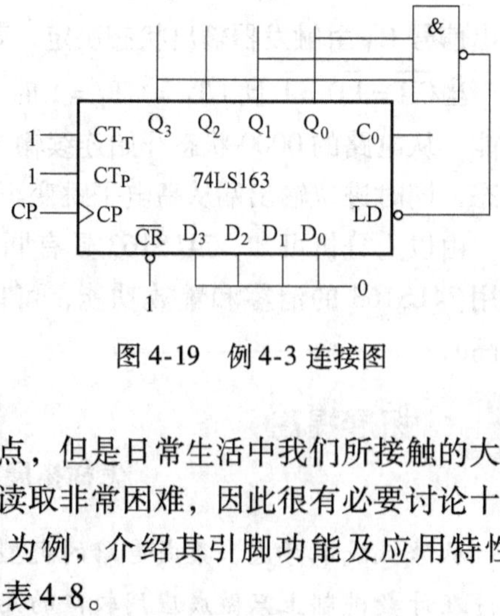

图4-19　例4-3连接图

4.3.3　十进制计数器

二进制计数器具有电路结构简单、运算方便等特点，但是日常生活中我们所接触的大部分都是十进制数，特别是当二进制数的位数较多时，读取非常困难，因此很有必要讨论十进制计数器。本节以同步十进制可逆计数器74LS192为例，介绍其引脚功能及应用特性。74LS192外形、引脚排列如图4-20所示，逻辑功能见表4-8。

表4-8　74LS192的逻辑功能表

CLR	$\overline{LD}$	CP_U	CP_D	D_3	D_2	D_1	D_0	Q_3^{n+1}	Q_2^{n+1}	Q_1^{n+1}	Q_0^{n+1}	工作方式
1	φ	φ	φ	φ	φ	φ	φ	0	0	0	0	异步清零
0	0	φ	φ	X_3	X_2	X_1	X_0	X_3	X_2	X_1	X_0	异步置数
0	1	↑	1	φ	φ	φ	φ	加法计数				计数
0	1	1	↑	φ	φ	φ	φ	减法计数				

74LS192芯片各引脚的功能为：

1）$\overline{CO}$：进位输出端。

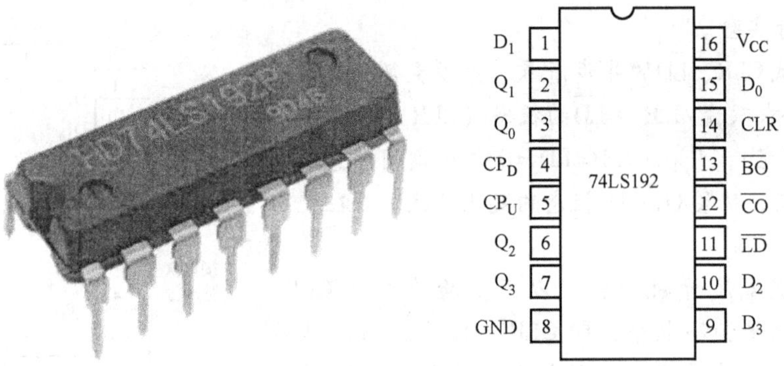

a) 外形　　b) 引脚排列

图4-20　74LS192外形、引脚排列

2）$\overline{LD}$：异步置数端。

3）$\overline{BO}$：借位输出端。

4）CP_D：减法计数脉冲输入端。

5）CP_U：加法计数脉冲输入端。

6）CLR：异步清零端。

7）V_{CC}：电源端。

8）GND：接地端。

9）$Q_0 \sim Q_3$：计数器状态输出端。

10）$D_0 \sim D_3$：预置数码输入端。

由表4-10可知，当CLR = 1时，不论有无计数脉冲和其他信号输入，输出均为0，即 $Q_3^nQ_2^nQ_1^nQ_0^n = 0000$，计数器工作于异步清零方式。计数器实现其他逻辑功能时，应使CLR = 0。

当$\overline{LD}=0$时，计数器工作于异步置数方式。此时并行输入的预置数 $X_0 \sim X_3$ 被置入计数器相应的触发器中，即 $Q_3^nQ_2^nQ_1^nQ_0^n = X_3X_2X_1X_0$。

当$\overline{LD}=1$时，计数器实现计数逻辑功能。当进行加法计数时，从 CP_U 输入计数脉冲，同时 CP_D 维持高电平1，$\overline{CO}$是进位输出信号；当进行减法计数时，则计数脉冲从 CP_D 输入，CP_U 维持高电平1不变，$\overline{BO}$是借位输出信号。

在工程技术中，74LS192具有异步清零和异步置数功能，因此同样可以使用反馈归零法和反馈置数法来构成任意进制计数器。具体构成法可参照74LS163的使用方法进行。

课堂实验

集成同步十进制可逆计数器74LS192的逻辑功能研究

【实验材料】同步十进制可逆计数器74LS192、数字电路实验箱及相关附件。

【实验原理】图4-21所示为74LS192逻辑功能验证实验电路。其中$\overline{LD}$、CLR、$D_0 \sim D_3$接逻辑开关，CP_D、CP_U接单次脉冲源，$\overline{CO}$、$\overline{BO}$、$Q_0 \sim Q_3$接至逻辑电平显示器。

【实验内容】参照图4-21连接实验电路。然后按下述步骤进行实验。

（1）测试CLR、$\overline{LD}$的异步清零、异步置数功能　按照表4-9的要求改变CLR和$\overline{LD}$的状态（CLR = 0、$\overline{LD}$ = 1的情况暂不研究），并在CLR = $\overline{LD}$ = 0作用期间任意改变$D_0 \sim D_3$的状态，观察$Q_0 \sim Q_3$状态的变化情况，并在表4-9中记录。

（2）测试减法计数功能　以下实验要求将CLR、$\overline{LD}$分别接低电平和高电平，即CLR = 0，$\overline{LD}$ = 1。然后按照表4-10的要求改变CP_D的状态，观察$Q_0 \sim Q_3$的状态，并观察触发器的状态转换是否发生在计数脉冲CP的上升沿，并在表4-10相应栏目中记录。

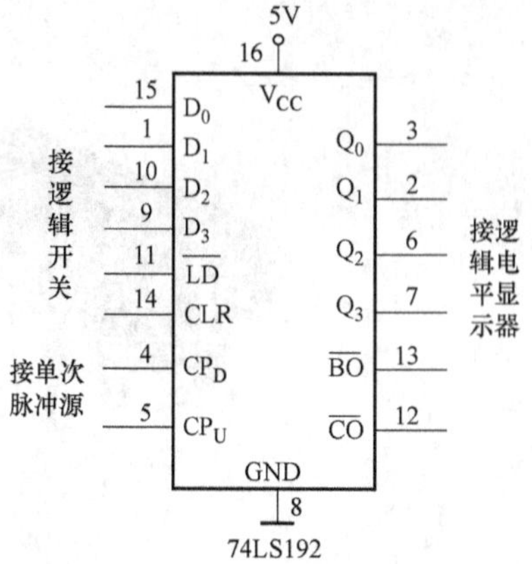

图4-21　74LS192逻辑功能实验电路

表4-9　74LS192的清零、置数功能测试

CLR	$\overline{LD}$	D_3	D_2	D_1	D_0	Q_3^{n+1}	Q_2^{n+1}	Q_1^{n+1}	Q_0^{n+1}
0	0	0	1	1	0				
1	0	1	0	1	0				
1	1	1	1	1	0				

表4-10　74LS192的减法计数功能测试

CP_D	Q_3	Q_2	Q_1	Q_0
0				
1				
2				
3				
4				
5				
6				
7				
8				
9				
10				

（3）测试加法计数功能　测试方法同减法计数的实验内容。请仿照表4-10，自拟表格记录测试结果。

【实验结论】由表4-9、表4-10可见，当CLR = 0、$\overline{LD}$ = 1时集成十进制计数器74LS192具有减法计数和加法计数功能。通过CLR和$\overline{LD}$可实现异步清零和异步置数功能。

想一想：利用74LS192可否构成任意进制计数器？若能试绘制其实验电路，并验证电路逻辑功能。

技能训练　制作篮球比赛24秒倒计时控制器

【训练目标】

1）认识集成计数器，并能正确选择和使用；

2）掌握用万用表测试、判断集成计数器好坏的基本方法；

3）熟悉篮球比赛24秒倒计时控制器的工作原理；

4）会组装、调试篮球比赛24秒倒计时控制器。

【训练材料】见表4-11。

表4-11　篮球比赛24秒倒计时控制器元器件明细表

代号	名称	型号规格	数量
IC1、IC2	七段显示译码器	74LS48	2
IC3、IC4	计数器	74LS192	2
IC5	与非门	74LS00	1
IC6	时基集成电路	NE555	1
LED1、LED2	七段LED数码管	5461AH	2
$R1 \sim R6$	电阻器	20kΩ、62kΩ、1kΩ、3.3kΩ、4.5kΩ、1.5kΩ	6
$C1$、$C2$	电容器	10μF、103	2
$S1 \sim S3$	按钮	微型动合式	3
其他	印制电路板（万能板）、集成电路插座5块		

【相关原理介绍】篮球比赛24秒倒计时控制器由秒脉冲发生器、计数器、译码器、显示电路、报警电路和辅助控制电路五部分组成（其中秒脉冲计数器由时基集成电路NE555和外接元件kΩ1、kΩ2、kΩ1、$C2$构成多谐振荡器，详见第12章），其整机电路如图4-22所示。

由图4-22知，由555定时器输出的秒脉冲经过$R3$输入到计数器IC4的CP_D端，作为减法计数脉冲。当计数器计数至“0”时，IC4的13脚输出借位脉冲使十位计数器IC3开始计数。当计数器计数至“00”时应使计数器复位并置数“24”。但这时将不会显示“00”，而计数器从“01”直接复位。由于“00”是一个过渡时期，不会显示出来，所以本电路采用“99”作为计数器复位脉冲。当计数器由“00”跳变到“99”时，利用个位和十位的“9”即“1001”通过与非门IC5C去触发RS触发器使电路翻转，从IC5的11脚输出低电平使计数器置数，并保持为“24”，同时LED发光二极管亮，蜂鸣器发出报警声，即声光报警。

此外，S1为启动按钮。S1处于断开位置时，若计数器递减计数到零，则控制电路发出声光报警信号，计数器保持“24”不变，电路处于等待状态。当S1闭合时，计数器开始计数。

S2为手动复位按钮。当按下S2时，不管计数器工作于什么状态，计数器立即复位到预置数值，即“24”。当松开S2时，计数器从“24”开始计数。

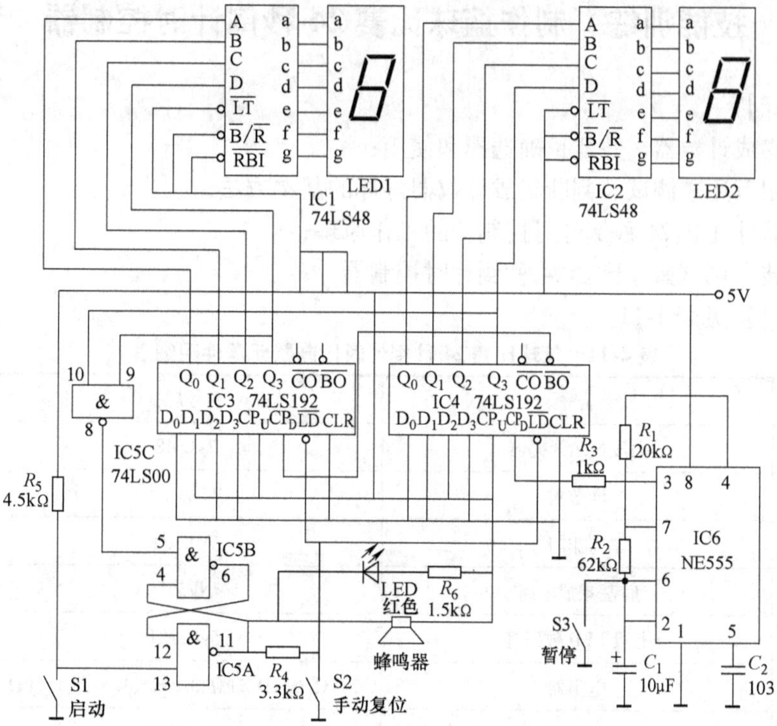

图 4-22　篮球比赛 24 秒倒计时控制器电路原理图

S3 为暂停按钮。当 S3 处于闭合状态时，秒脉冲发生器停止振荡，使计数器暂停计数，七段 LED 数码管显示数值保持不变。当 S3 处于断开状态时，计数器继续累计计数。

【实训方法与步骤】

1）查阅集成电路手册，熟悉数字集成电路 74LS48 引脚排列及各引脚功能，按图 4-22 所示原理图，在印制电路板（万能板）上自己设计电路装配图。

2）用万用表检测元器件质量好坏，并进行整形和搪锡处理。

3）按照图 4-22 所示篮球比赛 24 秒倒计时控制器原理图，在印制电路板（或万能板）上正确连接电路。

4）调试与检测电路。

① 通电前检查：对照电路原理图检查 74LS00、74LS48、74LS192、NE555 和 5461AH 的连接极性及电路的连线。

② 试通电：接通 5V 电源，观察电路的工作情况。如正常则进行下一环节检查。

③ 通电观测：分别操作按钮 S1、S2、S3，观察七段 LED 数码管显示数值是否符合控制要求。且能利用万用表排除调试中出现的简单问题。

想一想：

1）能否用 74LS192 构成 30 秒倒计时控制器？

2）能否用七段共阳极数码管 BS204 作为显示器件？若能试画出电路图。

【质量评价】项目质量考核要求及评分标准见表 4-12。

表4-12　质量考核要求及评分标准

班级	姓名		学号		组别	
考核项目	考核要求	配分	评分标准		自评分	互评分
准备工作	15min内完成所有元器件的清点、检测及调换	20	规定时间以外更换元器件，扣5分/项			
组装焊接	元器件按要求整形；正确安装元器件；焊点美观、走线合理、布局漂亮	45	整形、安装或焊点不规范，扣1分/处；元器件安装错误或损伤元器件，扣2分/处			
通电调试	试通电电路工作正常	25	检修一次后电路才正常，扣2分；检修两次后电路才正常，扣4分			
安全文明操作	严格遵守电业安全操作规程；工作台工具、元器件摆放整齐	10	违反安全操作规程，扣1~10分； 工具、器件不整齐，扣1~5分			
定额时间	120min	10	提前正确完成每10min加2分； 超过定额时间每10min扣2分			
合计		100				
学生交流改进总结						
教师签名：						

注：本表也可用于本章其他实验实训项目。

本章小结

1. 时序电路的基本特征是在任何时刻的输出不仅和输入有关，而且还取决于电路原来的状态，即具有记忆功能。为了记忆电路的状态，时序电路必须包含有存储电路。

2. 常用时序电路逻辑功能描述方法有状态方程组、状态转换图、状态真值表。利用这些描述方法可对简单时序电路逻辑功能进行分析。

3. 时序电路可分为同步时序电路和异步时序电路两类。它们的主要区别是，前者的所有触发器受同一时钟脉冲控制，而后者的触发器则受不同的时钟脉冲控制。

4. 寄存器（Register）是由触发器组成的用来寄存信息的时序逻辑器件。根据逻辑功能的不同，可以将它们分为数据寄存器和移位寄存器两大类。通常，寄存器应具有预置数码、接收数据、寄存数据和输出数据的基本逻辑功能。

5. 计数器（Counter）是用来统计和存储输入时钟脉冲CP个数的时序逻辑器件。根据计数脉冲引入方式的不同，可分为同步计数器和异步计数器；根据计数过程中数字的增减趋势，可分为加法计数器、减法计数器和可逆计数器；根据计数模值（数制）不同，可分为二进制计数器、十进制计数器和循环码计数器等。

6. 具有清零和置数功能的中规模集成计数器可利用反馈归零法或反馈置数法来构成任意进制计数器。

第5章　脉冲波形的产生与变换

本章导读

知识目标：

① 了解单稳触发器、多谐振荡器、施密特触发器的逻辑功能及应用特性。

② 了解555时基电路的引脚功能和逻辑功能。

③ 会用555时基电路搭接单稳触发器、多谐振荡器、施密特触发器。

技能目标：

① 能利用数字电路实验箱验证555时基电路逻辑功能。

② 会组装与调试防盗报警器。

③ 会查阅集成单稳态触发器、施密特触发器的引脚功能，并能正确选用。

5.1　常见脉冲产生电路

话题引入

各种彩灯及灯光控制在家居装饰、渲染节日气氛、美化环境等领域逐渐普及。而在彩灯控制系统中，脉冲波形产生电路是其主要单元电路之一。它所产生脉冲波形的性能指标直接关系到彩灯装饰、渲染、美化效果。事实上，脉冲波形产生电路的应用范围很广泛，如在报警器、信号发生器、定时控制、医疗器械等领域均有广泛的应用。脉冲波形产生电路的典型应用如图5-1所示。

本节主要介绍两类脉冲单元电路：一类是能将不理想的波形变换成所需要矩形脉冲的变换电路，包括施密特触发器和单稳态触发器；另一类是能直接产生所需要的矩形脉冲产生电路——多谐振荡器。初学者学习该课程时，一般要将集成施密特触发器、集成单稳态触发器、集成多谐振荡器的逻辑功能及应用特性作为首要研究对象。

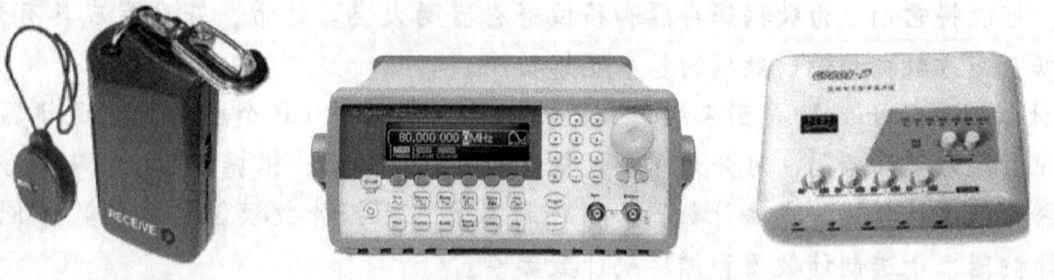

a) 防盗报警器　b) 信号发生器　c) 电子脉冲治疗仪

图5-1　脉冲波形产生电路的典型应用

5.1.1　施密特触发器

施密特触发器（Schmitt Trigger）是脉冲波形变换中经常使用的一种电路，利用它可以将正弦波、三角波以及其他一些周期性的脉冲波形变换成边沿陡峭的矩形波。另外，它还可以用作脉冲鉴幅、比较器。

【门电路构成的施密特触发器】图 5-2 所示是由与非门构成的施密特触发器及其输入电压 U_i 为三角波时的工作波形。图中 G2 和 G3 构成基本 RS 触发器。

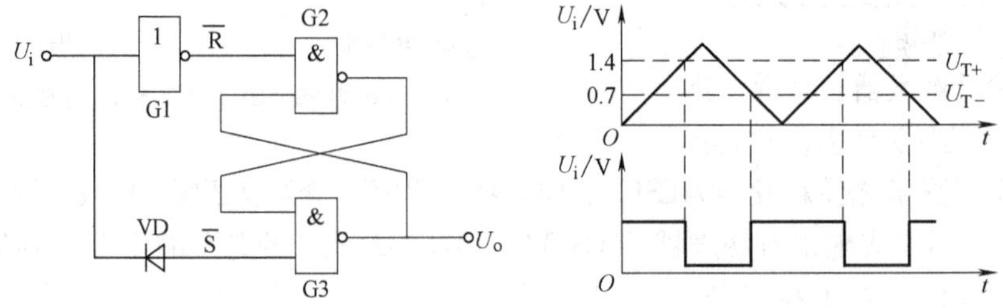

图 5-2　与非门构成的施密特触发器及其工作波形

该电路工作原理如下：

1）当输入电压 $U_i = 0$ 时，$\overline{R}=1$，$\overline{S}=0$，电路输出 U_o 为高电平，这是施密特触发器的第一种稳定状态。

2）当 U_i 逐步上升至二极管的正向压降 $U_i = U_{VD}$（$U_{VD} \approx 0.7V$）时，虽然$\overline{S}$端电位达到门 G3 的阈值电压 U_T（$U_T = 1.4V$），但尚未达到门 G1 的阈值电压，G1 不翻转，$\overline{R}$端仍为高电平。故 RS 触发器不翻转，而维持在第一种稳态。

3）当 U_i 继续上升到 $U_i = U_{T+} = U_T$ 时，G1 翻转使$\overline{R}=0$，RS 触发器状态发生翻转，使电路输出 U_o 变为低电平。电路翻转后 U_i 再上升，电路状态保持不变，这是施密特触发器的第二种稳定状态。此时，U_i 值称为施密特触发器的上限触发电平，常用“U_{T+}”表示。

4）当 U_i 从最大值下降时，若 U_i 下降到 U_T，G1 翻转，$\overline{R}=1$。由于$\overline{S}$端接二极管 VD 正极，所以它的电位仍高于 U_T，故 RS 触发器不翻转，施密特触发器维持在第二种稳定状态。

5）当 U_i 继续下降到 $U_i = U_{T-} = U_T - U_{VD}$时，$\overline{S}=0$，RS 触发器状态发生翻转。施密特触发器又进入第一种稳定状态。此时 U_i 的值称为施密特触发器的下限触发电平，常用“U_{T-}”表示。

由上述分析可知，对于图 5-2 所示的施密特触发器，输入电平 U_i 上升到 U_{T+}时，触发器状态发生翻转，输出下降到低电平。输入电压回降到 U_{T+}时，触发器却不翻转回初始状态。待 U_i 继续下降至 U_{T-}时，才翻转至高电平。这种现象被称为施密特触发器的滞回特性。U_{T+}与 U_{T-}的差值 ΔU_T 称为回差电压或滞后电压，即

$$\Delta U_T = U_{T+} - U_{T-}$$

显然，图 5-2 所示施密特触发器的回差电压为

$$\Delta U_T = U_{T+} - U_{T-} = U_T - (U_T - U_{VD}) = U_{VD} \approx 0.7V$$

因此，图 5-2 所示施密特触发器的缺点是回差电压太小，且不能调整。

根据上限触发电平 U_{T+}与下限触发电平 U_{T-}的定义，可以画出图 5-2 所示施密特触发器的电压传输特性，如图 5-3a 所示。由传输特性可知：U_o 由 $U_{oH} \rightarrow U_{oL}$时 U_i 为 U_{T+}；由 $U_{oL} \rightarrow$

U_{oH}时 U_i 为 U_{T-}。图 5-3b 所示为施密特触发器逻辑符号。

综上所述，施密特触发器在性能上有两个非常重要的特点：

1）引起电路两次跳变的输入信号即上升电平和下降电平不同；

2）在电路状况转换时，通过电路内部的正反馈过程使输出电压波形的边沿变得很陡。

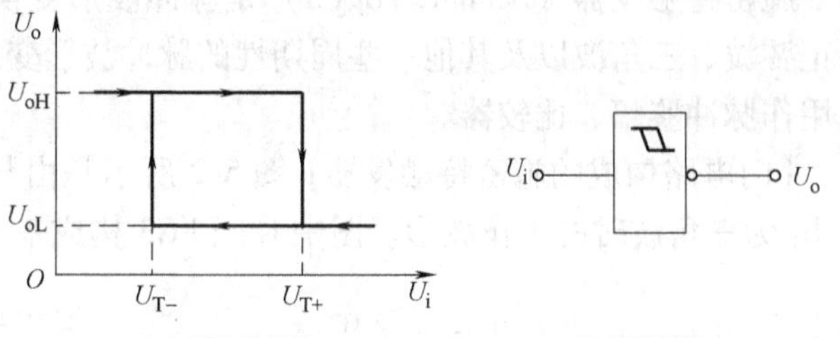

a) 电压传输特性　　b) 逻辑符号

图 5-3　施密特触发器的电压传输特性和逻辑符号

【集成施密特触发器】目前，集成施密特触发器的种类较多，性能各不相同。本节以集成施密特触发器 74LS132、HEF40106 为例，介绍其逻辑功能及应用特性。

（1）TTL 系列集成施密特触发器 74LS132　74LS132 是一种典型的 TTL 系列集成施密特触发器，其内部包括 4 个相互独立的 2 输入施密特触发器，每一个触发器都是以基本施密特触发器为基础，在输入端增加了与的逻辑功能，在输出端增加反向器，所以我们将其称为 TTL 施密特与非门。74LS132 外形、引脚排列如图 5-4 所示。

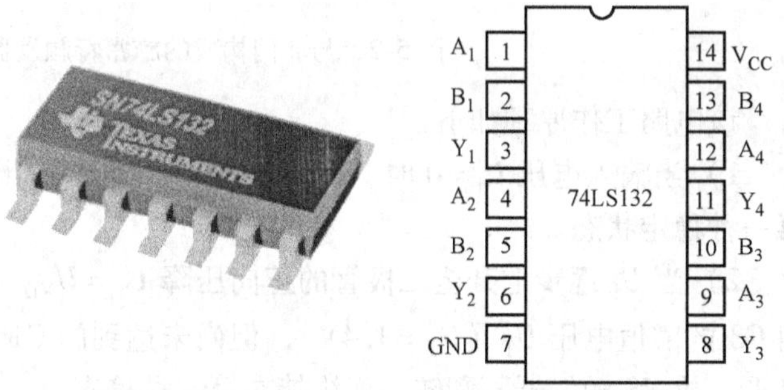

a) 外形　　b) 引脚排列

图 5-4　74LS132 外形、引脚排列

74LS132 各引脚的功能为：

1）A_1、A_2、A_3、A_4、B_1、B_2、B_3、B_4：信号输入端；

2）Y_1、Y_2、Y_3、Y_4：信号输出端；

3）V_{CC}：电源端；

4）GND：接地端。

（2）CMOS 系列集成施密特触发器　HEF40106 是一种应用广泛的 CMOS 系列集成施密特触发器，其内部有 6 个具有施密特触发器输入功能的反相器，它们可用于波形的整形，也可构成单稳态触发器和多谐振荡器。HEF40106 外形、引脚排列如图 5-5 所示。

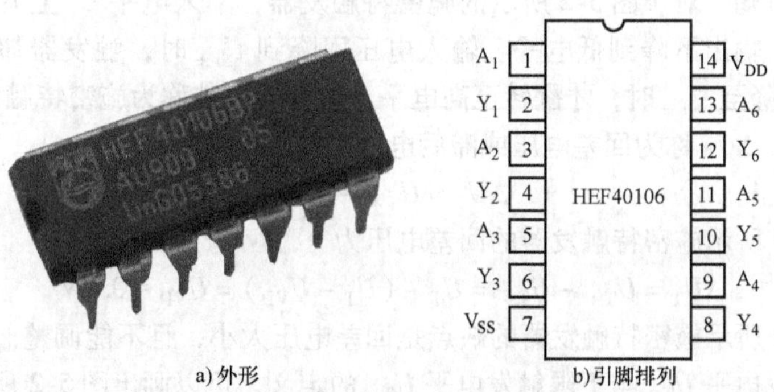

a) 外形　　b) 引脚排列

图 5-5　HEF40106 外形、引脚排列

HEF40106 芯片各引脚的功能为

1）A_1、A_2、A_3、A_4、A_5、A_6：信号输入端。

2）Y_1、Y_2、Y_3、Y_4、Y_5、Y_6：信号输出端。

3）V_{DD}：电源端。

4）V_{SS}：接地端。

阅读材料

常用集成施密特触发器阈值数据

集成施密特触发器上、下限触发电平典型数据见表 5-1 所示。

表 5-1　常用集成施密特触发器阈值数据

型号	U_{T+}		U_{T-}	
	最大值/V	最小值/V	最大值/V	最小值/V
7413	2	1.5	1.1	0.6
7414	2	1.5	1.1	0.6
74LS132	2	1.4	1	0.5
CC40106	3.6	2.2	1.6	0.3

注：CC40106 对应电源电压 $V_{DD}=5V$。

【施密特触发器的应用】施密特触发器的用途很广，在数字电路中常用于波形变换、脉冲整形及脉冲鉴幅等。

（1）波形变换　利用施密特触发器状态转换过程中的滞回特性，可以将输入的三角波、正弦波、锯齿波等边沿变化缓慢的周期性信号变换为边沿很陡的矩形脉冲信号。

在图 5-6 所示的例子中，施密特触发器的输入信号是由直流分量和正弦分量叠加而成的，只要输入信号的幅度大于施密特触发器的正向阈值电压 U_{T+}，在其输出端即可得到相同频率的矩形脉冲信号。

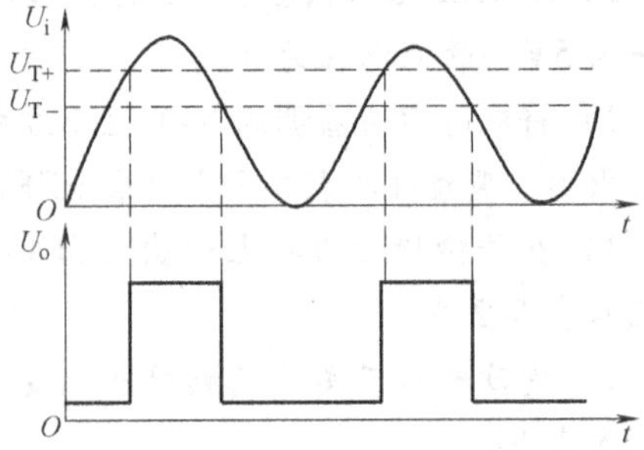

图 5-6　用施密特触发器实现波形变换

（2）脉冲整形　矩形波经过传输后往往会发生波形畸变，其中比较常见的有图 5-7 所示的三种情况：矩形波的边沿变缓；在矩形波的边沿处产生振荡；矩形波被叠加上干扰脉冲。无论哪种情况，只要设置好合适的施密特触发器的 U_{T+} 和 U_{T-}，均能获得满意的整形效果。

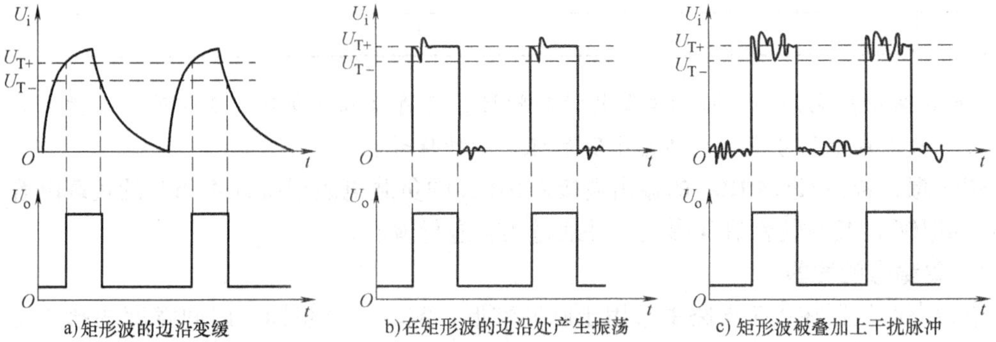

图 5-7　用施密特触发器实现脉冲整形

（3）脉冲鉴幅　施密特触发器利用输出取决于输入信号幅度的特点，可以用作脉冲幅度鉴别电路，如图 5-8 所示。若在施密特触发器的输入端输入一系列幅度不等的矩形脉冲，根据施密特触发器的特点，对应于那些幅度大于 U_{T+} 的脉冲，电路有脉冲输出；而对于幅度小于 U_{T+} 的脉冲，电路则没有脉冲输出，从而达到幅度鉴别的目的。

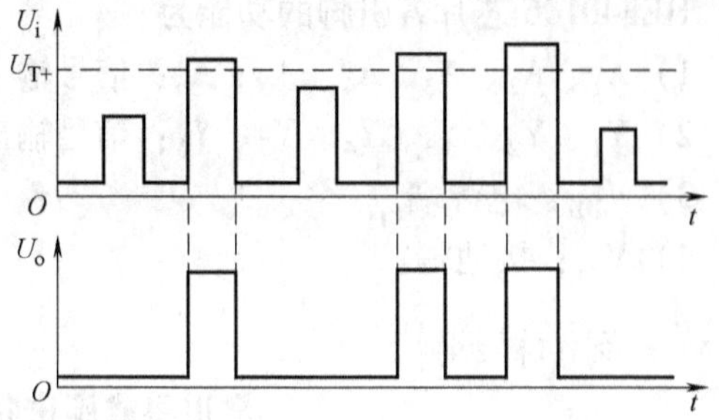

图 5-8　用施密特触发器实现脉冲鉴幅

HEF40106 波形整形逻辑功能验证

【实验材料】CMOS 施密特触发器反相器 HEF40106、数字电路实验箱及相关附件、双踪示波器。

【实验原理】实验原理图参照图 5-5 自行设计。施密特触发器反相器的功能是：若输出是低电平，则只有当输入电平低于 U_{T-} 时输出才会变为高电平；若输出是高电平，则只有当输入电平高于 U_{T+} 时输出才会重新变为低电平。由于 U_{T+} 和 U_{T-} 的差异，就可以将一些紊乱的波形整理规则。

【实验内容】按所设计实验电路接线路，然后按下述步骤进行实验。

1）给 HEF40106 通电，在其输入端输入频率约为 1000Hz 的三角波，控制三角波的最高电压为 5V，最低电压为 0V。

2）将双踪示波器调到 X-Y 显示方式，X 通道接 HEF40106 的输入端，Y 通道接 HEF40106 的输出端，观察并在表 5-2 中记录 HEF40106 的传输特性曲线。

3）在传输特性曲线上读出 HEF40106 的高电平输入转换电平和低电平输入转换电平，并记入表 5-2 中。

4）更改输入三角波的频率及幅度，按照 1）~3）的相同步骤测试 HEF40106，测试结果记入表 5-2。

表 5-2　HEF40106 波形整形功能测试表

测试序号	输入波形	输出波形	传输特性曲线	U_{T+}	U_{T-}
1					
2					
3					

【实验结论】利用施密特触发器的滞回特性，可将输入三角波、正弦波、锯齿波等边沿变化缓慢的周期性信号变换为边沿很陡的矩形脉冲信号。

想一想：若在 HEF40106 的输出端接入 510Ω 的负载电阻或接入 470pF 的负载电容，则对 HEF40106 的传输特性有何影响？并通过实验进行验证。

5.1.2　单稳态触发器

单稳态触发器在数字电路中常用于脉冲整形、定时（产生固定时间宽度的脉冲信号）、延时（产生滞后于触发脉冲的输出脉冲）等领域，其工作特性具有如下显著特点：

1）电路具有稳态和暂稳态两个不同的工作状态。

2）在外加触发脉冲作用下，能从稳态转换为暂稳态。

3）暂稳态维持一段时间后，能自动返回稳态。且暂稳态的持续时间与触发脉冲无关，仅取决于电路本身的参数。

【门电路构成的单稳态触发器】门电路构成的单稳态触发器根据维持暂稳态 RC 定时电路的不同接法可分为积分型和微分型两种。

（1）积分型单稳态触发器　图 5-9a 所示是由两个 CMOS 或非门以及 RC 积分电路构成的积分型单稳态触发器。为了保证电路正常工作，R 的阻值不能取得很大，该电路采用负脉冲触发。

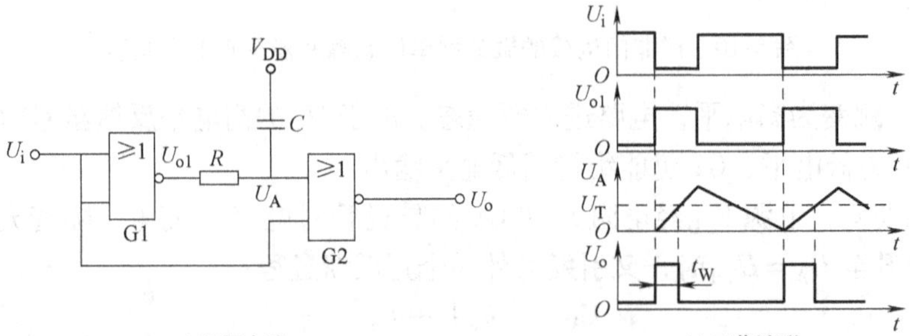

a) 逻辑电路　　b) 工作波形

图 5-9　或非门构成的积分型单稳态触发器及其工作波形

触发器工作波形如图 5-9b 所示，下面讨论其工作过程。

稳态下由于 $U_i=1$，$U_{o1}=U_A=U_o=0$，同时电容 C 充电结束。

当 U_i 负跳变到 0 时，U_{o1} 跳变为高电平 1。但由于电容 C 上的电压不能突变，所以在一段时间里 U_A 仍为 0，故门 G2 截止，U_o 跳变为高电平 1。在门 G1、G2 截止时，电容 C 通过电阻 R 和 G1 的导通管放电，使 U_A 逐渐上升。当 U_A 上升到门电路的阈值电压 U_{T+} 时，若 U_i 仍为低电平，G2 转换为导通状态，U_o 跳变为 0。当 U_i 回到高电平后，G1 导通，电容又通过电阻 R 和 G1 的导通管充电，电路自动返回到稳定状况。

若门电路开启电压 $U_T=0.5V_{DD}$，则暂稳态的脉冲宽度为

$$T_W \approx 0.7RC$$

应该指出，在暂稳态期间，电容 C 放电电压未达到阈值电压 U_{TH} 之前，触发器输入 U_i 不能发生正向跳变，否则 G2 将因 U_i 的正向跳变提前翻转，达不到由 RC 电路控制定时的目的。所以要求输入触发信号 U_i 的脉冲宽度（为低电平的时间）应大于输出脉冲 U_o 的脉冲宽度。

（2）微分型单稳态触发器　图 5-10a 所示是由两个 CMOS 或非门以及 RC 微分电路构成的微分型单稳态触发器。图中 U_i 为输入触发脉冲，该电路采用正脉冲触发。

触发器工作波形如图 5-10b 所示，下面讨论其工作过程。

稳态下由于 $U_i=0$，$U_A=U_{DD}$，故 $U_o=0$，$U_{o1}=U_{DD}$，电容 C 上没有电压。

当触发脉冲 U_i 加到输入端并上升到 U_{TH} 以后，将引发如下的正反馈过程

$$U_i\uparrow \rightarrow U_{o1}\downarrow \rightarrow U_A\downarrow \rightarrow U_o\uparrow$$

因此 U_{o1} 迅速跳变为低电平。由于电容 C 上的电压不能发生突变，所以 U_A 也同时跳变至低

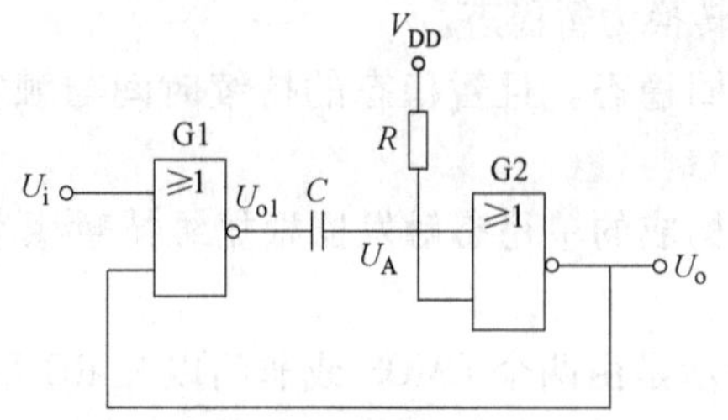

a) 逻辑电路

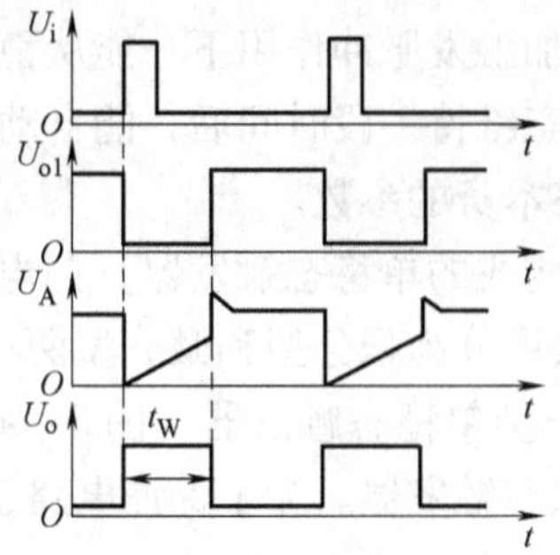

b) 工作波形

图 5-10　或非门构成的微分型单稳态触发器及其工作波形

电平，并使 U_o 跳变为高电平，电路进入暂稳态。由于 U_o 的高电平反馈至 G1 的输入端，此时即使 U_i 跳变为低电平，G1 仍能维持门低电平输出。

在暂稳态期间，电源 V_{DD}经电阻 R 和 G1 的导通管对电容 C 充电，随着充电的进行 U_A 逐渐升高，当升至 $U_A = U_{TH}$时，又引发另外一个正反馈过程：

$$U_A\uparrow \rightarrow U_o\downarrow \rightarrow U_{o1}\uparrow$$

若此时触发脉冲已消失（$U_i = 0$），则 U_{o1}、U_A 迅速跳变为高电平，并使输出返回 $U_o = 0$ 的状态，即电路退出暂稳态。

暂稳态结束后，电容 C 将通过 R 和 G2 的输入保护电路向 V_{DD}放电，直到电容上的电压为 0，电路恢复到稳定状态。

根据以上分析，可画出电路中各点的电压波形，如图 5-10b 所示。微分型单稳态触发器脉冲宽度 T_W 的估算公式和积分型单稳态触发器的相同，即其暂稳态的脉冲宽度为

$$T_W \approx 0.7RC$$

值得注意的是，为了保证该电路能正常工作，要求输入触发信号 U_i 的脉冲宽度小于输出脉冲 U_o 的宽度。因此在实际应用中，常在输入端设置一级 RC 微分电路，将触发脉冲变换为很窄的正、负脉冲。

【集成单稳态触发器】目前在 TTL 和 CMOS 集成电路产品中都有单片集成的单稳态触发器。这种集成单稳态触发器除了少数用于定时的电阻、电容需要外接以外，其他电路都集成在一块芯片上，而且电路还附加了上升沿与下降沿触发控制功能，有的还带有清零功能，具有温度稳定性好、使用方便等优点，在数字系统中得到了广泛的应用。本节以集成单稳态触发器 74LS121、CC4098 为例，介绍其逻辑功能及应用特性。

（1）TTL 系列集成单稳态触发器　74LS121 是一种典型的 TTL 系列集成单稳态触发器，其内部电路以微分型单稳态触发电路为核心，再加上输入控制电路和输出缓冲电路构成。其中输入控制电路主要用于实现上升沿触发或下降沿触发的控制，输出缓冲电路则是为了提高单稳态触发器的负载能力。另外芯片内部还有一个 2kΩ 的内部定时电阻可供使用。在稳定状态下，单稳态触发器的输出 Q = 0、$\overline{Q}$ = 1；当有触发脉冲作用时，电路进入暂稳态，Q = 1、$\overline{Q}$ = 0。74LS121 外形、引脚排列如图 5-11 所示，表 5-3 是它的逻辑功能表。

a) 外形

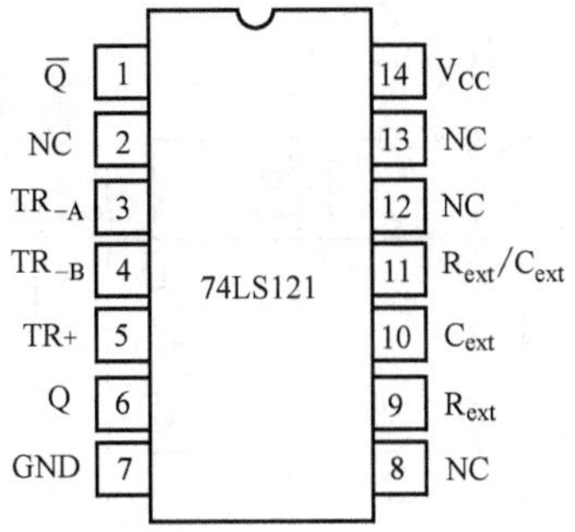

b) 引脚排列

图 5-11　74LS121 外形、引脚排列

表 5-3　74LS121 逻辑功能表

触发输入			触发输出		功能说明
TR_{-A}	TR_{-B}	TR_{+}	Q	$\overline{Q}$	
0	ϕ	1	0	1	稳态
ϕ	0	1	0	1	
ϕ	ϕ	0	0	1	
1	1	ϕ	0	1	
1	↓	1	⊓	⊔	暂态
↓	1	1	⊓	⊔	
↓	↓	1	⊓	⊔	
0	ϕ	↑	⊓	⊔	
ϕ	0	↑	⊓	⊔	

74LS121 芯片各引脚的功能为：

1）TR_{-A}、TR_{-B}：下降沿触发端。

2）TR_{+}：上升沿触发端。

3）NC：空脚。

4）Q、$\overline{Q}$：互补输出端。

5）C_{ext}：外接电容端。

6）R_{ext}：外接电阻端。

7）R_{ext}/ C_{ext}：外接电阻和电容的公共端。

8）V_{CC}：电源端。

9）GND：接地端。

功能说明："↑"表示上升沿触发，"↓"表示下降沿触发，"ϕ"表示信号状态任意；表中前四行表示三个输入端没加触发脉冲，电路处于稳定状态；表中后五行表示加了触发脉冲，电路翻转为暂稳态，这时 Q 端输出正脉冲，$\overline{Q}$端输出负脉冲。暂稳态时间的长短，即输出脉冲宽度 T_W 由定时元件 R、C 决定。图 5-12 为 74LS121 的应用举例，其中 R 可以外接，也可以用内部电阻，此时脉冲宽度 $T_W \approx 0.7RC$。

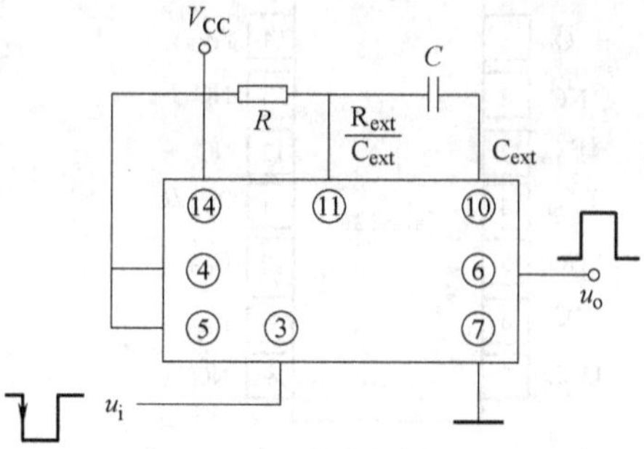

a) 使用内部电阻

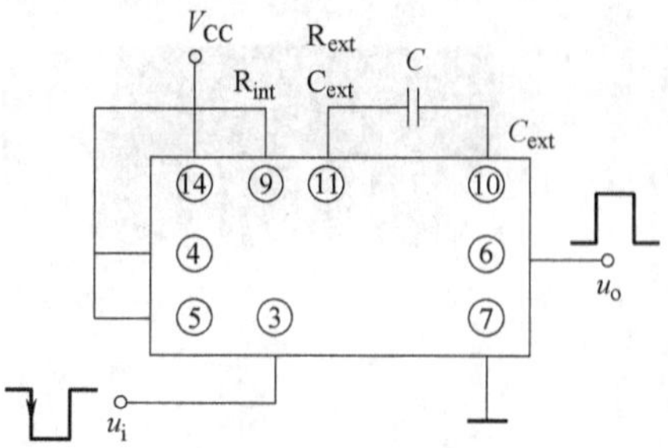

b) 使用外接电阻

图 5-12　74LS121 的外部连接方法

在工程技术中，外接 R、C 取值范围应遵循下述原则：定时电阻 R 为 1.4～40kΩ，定时电容 C 为 0～1000μF。即通过选择适当的电阻、电容值，输出脉冲的宽度可以在 30ns～28s 范围内变化。

（2）CMOS 系列集成单稳态触发器　HCF4098 为双可重触发单稳态触发器，包含正（+TR）触发器触发和负（-TR）触发器触发。当不使用触发输入的时候，+TR 连接 V_{SS}，-TR 连接 V_{DD}。利用 HCF4098 构成的单稳态触发器的时间周期由外接的定时电阻、电容决定，约为 $T_x = R_x C_x$。HCF4098 外形、引脚排列如图 5-13 所示，表 5-4 是它的逻辑功能表。

a) 外形

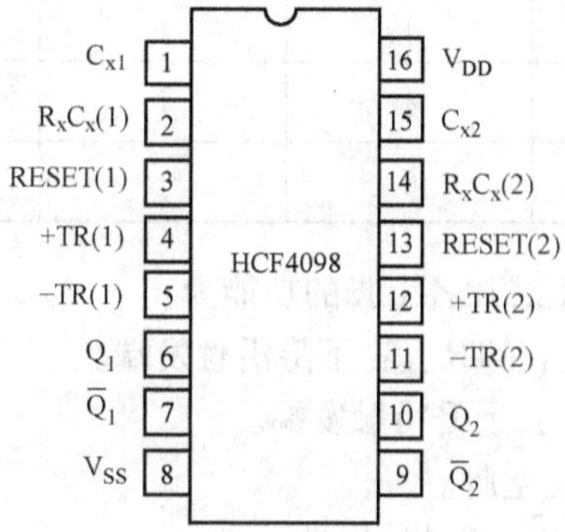

b) 引脚排列

图 5-13　HCF4098 外形、引脚排列

表 5-4　HCF4098 逻辑功能表

输　入			输　出		功能说明
-TR	+TR	RESET	Q	$\overline{Q}$	
1	↑	1	–	–	单稳
↓	0	1	–	–	单稳
0	↑	1	0	1	禁止
↓	1	1	0	1	禁止
ϕ	ϕ	0	0	1	清零

HCF4098芯片各引脚的功能为

1）+TR（1）、−TR（1）、+TR（2）、−TR（2）：脉冲信号触发端。

2）Q_1、$\overline{Q}_1$、Q_2、$\overline{Q}_2$：互补输出端。

3）RESET（1）、RESET（2）：清零端。

4）C_{x1}、C_{x2}：外接电容端。

5）R_xC_x（1）、R_xC_x（2）：外接电阻、电容公共端。

6）V_{DD}：电源端。

7）V_{SS}：接地端。

在工程技术中，外接R_x、C_x取值范围应遵循下述原则：定时电阻R_x的选择范围为10kΩ～10MΩ，定时电容C_x的选择范围为100pF～0.1μF。此外，由R_x、C_x决定的时间周期T_x要便于在实验中测出。

【单稳态触发器的应用】单稳态触发器的用途很广，在数字电路中常用于脉冲定时、脉冲延时及脉冲整形等。

（1）脉冲定时　由于单稳态触发器能够产生一定宽度T_W的矩形脉冲，因此在数字系统中常用它来控制其他一些电路在T_W这段时间内动作或不动作，从而起到定时的作用。例如，在图5-14中，将单稳态触发器的输出脉冲作为与门的一个输入，去控制与门另一个输入端的信号CLK能否从与门输出。

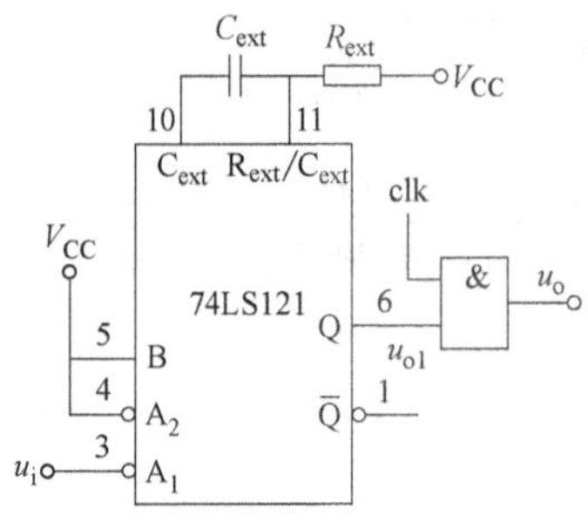

a) 电路图

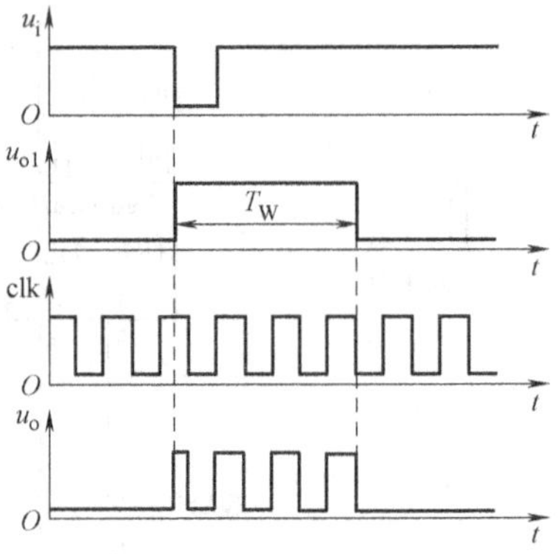

b) 波形图

图5-14　单稳态触发器用于定时控制

（2）脉冲延时　在数字系统中，有时要求将某个脉冲宽度为T_0的信号延迟一段时间t_1后再输出。利用单稳态触发器可以很方便地实现这种要求，其实现电路和波形图如图5-15所示。

（3）脉冲整形　矩形脉冲在传输过程中可能会发生畸变，如边沿变缓、受到噪声干扰等（可参见图5-7），我们可以采用单稳态触发器对其进行整形。只要将待整形的信号作为触发信号输入单稳态触发器，电路的输出端就可获得干净且边沿陡峭的矩形脉冲。上面介绍的集成单稳态触发器74LS121对输入脉冲有1.2V的抗干扰容限，输入脉冲边沿上升/下降的速率最慢可以为1V/s。

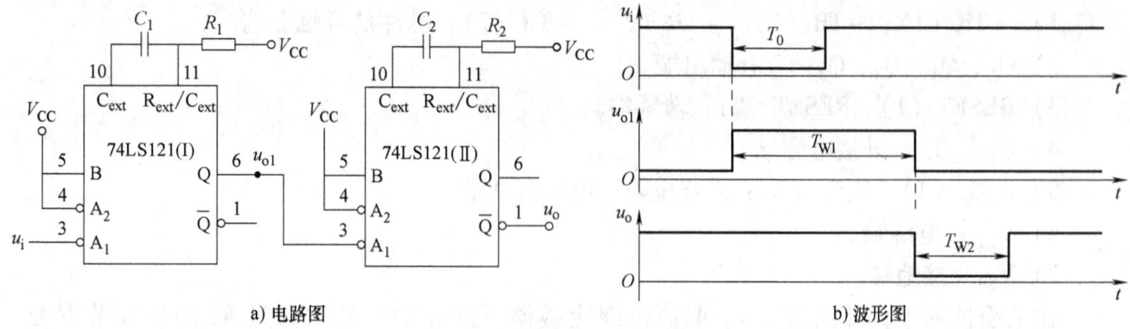

图 5-15　单稳态触发器用于脉冲延时

课堂实验

集成单稳态触发器 74LS121 逻辑功能验证

【实验材料】TTL 系列集成单稳态触发器 74LS121、数字电路实验箱及相关附件。

【实验原理】利用数字电路实验箱测试的集成单稳态触发器 74LS121 测试电路图如图 5-16 所示，其中电容 C_1、电阻 R_1、电位器 RP_1 可先将引脚焊好后再通过导线连接到数字电路实验箱。

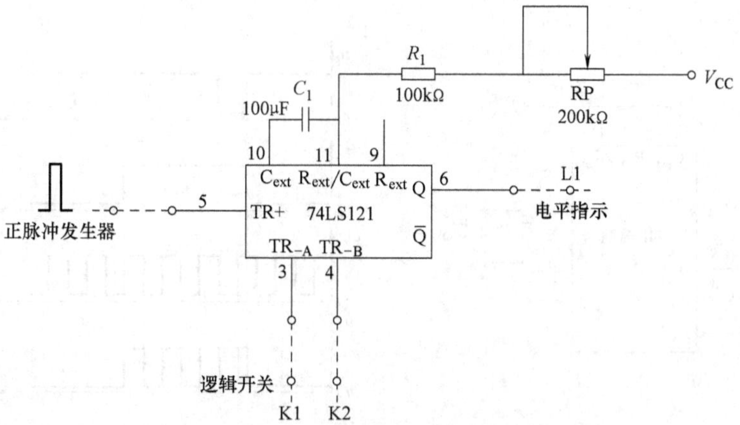

图 5-16　集成单稳态触发器 74LS121 测试电路图

【实验内容】按图 5-16 连接电路，然后按下述步骤进行实验。

1）将 RP 抽头旋到中间位置，按表 5-5 设置输入逻辑开关的状态和正脉冲，将测试结果填写在表中。

表 5-5　集成单稳态触发器典型应用测试表

触发输入			触发输出		功能说明
TR_{-A}	TR_{-B}	TR_{+}	Q	$\overline{Q}$	
1	1	ϕ			
0	ϕ	↑			
ϕ	0	↑			

2）其他条件不变，将 RP 抽头分别旋至两端，观察 Q 输出端发光二极管 L1 发光时间的长短变化，并分析原因。

3）将 TR_+ 端接逻辑开关 K3，TR_{-A} 端接负脉冲发生器的输出端，RP 抽头旋转到中间位置，按表 5-6 设置输入逻辑开关的状态和负脉冲，将测试结果填写在表中。

表 5-6　集成单稳态触发器典型应用测试表

触发输入			触发输出		功能说明
TR_{-A}	TR_{-B}	TR_+	Q	$\overline{Q}$	
ϕ	ϕ	0			
ϕ	0	1			
↓	1	1			

【实验结论】单稳态触发器具有稳态和暂稳态两个不同的工作状态，且在外加触发脉冲作用下，能从稳态转换为暂稳态。

想一想： 若改变外接定时电阻 R_1 或定时电容 C_1 的值，Q 输出端发光二极管 L1 发光时间的长短是否会发生变化？请分析原因。

阅读材料

“中国芯”的腾飞

集成电路产业是关系国民经济和社会发展的基础性、先导性和战略性产业，是信息产业发展的核心和关键。党中央、国务院以及各级政府历来高度重视它的发展。

早在 1956 年，中国就提出“向科学进军”的口号，指出要研究发展半导体科学，把半导体技术列为重点研究领域之一。接着在 1982 年 10 月，国务院为了进一步发展计算机和大规模集成电路，成立了“电子计算机和大规模集成电路领导小组”，制定了中国集成电路产业发展规划，提出“六五”期间要对半导体工业进行技术改造。1986 年中国开始执行第 7 个“五年计划”，提出建设南北两个集成电路基地。1990 年，国家决定实施“908”工程，随后又在 1995 年投入巨资实施“909”工程。

我国集成电路产业的不断发展开始吸引全球半导体产业的目光，2000 年 6 月 24 日国务院 18 号文件《鼓励软件产业和集成电路产业发展的若干政策》公布，自此众多大型集成电路制造企业纷纷在中国落户。“十一五”是我国集成电路产业迅猛发展的阶段，为了不断提高自主创新能力，扩大产业规模，国家在 2008 年初颁布了《集成电路产业“十一五”专项规划》，以进一步完善产业体系。

5.1.3　多谐振荡器

多谐振荡器是一种自激振荡电路，它不需要外加触发信号，在电源接通后就能自动地产生矩形脉冲。由于在矩形脉冲中含有丰富的谐波分量，所以习惯上将矩形脉冲振荡电路称为多谐振荡器。在工作过程中，多谐振荡器仅有两个暂稳态，不存在稳定状态，故又称为无稳态电路或矩形波发生器。

利用集成逻辑门本身的“开关”作用，再加上适当的延时和反馈网络，可以构成多种形式的多谐振荡器电路。在本节中，主要介绍两种多谐振荡器：电容正反馈多谐振荡器、石英晶体振荡器、施密特触发器构成的多谐振荡器。

【电容正反馈多谐振荡器】电容正反馈多谐振荡器的逻辑电路如图 5-17a 所示，它是由两级 TTL 与非门经耦合电容 C 连接起来的正反馈振荡电路。

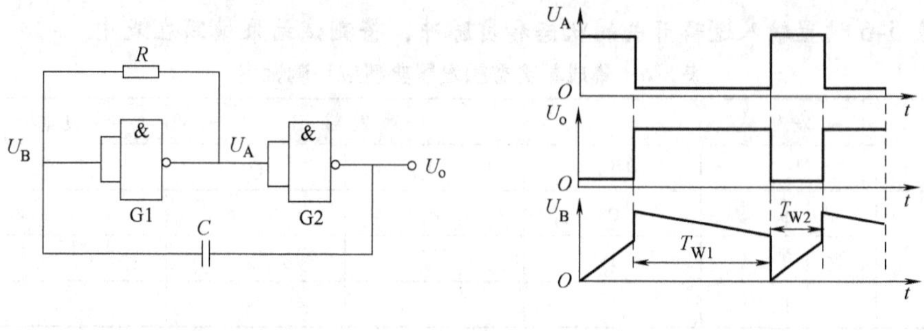

a) 逻辑电路　　b) 波形图

图 5-17　电容正反馈多谐振荡器及其工作波形

电容正反馈多谐振荡器工作波形如图 5-17b 所示，下面讨论其工作过程。

（1）暂稳态 1　设接通电源瞬间 $U_B=0$，则 U_A 为高电平、$U_o=0$。

（2）暂稳态 2　因 U_A 为高电平、$U_o=0$，则 U_A 的高电平通过电阻 R 向 C 充电，U_C 逐渐上升，U_B 也随着上升。当 U_B 上升到与非门 G1 的阈值电压 U_T 时，与非门 G1 翻转，U_A 输出低电平，U_o 输出高电平。

（3）反回暂稳态 1　因 $U_A=0$，电容 C 上的电压随即通过电阻 R 放电，U_C 逐渐下降，U_B 也随着下降。当 U_B 下降到与非门 G1 的阈值电压 U_T 时，与非门 G1 再次翻转，U_A 为高电平，U_o 为低电平，即 $U_o=0$。电路返回暂稳态 1。

由上述分析可知，图 5-17 所示的多谐振荡器振荡周期由 R 和 C 决定，一般可用下式估算：

$$T \approx 2.2RC$$

在工程技术中，可以通过调节电阻 R 的阻值或电容 C 的容量来调节多谐振荡器的频率，一般以电容 C 作为粗调，电阻 R 用电位器细调。

【石英晶体振荡器】前面介绍的多谐振荡器振荡频率容易受环境温度、电源波动等因素的影响而发生偏移，即频率稳定性较差，不能适应对频率稳定性要求较高的场合。

为了获得频率稳定性很高的脉冲信号，目前普遍采用的一种稳频方法是在多谐振荡器中加入石英晶体，构成石英晶体振荡器。石英晶体振荡器基本电路如图 5-18a 所示，图中 XT 为石英晶体，G1、G2 构成多谐振荡器。

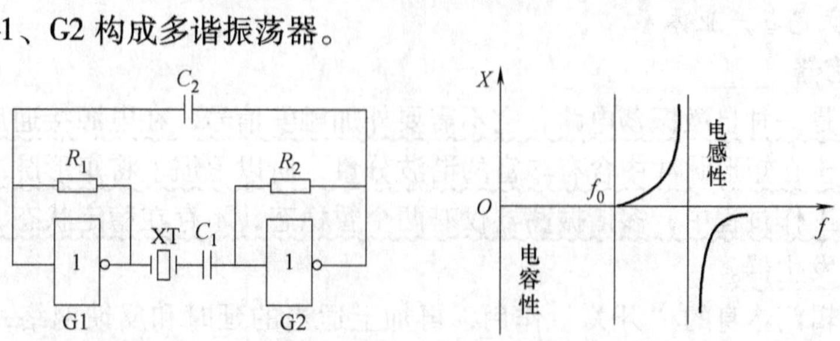

a) 基本电路　　b) 石英晶体电抗频率特性

图 5-18　石英晶体振荡器及石英晶体电抗频率特性

石英晶体具有图 5-18b 所示的电抗频率特性。当外加电压的频率 $f=f_0$ 时，石英晶体的电抗 $X=0$，而在其他频率下的电抗都很大。因此，把石英晶体接入多谐振荡器的正反馈环路时，频率为 f_0 的信号最容易通过，并在电路中形成正反馈；而其他频率信号经过石英晶体时严重衰减。因此，多谐振荡器的振荡频率也必然是 f_0。

由于石英晶体的谐振频率 f_0 仅取决于其外形尺寸和结晶方向，而与 R、C 等参数无关，所以这种电路工作频率的稳定性很高。频率稳定宽度（$\Delta f_0/f_0$）可达 $10^{-10} \sim 10^{-11}$，足以满足大多数数字电路对频率稳定度的要求。具有各种谐振频率的石英晶体已被制成标准化和系列化的产品出售。

【施密特触发器构成的多谐振荡器】利用施密特触发器的滞回特性，可以很方便地实现多谐振荡的逻辑功能。利用施密特触发器构成多谐振荡器的基本电路如图 5-19a 所示。图中外接 R、C 构成积分电路。

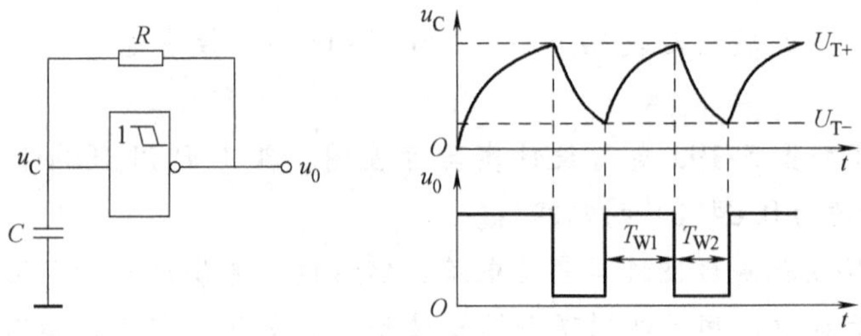

a) 基本电路　　b) 波形图

图 5-19　施密特触发器构成的多谐振荡器

由图 5-19a 可知，在接通电源的瞬间，由于电容上的初始电压为零，施密特触发器输出端 u_0 为高电平，此高电平通过电阻 R 向电容 C 充电，u_C 逐渐升高。当 u_C 上升到大于正向阈值电压 U_{T+} 时，施密特触发器翻转，输出端 u_0 变为低电平，形成图 5-19b 中宽度为 T_{W2} 的低电平脉冲。

由于 u_0 为低电平，电容两端电压通过电阻 R 放电，u_C 逐渐下降。当 u_C 降到低于负向阈值电压 U_{T-} 时，施密特触发器再次翻转，u_0 又变为高电平，形成图 5-19b 中宽度为 T_{W1} 的高电平脉冲。如此周而复始，在 u_0 端输出矩形波。

阅读材料

石英晶体科普知识

石英晶体振荡器（又称晶振）俗称水晶，成分为 SiO_2，它不仅是较好的光学材料，而且是重要的压电材料。石英晶体的原子或分子有规律地排列，反映在宏观上即为石英晶体的外形对称性。在电场的作用下，石英晶体内部可产生应力形变，从而产生机械振动，获得特定频率的信号。

在工程技术中，石英晶体是数字时钟、计算机和微处理器中的重要元件，也是现代电子技术不可或缺的重要因素。常见石英晶体外形如图 5-20 所示。

图 5-20 常见石英晶体外形

课堂实验

利用施密特触发器构成多谐振荡器

【实验材料】集成施密特触发器 HEF40106、74LS14、数字电路实验箱、示波器及相关附件。

【实验原理】参照图 5-19a 自行设计实验原理图。其中 R 用 100kΩ 的电阻箱（或电位器）代替，C 可取约为 0.047μF 的电容器。

【实验内容】按实验原理图连接实验电路，然后按下述步骤进行实验。

1）检查无误后通电，用示波器观测输出波形，测定振荡频率。调节电位器 R，记下在电位器调节范围内可以出现的频率为最大和最小的信号波形，并测量表 5-7 中列出的各个相应参数，填入表中。

2）将电容器 C 容量换为约 0.33μF。重新记下在电位器调节范围内出现的频率为最大和最小的信号波形及相应参数，填入表 5-7 中。

3）将 CMOS 芯片 HEF40106 换成引脚及功能完全相同的 TTL 芯片 74LS14，重新进行步骤 1）、2）。

表 5-7 用施密特触发器构成多谐振荡器

电路器件	HEF40106				74LS14			
C 的容量								
R	最大	最小	最大	组小	最大	最小	最大	组小
R 的阻值								
测量 T								
计算 f								
波形形状								

【实验结论】根据表 5-7 比较用 HEF40106 和 74LS14 芯片构成多谐振荡器的差异。

想一想： 利用集成单稳态触发器 HCF4098 能否构成多谐振荡器？若能试参照本实验步骤测试其主要性能指标。

注意： 本实验电阻器 R 优先选择电阻箱，如用一般电位器，则在使用 TTL 芯片 74LS14 时，应该使电位器的阻值减小到约为 10kΩ。

5.2　555定时器及应用

话题引入

555定时器也称为集成时基芯片，它是一种数字、模拟混合型的中规模集成电路，因为它内部的参考电压标准使用了三个5kΩ的电阻，故取名为555芯片。555定时器使用灵活、方便，只需外接少量的阻容元件即可构成单稳态、施密特触发器和多谐振荡器，因而在自动控制、仪器仪表、家用电器、智能照明和医疗保健等领域得到广泛的应用。

目前生产的555定时器有TTL和CMOS两种类型，两者的结构和工作原理相似，逻辑功能和引脚排列也完全相同，易于互换。通常，TTL型555定时器的输出电流最高可达到200mA，具有很强的驱动能力，其产品型号都以555结尾；而CMOS型555定时器则具有低功耗、高输入阻抗等优点，其产品型号都以7555结尾。另外，还有一种将两个555定时器集成到一个芯片上的双定时器产品556（TTL型）和7556（CMOS型）。常见555集成定时器外形如图5-21所示。

a) TTL型555定时器　b) CMOS型555定时器　c) 双555定时器

图5-21　常见555定时器外形

5.2.1　555定时器基本结构及其功能

555定时器的内部结构如图5-22a所示，它主要由三个阻值为5kΩ电阻组成的分压器、两个高精度电压比较器C_1和C_2、基本RS触发器、反相器以及一个作为放电通路的晶体管VT组成。引脚排列如图5-22b所示。

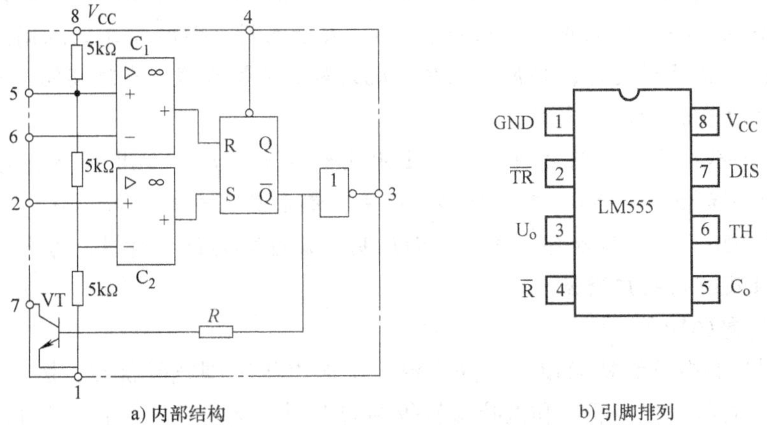

a) 内部结构　b) 引脚排列

图5-22　555定时器内部结构及引脚排列

555 定时器各引脚的功能为：

1 端（GND）：接地端。

2 端（$\overline{TR}$）：低电平触发端，又称为触发输入端。

3 端（U_o）：定时器输出端。

4 端（$\overline{R}$）：复位端。

5 端（C_o）：电压控制端。

6 端（TH）：高电平触发端，又称为阈值输入端。

7 端（DIS）：放电端。

8 端（V_{CC}）：电源端（TTL 型：4.5～16V；CMOS 型：3～18V）。

表 5-8 所示为 555 定时器的逻辑功能表。表中符号“ϕ”表示任意数值。

表 5-8　555 定时器逻辑功能表

$\overline{R}$	TH	$\overline{TR}$	U_o	T 状态
0	ϕ	ϕ	0	导通
1	$>2/3U_{CC}$	$>1/3U_{CC}$	0	导通
1	$<2/3U_{CC}$	$>1/3U_{CC}$	保持	保持
1	$<2/3U_{CC}$	$<1/3U_{CC}$	1	截止
1	$>2/3U_{CC}$	$<1/3U_{CC}$	1	截止

阅读材料

555 定时器的故事

1972 年，美国西格尼蒂克斯公司研制出 Timer NE555 双极型时基电路，设计原意是用来取代体积大、定时精度差的热延迟继电器等机械式延迟器。但该器件投放市场后，人们发现这种电路的应用远远超出原设计的使用范围，用途几乎遍及电子应用的各个领域，需求量极大。美国各大公司相继仿制这种电路。

1974 年西格尼蒂克斯公司又在同一基片上将两个双极型 555 单元集成在一起，取名为 NE556。

1978 年美国英特锡尔公司研制成功 CMOS 型时基电路 ICM55、ICM56。后来又推出将四个时基电路集成在一个芯片上的四时基电路 558。由于采用 CMOS 型工艺且高度集成，时基电路的应用从民用扩展到火箭、导弹、卫星、航天等高科技领域。在这期间，日本、西欧等各大公司和厂家也竞相仿制、生产。

20 世纪 40 年代初期，上海元件五厂、上海无线电十四厂、贵州 4433 厂等相继生产出双极型和 CMOS 型的 555、556。但不管哪个厂家，都在其代表本公司（或厂家）符号后面保留了 555（或 556）这三位数字。这一方面说明了该电路的设计特性，另一方面也说明了它使用的通用性及应用的广泛性。

5.2.2　555 定时器的应用

555 定时器具有电路结构简单、用途广泛、电源电压范围宽等优点，因而在自动控制、仪器仪表、家用电器、智能照明和医疗保健等领域得到广泛应用。本节主要介绍利用 555 定时器构成单稳态触发器、施密特触发器和多谐振荡器的方法。

【555 定时器构成的单稳态触发器】图 5-23 所示为利用 555 定时器构成的单稳态触发器。图中$\overline{R}$接高电平 V_{CC}，以$\overline{TR}$作为触发信号 u_i 的输入端，利用 u_i 的下降沿触发。将放电晶体管 VT 的集电极输出端 DIS 接 V_{CC}，构成反相器，同时 DIS 端通过电容 C 接地。

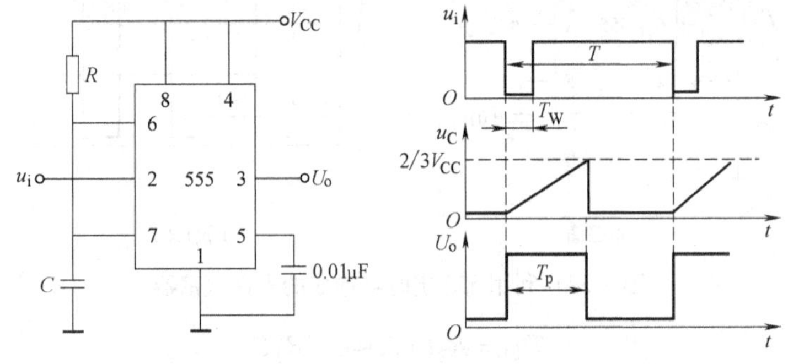

图 5-23　利用 555 定时器构成的单稳态触发器

由图 5-23a 可知，该电路为积分型单稳态触发器，其工作波形如图 5-23b 所示。在接通电源 V_{CC}瞬间，电路有一个稳定的过程，即电源 V_{CC}通过电阻 R 对电容 C 充电，当 u_C 上升至 $2/3V_{CC}$时，比较器 C_1 的输出为 0，将基本 RS 触发器置 0，电路输出 $U_o=0$。同时放电晶体管 VT 导通，电容 C 通过 VT 放电，电路进入稳定状态。

当触发端外接触发脉冲 $u_i<1/3V_{CC}$时，比较器 C_2 的输出为 0，将基本 RS 触发器置 1，输出 U_o 由 0 转换为 1，电路进入暂稳态。此时放电晶体管 VT 截止，V_{CC}再次经电阻 R 对电容 C 充电。

当充电至 $u_C=2/3V_{CC}$时，比较器 C_1 的输出变为 0。若此时输入端外接触发脉冲已消失，u_i 转换为高电平，则基本 RS 触发器置 0，于是输出返回 $U_o=0$ 的状态。同时 VT 又转换为导通状态，电容 C 经 VT 迅速放电。直到 $u_C\approx0$，电路恢复到稳态。

由上述分析可知，电路输出脉冲宽度 T_p等于暂稳态的持续时间，即电容电压在充电过程中从 0 上升到 $2/3V_{CC}$所需要的时间。电路输出脉冲宽度估算公式为

$$T_p\approx1.1RC$$

在工程技术中，电阻 R 取值一般在几百欧至几兆欧之间，电容的取值范围为几百皮法至几百微法，所以 t_p对应范围可在几微秒至几分钟。

【555 定时器构成的多谐振荡器】图 5-24 所示为利用 555 定时器构成的多谐振荡器。图中 R_1、R_2、C 是外接定时元件。电路工作波形如图 5-24b 所示。

由图 5-24a 可知，接通电源 V_{CC}后，电源 V_{CC}经电阻 R_1 和 R_2 对电容 C 充电，当 u_C 上升到 $2/3V_{CC}$时，比较器 C_1 的输出为 0，基本 RS 触发器置 0，即定时器输出 $U_o=0$。同时放电晶体管 VT 导通，电容 C 通过电阻 R_2 和 VT 放电，u_C 下降。当 u_C 下降到 $1/3V_{CC}$时，比较器 C_2 的输出为 0，基本 RS 触发器置 1，U_o 由 0 转换为 1。此时放电晶体管 VT 截止，V_{CC}又经电阻 R_1 和 R_2 对电容 C 充电。重复上述过程，即可在电路输出端 U_o 输出连续的矩形脉冲。

由上述分析可知，当电源接通后，u_C 从 $1/3V_{CC}$充电至 $2/3V_{CC}$所需时间为

$$T_{w2}=(R_1+R_2)C\ln2\approx0.7(R_1+R_2)C$$

电容 C 从 $2/3V_{CC}$放电下降至 $1/3V_{CC}$所需的时间为

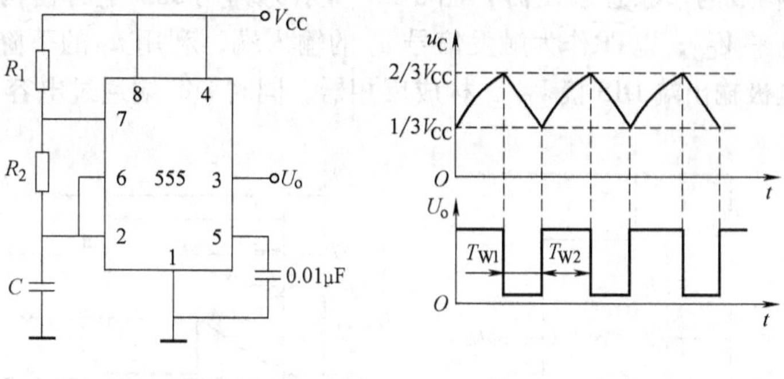

a) 电路图　　b) 波形图

图 5-24　利用 555 定时器构成的多谐振荡器

$$T_{W1}=R_2C\ln2\approx0.7R_2C$$

因此，输出矩形脉冲的频率 f、占空比 q 分别为

$$f=\frac{1}{T_{w1}+T_{w2}}=\frac{1.43}{(R_1+2R_2)C}$$

$$q=\frac{T_{w1}}{T}=\frac{T_{w1}}{T_{w1}+T_{w2}}=\frac{R_1+R_2}{R_1+2R_2}$$

【555 定时器构成施密特触发器】图 5-25 所示为利用 555 定时器构成的施密特触发器。图中电阻 R_1 和 R_2 构成外接分压电路，使 V_A 偏置在 $1/3V_{CC}$至 $2/3V_{CC}$之间。电路工作波形如图 5-25b 所示。

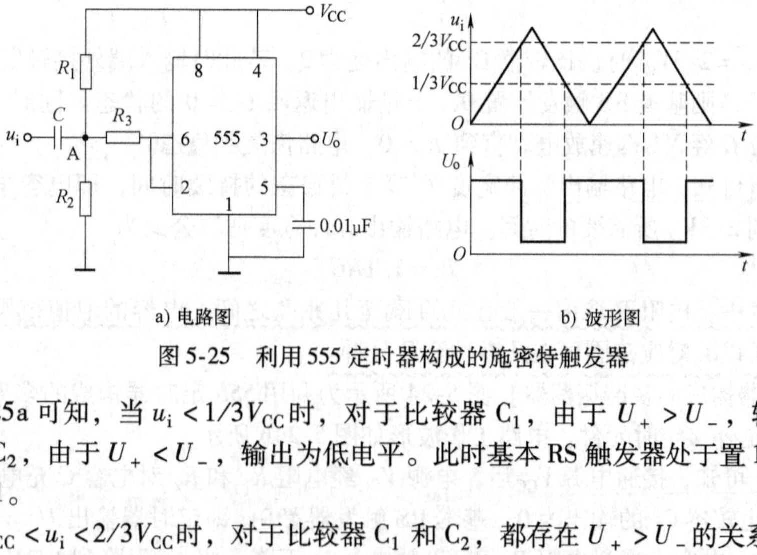

a) 电路图　　b) 波形图

图 5-25　利用 555 定时器构成的施密特触发器

由图 5-25a 可知，当 $u_i<1/3V_{CC}$时，对于比较器 C_1，由于 $U_+>U_-$，输出为高电平；对于比较器 C_2，由于 $U_+<U_-$，输出为低电平。此时基本 RS 触发器处于置 1 状态，即定时器输出 $U_o=1$。

当 $1/3V_{CC}<u_i<2/3V_{CC}$时，对于比较器 C_1 和 C_2，都存在 $U_+>U_-$的关系，所以输出均为高电平，基本 RS 触发器状态保持不变，即定时器输出 U_o 保持原态不变。

当 $u_i\geqslant2/3V_{CC}$时，对于比较器 C_1，由于 $U_+<U_-$，输出低电平；而对于比较器 C_2，由于 $U_+>U_-$，输出高电平。基本 RS 触发器状态发生翻转，即定时器 U_o 由 1 转换为 0。

当 u_i 由最大值逐步下降至 $u_i\leqslant1/3V_{CC}$时，比较器 C_2 输出低电平，基本 RS 触发器状态又发生一次翻转，即定时器 U_o 由 0 转换为 1。

由上述分析可知，定时器输出 U_o 状态转换不仅取决于 u_i 的大小，还取决于 u_i 的变化方向。u_i 由低电平转换为高电平时，定时器在 $u_i=2/3V_{CC}$ 处发生状态转换，反之在 $u_i=1/3V_{CC}$ 处转换。因此该电路具有滞回特性，可实现脉冲整形等功能。

课堂实验

555 定时器逻辑功能研究

【实验材料】555 定时器、数字电路实验箱及相关附件。

【实验原理】图 5-26 所示为 555 定时器逻辑功能验证实验电路。其中电源电压 V_{CC} 取 6～9V，第 7 引脚放电管的导通与否可用发光二极管监测：发光二极管发光则表示放电管导通，而放电管不导通则发光二极管因负极未接地而不会发光。

【实验内容】按图 5-26 所示连接实验电路。然后逐步改变输入电压，在表 5-9、表 5-10 中记录输入电压、输出电压和放电管的状态各数据。

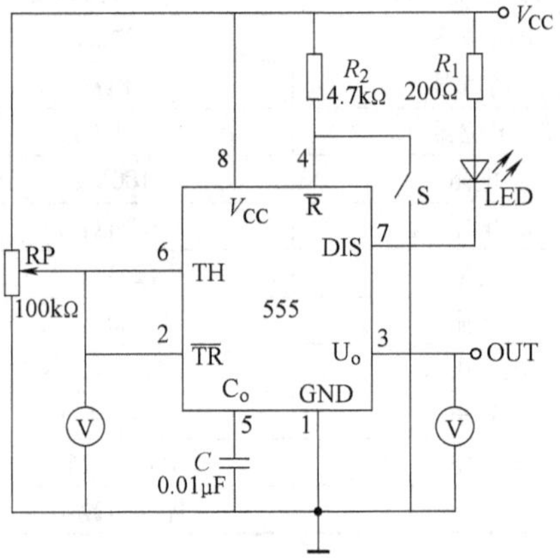

图 5-26　555 定时器逻辑功能实验电路

表 5-9　输入电压上调记录（555 电源电压 =　V）

$U_{入}$/V	0												
$U_{出}$/V													
放电管状态													

表 5-10　输入电压下调记录（555 电源电压 =　V）

$U_{入}$/V													
$U_{出}$/V													
放电管状态													

【实验结论】整理表 5-9、表 5-10 中的数据，并绘出输出电压随着输入电压变化的曲线。

想一想：利用 555 定时器可否构成占空比可调的矩形波发生器？若能试绘出其电路原理图。

注意：根据 555 定时器工作原理，输入电压在等于 1/3 和 2/3 电源电压时输出可能发生转变，因此在实验过程中应注意在 1/3 和 2/3 电源电压附件多取一些测试点。

技能训练　制作声控式防盗报警器

【训练目标】

1）认识555定时器，并能正确选择和使用；

2）掌握用万用表测试、判断555定时器性能好坏的基本方法；

3）熟悉声控式防盗报警器工作原理；

4）会组装、调试声控式防盗报警器。

【训练材料】见表5-11。

表5-11　材料清单表

代　号	名　称	型号规格	数　量
IC	555定时器	NE555或μA555	2
VF	场效应晶体管	3D02或3D04	1
BC	压电陶瓷蜂鸣片	ϕ27mm	1
BL	扬声器	8Ω	1
RP	电位器	4.7MΩ	1
R_1、R_5、R_6	电阻	100kΩ	3
R_2	电阻	56kΩ	1
R_3	电阻	25kΩ	1
R_4	电阻	1MΩ	1
C_1、C_4	电解电容	1μF/16V	2
C_2、C_5	电解电容	10μF/16V	2
C_3	电解电容	100μF/25V	1
其他	印制电路板等		

【相关原理介绍】　图5-27所示为声控式防盗报警器原理图。该电路选用两片（IC1、IC2）同类型的555集成定时器，其中IC1及定时元件R_4、C_3等外围元件构成单稳态触发器，IC2及定时元件R_5、R_6、C_4等外围元件构成多谐振荡器。该报警器属于利用声音信号（脚步声和物体的振动声、撞击声等）作为触发信号的报警器。当监控区域发生异常声响时，能自动发出固定频率的报警声。常用于库房、蔬菜、果园等场所的防盗报警领域。

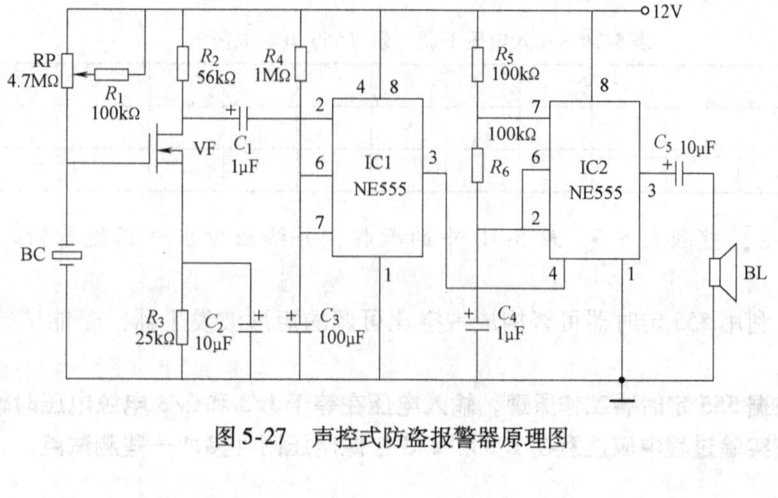

图5-27　声控式防盗报警器原理图

声控式防盗报警器工作原理如下：

电路通电后，BC作为音频传感器来检测各种声音。当未检测到声音信号时，BC无放电现象，VF处于截止状态。IC1第2脚为高电平，单稳态触发器处于稳定状态，IC1第3脚输出低电平，使多谐振荡器不起振，扬声器BL不发声，报警器处于监控状态。

当监控区域出现脚步声、物体的振动声或撞击声时，BC将检测到的声音信号变换为电信号，此信号经VF放大后产生触发信号，使单稳态触发器电路受触发而翻转，由稳态变为暂稳态，IC1第3脚由低电平转换为高电平，多谐振荡器振荡，BL发出固定频率的报警声。同时，定时电容C_3通过IC1第7脚内部放电晶体管快速放电后，又经R_4充电。当C_3充电结束（约2min）后，单稳态触发器电路翻转，恢复为稳定状态，IC1第3脚由高电平变换为低电平，多谐振荡器停振，BL停止发声，报警器恢复监控状态。

【实训方法与步骤】

1）观察NE555、VF和电解电容器$C_1 \sim C_5$外部形状，并区分引脚；

2）用万用表检测元器件质量好坏，并进行整形和搪锡处理；

3）按照图5-27所示声控式防盗报警器原理图，在印制电路板上正确连接电路；

4）调试与检测电路：

① 通电前检查：对照原理图检查电源的连接；**注意电解电容器、场效应晶体管的连接极性，特别要注意集成电路的引脚插接顺序。**

② 通电检测：在监控与报警两种情况下检测NE555的各脚电位，记录在表5-12、表5-13中。特别关注2脚与3脚电位值的变化，并说明其变化规律。

表5-12　NE555集成电路各引脚电压（监控状态）

检测点	1	2	3	4	5	6	7	8
IC1								
IC2								

表5-13　NE555集成电路各引脚电压（报警状态）

检测点	1	2	3	4	5	6	7	8
IC1								
IC2								

想一想：

1）调节电位器RP，可否能改变报警器监控范围，为什么？

2）改变单稳态触发器定时元件R_4或C_3的参数，能否改变延时时间，为什么？

3）改变多谐振荡器定时元件R_5、R_6或C_4的参数，能否改变多谐振荡器输出频率，即改变报警音调与节奏，为什么？

【质量评价】质量考核要求及评分标准见表5-14。

表5-14　质量考核要求及评分标准

班级		姓名		学号		组别		
考核项目	考核要求		配分	评分标准			自评分	互评分
准备工作	15min内完成所有元器件的清点、检测及调换		10	规定时间以外更换元器件，扣5分/项				

（续）

班级		姓名	学号		组别	
考核项目	考核要求	配分	评分标准	自评分	互评分	
组装焊接	元器件按要求整形；正确安装元器件；焊点美观、走线合理、布局美观	20	整形、安装或焊点不规范，扣1分/处；元器件安装错误或损伤元器件，扣2分/处			
通电调试	试通电电路工作正常	15	检修一次后电路才正常，扣2分；检修两次后电路才正常，扣4分			
通电检测	表5-12、表5-13中的数据准确	25	数据不准确，扣1分/处；数据错误，扣2分/处			
调试电路	根据“想一想”内容改变元器件参数，能分析电路现象	10	分析错误，每处扣2分；不分析，每处扣5分			
安全文明操作	严格遵守电业安全操作规程；工作台工具、器件摆放整齐	10	违反安全操作规程，扣1～10分；工具、器件不整齐，扣1～5分			
定额时间	180min	10	提前正确完成每10min加2分；超过定额时间每10min扣2分			
合计		100				
学生交流改进总结						
教师签名：						

注：本表也可用于本章其他实验实训项目。

本章小结

1. 由门电路构成的施密特触发器、单稳态触发器、多谐振荡器和基本RS触发器在结构上极为相似，只是用于反馈的耦合网络不同，因而RS触发器具有两个稳态，单稳态触发器具有一个稳态，多谐振荡器和施密特触发器没有稳态。

2. 在单稳态和无稳态电路中，由暂稳态过渡到另一个状态，其“触发”信号是由电路内部电容充（放）电提供的，无需外加触发脉冲。暂稳态持续的时间是脉冲电路的主要参数，它与电路的阻容元件有关。

3. 多谐振荡器是一种自激振荡电路，不需要外加输入信号，就可以自动地产生出矩形脉冲。单稳态触发器和施密特触发器不能自动地产生矩形脉冲，却可以把其他形式的信号变换为矩形波。这些电路的用途很广。

4. 555集成定时器是一种应用广泛、使用灵活的集成电路器件，多用于脉冲产生、整形及定时等。

第 6 章　数/模和模/数转换

本章导读

知识目标：

① 了解模/数转换器（ADC）和数/模转换器（DAC）的基本概念。

② 了解 ADC 芯片和 DAC 芯片的主要技术指标和选用方法。

③ 了解常用集成模/数转换器和数/模转换器的引脚功能和应用特性。

技能目标：

① 能利用数字电路实验箱验证常用集成模/数转换器和数/模转换器的逻辑功能。

② 会组装与调试音频模/数转换控制器。

③ 会查阅集成模/数转换器和数/模转换器的引脚功能，并能正确选用。

6.1　数/模转换器

话题引入

在电子技术的很多应用场合，往往需要把离散的数字量转换为连续的模拟量，称为“数/模转换”。例如，现在利用普通电视机来播放 VCD、DVD 光碟和数字式照片，就都要用到数/模转换。完成数/模转换功能的电路称为数/模转换器（简称 D/A 转换器），一般简写为 DAC（Analog to Digital Converter）。DAC 的典型应用如图 6-1 所示。

本节主要介绍常用数/模转换技术以及集成 DAC 芯片的主要技术指标和选用方法。初学者学习本课程时，一般应将集成 DAC 的逻辑功能及应用特性作为首要研究对象。

a) 现代家庭影院

b) 数字收音机

图 6-1　DAC 的典型应用

6.1.1　数/模转换的基本概念

数/模转换器的原理框图如图 6-2 所示。其中 D（$D_{n-1}D_{n-2}\cdots D_1D_0$）为输入的 n 位二进

制数，S_A 为输出的模拟信号（可以为模拟电压 U_A 或模拟电流 I_A），U_{REF} 为实现数/模转换所必需的参考电压（也称为基准电压）。

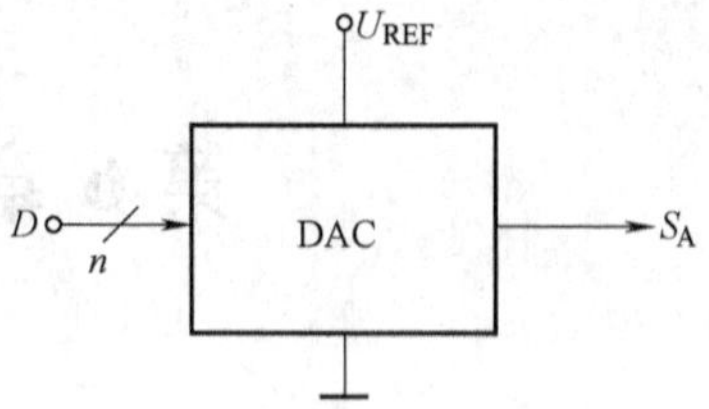

图 6-2　数/模转换器原理框图

D、S_A、U_{REF}之间满足如下比例关系：

$$S_A = KDU_{REF} \tag{6-1}$$

式中，K 为比例系数，不同的 DAC 有各自不同的 K 值；D 为输入的 n 位二进制数所对应的十进制数值。如果假设

$$D = D_{n-1} \times 2^{n-1} + D_{n-2} \times 2^{n-2} + \cdots + D_1 \times 2^1 + D_0 \times 2^0$$

$$= \sum_{i=0}^{n-1} D_i \times 2^i \tag{6-2}$$

则式（6-1）可变为

$$S_A = KU_{REF} \sum_{i=0}^{n-1} D_i \times 2^i \tag{6-3}$$

n 位数/模转换器的结构框图如图 6-3 所示。它主要由输入数码寄存器、数控模拟开关、电阻解码网络、求和电路、逻辑控制电路和基准电压（或恒流源）组成。

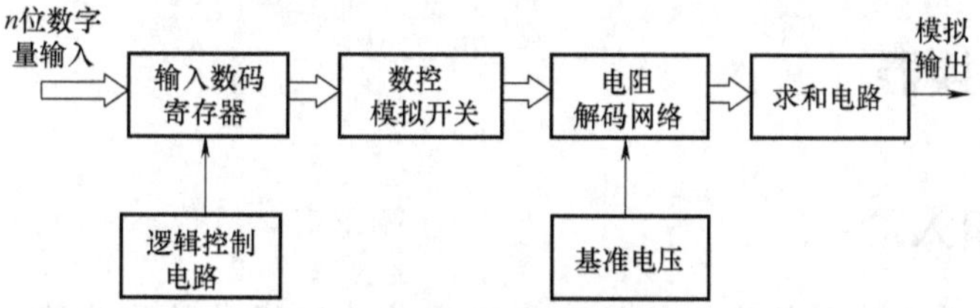

图 6-3　n 位数/模转换器结构框图

实施转换时，输入的数字信号经数码寄存器处理后并行输出，控制对应位的数控模拟开关，使数码为 1 的位在电阻解码网络上产生与其位权成正比的模拟信号，再由运算放大器构成的求和电路对各模拟信号求和，即可得到与输入数字信号成正比的模拟信号。

注意：n 位二进制代码有 2^n 种不同的组合，从而对应有 2^n 个模拟电压（或电流）值，所以严格地讲，DAC 的输出并非真正的模拟信号，而是时间连续、幅度离散的信号。

*6.1.2　常用数模转换技术

实现数模转换的方法有很多种，本书仅介绍比较常用的两种，它们是权电阻网络 DAC、倒 T 型电阻网络 DAC。

【权电阻网络 DAC】4 位权电阻网络 DAC 电路如图 6-4 所示。它由权电阻网络、模拟开关、基准电压 U_{REF} 和求和放大器四部分组成。

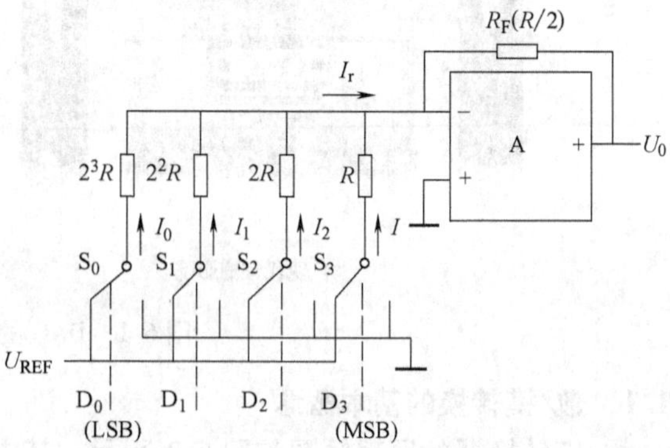

图 6-4　4 位权电阻网络 DAC 电路

（1）权电阻网络　该电阻网络由 4 个电阻构成，它们的阻值分别与输入的 4 位二进制数权值一一对应，并满足如下关系

$$R_i = 2^{n-1-i} \times R \tag{6-4}$$

式中，R_i 表示与二进制数 D_i 位相对应的电阻值，n 表示输入二进制数的位数，2^i 表示二进制数 D_i 位的权值。所以可以看出二进制数的某一位所对应的电阻的大小与该位的权值成反比，这就是权电阻网络名称的由来。例如在图 6-4 中，最低位 D_0 对应的电阻 $R_0 = 2^{4-1-0} \times R = 2^3 R$。

（2）模拟开关　每个电阻都有一个单刀双掷的模拟开关与其串联，4 个模拟开关的状态分别由 4 位二进制数码控制。当 $D_i = 0$ 时，开关 S_i 打到右边，使电阻 R_i 接地；当 $D_i = 1$ 时，开关 S_i 打到左边，使电阻 R_i 接 U_{REF}。

（3）基准电压 U_{REF}　U_{REF} 为实现数模转换所必需的基准电压，由基准电压源提供，其电性能参数直接影响 DAC 转换精度，故在选取基准电压源时必须考虑它的准确度、稳定性等电性能参数。

（4）求和放大器　通常由运算放大器构成，并接成反相放大器的形式。

为了简化分析，在本章中将运算放大器近似看成是理想放大器，即它的开环放大倍数为无穷大，输入电流为 0，输出电阻为 0。

根据分析可知，流入运算放大器 A 的电流 I_Σ 为

$$I_\Sigma = I_0 + I_1 + I_2 + I_3 = \frac{U_{REF}}{2^3 R} D_0 + \frac{U_{REF}}{2^2 R} D_1 + \frac{U_{REF}}{2^1 R} D_2 + \frac{U_{REF}}{2^0 R} D_3$$

$$= \frac{U_{REF}}{2^3 R}(D_0 \times 2^0 + D_1 \times 2^1 + D_2 \times 2^2 + D_3 \times 2^3) \tag{6-5}$$

对于 n 位权电阻网络 DAC，则有

$$I_\Sigma = \frac{U_{REF}}{2^{n-1} R} \sum_{k=0}^{n-1} D_k \times 2^k \tag{6-6}$$

在实际应用中，通常取 $R_F = R/2$，则对应的运算放大器输出电压为

$$U_0 = -I_\Sigma R_F = -\frac{U_{REF}}{2^n} \sum_{k=0}^{n-1} D_k \times 2^k \tag{6-7}$$

由式（6-6）和式（6-7）可以看出，权电阻网络 DAC 电路的输出电压和输入数字量之间的关系与式（6-3）的描述完全一致。这里的比例系数 $K = -1/2^n$，“ – ”表示输出电压与基准电压的极性相反。

权电阻网络 DAC 电路的优点是结构简单，所用的电阻元件数很少；缺点是权电阻的取值范围太大，这个问题在输入数字量的位数较多时尤其突出。例如当输入数字量的位数为 12 位时，最大电阻与最小电阻之间的比例达到 2048:1，要在如此大的范围内保证电阻的精度，对于集成 DAC 的制造是十分困难的。

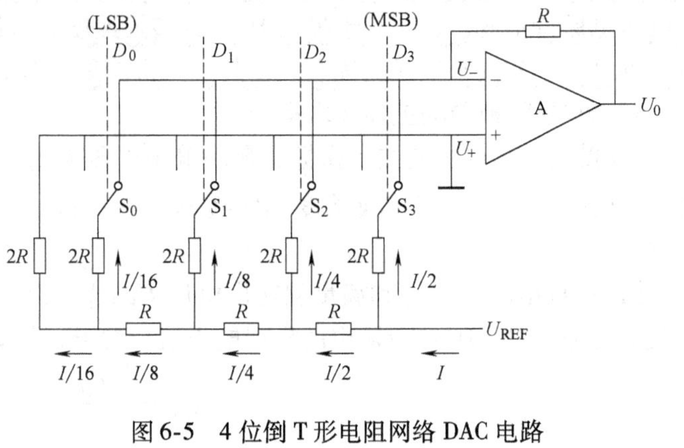

图 6-5　4 位倒 T 形电阻网络 DAC 电路

【倒 T 形电阻网络 DAC】4 位倒 T 形电阻网络 DAC 电路如图 6-5 所示，它克服了权电阻网络 DAC 电路的缺点，无论 DAC 有

多少位，电阻网络中只有 R 和 $2R$ 两种电阻，但电阻的个数却比相同位数的权电阻网络 DAC 增加了一倍。

倒 T 形电阻网络 DAC 电路也由四部分构成，它们是：位权网络、模拟开关、基准电压 U_{REF}和求和放大器。

图 6-5 中的位权网络是 R-$2R$ 倒 T 形电阻网络。它由若干个相同的 R、$2R$ 网络节组成，每节对应一个输入位，且节与节之间串接成倒 T 形网络。当输入的数字信号 $D_0 \sim D_3$ 的任何一位为 1 时，对应的电子模拟开关便将电阻 $2R$ 接到运算放大器 A 的输入端，当任何一位为 0 时，则对应的开关将电阻 $2R$ 接地。例如当输入数字信号 $D_0D_1D_2D_3=1001$ 时，电子模拟开关 S_0、S_3 将相应 $2R$ 电阻接到运算放大器输入端，而 S_1、S_2 将相应 $2R$ 电阻接地。

根据运算放大器的“虚地”概念可知，求和放大器反相输入端的电位始终接近于零。故不论输入数字信号为何值，对于 R-$2R$ 电阻网络来说，各 $2R$ 电阻的上端都相当于接地，因此各网络节对地电阻都为 $2R$。网络中的电流分配如图 6-4 中的标注所示，即由基准电压源 U_{REF}流出的总电流 I，每经过一个 $2R$ 电阻就被分流一半，这样流过 4 个 $2R$ 电阻的电流分别是 $I/2$、$I/4$、$I/8$、$I/16$。

根据叠加定理，对于输入的任意数字信号，流入运算放大器的电流 I_{Σ}应为

$$I_{\Sigma}=\frac{I}{2}D_3+\frac{I}{4}D_2+\frac{I}{8}D_1+\frac{I}{16}D_0$$

$$=\frac{U_{REF}}{2R}D_3+\frac{U_{REF}}{4R}D_2+\frac{U_{REF}}{8R}D_1+\frac{U_{REF}}{16R}D_0$$

$$=\frac{U_{REF}}{2^4R}(D_3\times2^3+D_2\times2^2+D_1\times2^1+D_0\times2^0) \tag{6-8}$$

将式（6-8）推广到 n 位，则有

$$I_{\Sigma}=\frac{U_{REF}}{2^nR}\sum_{k=0}^{n-1}D_k\times2^k \tag{6-9}$$

通常取 $R_F=R$，n 位倒 T 形电阻网络 DAC 相应的输出电压为

$$U_0=-I_{\Sigma}R=-\frac{U_{REF}}{2^n}\sum_{k=0}^{n-1}D_k\times2^k \tag{6-10}$$

与权电阻网络 DAC 电路相比，倒 T 形电阻网络 DAC 电路的突出优点在于：无论输入信号如何变化，流过基准电压源、模拟开关以及各电阻支路的电流均保持恒定，电路中各节点的电压也保持不变，这有利于提高 DAC 的转换速度。再加上倒 T 形电阻网络 DAC 电路的只有两种电阻值和便于集成的优点，使其成为目前集成 DAC 中应用最广泛的转换电路。

6.1.3　数/模转换器的主要技术指标

数/模转换器的主要技术指标有最小输出电压 U_{LSB}、满量程输出电压 U_{FSR}、转换精度、转换速度等。通常利用转换精度和转换速度来衡量集成 DAC 性能的优劣。下面分别予以介绍。

【最小输出电压 U_{LSB}和满量程输出电压 U_{FSR}】最小输出电压 U_{LSB}是指输入数字信号只有最低位为 1 时，DAC 所输出的模拟电压值。对于 n 位 DAC 电路，最小输出电压 U_{LSB}为

$$U_{LSB}=\frac{|U_{REF}|}{2^n}$$

满量程输出电压 U_{FSR} 是指输入数字信号全为 1 时，DAC 所输出的模拟电压值，也称为最大输出电压。对于 n 位 DAC 电路，满量程输出电压 U_{FSR} 为

$$U_{FSR}=\frac{2^n-1}{2^n}|U_{REF}|$$

对于输出模拟信号为电流的 DAC，则有 I_{LSB} 和 I_{FSR} 两个概念，其含义与 U_{LSB} 和 U_{FSR} 相对应。为了描述方便，通常将 U_{LSB} 和 I_{LSB} 简称为 LSB，U_{FSR} 和 I_{FSR} 简称为 FSR。

【转换精度】数/模转换器的转换精度是指实际输出电压与理论输出电压之间的误差，通常用分辨率和转换误差两个重要参数进行描述。

（1）分辨率　数/模转换器的分辨率是指当输入数字量发生单位数码变化时，即 LSB 位产生一次变化时，所对应输出模拟量（电压或电流）的变化量。一般用 DAC 能分辨出来的最小输出电压 U_{LSB} 与最大输出电压 U_{FSR} 之比定义分辨率。即

$$分辨率=\frac{U_{LSB}}{U_{FSR}}=\frac{k}{k(2^n-1)}=\frac{1}{2^n-1}$$

显然，DAC 的位数 n 越大，分辨率越高。因此在集成 DAC 产品的参数中，有时直接将 2^n 或 n 作为 DAC 的分辨率。例如 8 位 DAC 的分辨率可以用 2^8 或 8 位进行描述。然而，由于 DAC 电路的各个环节在参数和性能上与理论值之间不可避免存在差异，所以 DAC 的转换精度实际上由转换误差决定。

（2）转换误差　转换误差也称线性误差，是用来描述 DAC 输出模拟信号理论值与实际值之间最大偏差的综合性指标。常用最大偏差与 FSR（DAC 满量程输出值）之比的百分数或若干个 LSB 表示。一般要求转换误差小于 1/2LSB。如 8 位 DAC，其转换误差应小于 0.2%；12 位 DAC 应小于 0.1%。

【转换速度】通常用建立时间 t_{set} 定量描述 DAC 的转换速度。建立时间 t_{set} 是指从数字量输入到建立稳定的输出信号的这段时间，也称为稳定时间。根据建立时间 t_{set} 的长短，DAC 分成以下几档：

超高速	<100ns
高速	100ns ~ 10μs
中速	10μs ~ 100μs
低速	>100μs

【环境及工作条件影响指标】一般情况下，影响 DAC 转换精度的主要环境和工作条件因素是温度和电源电压变化。

DAC 的工作温度按产品等级分为军级、工业级和普通级，标准军级产品可工作于 −55 ~ 125℃，工业级工作温度为 −25 ~ 85℃，而普通级工作温度为 0 ~ 70℃。多数器件指标均为 25℃ 的环境温度下测得。环境温度对各项精度指标的影响用其温度系数进行描述，例如失调温度系数、增益温度系数、微分非线性误差的温度系数等。

DAC 受电源变化影响的指标为电源变化抑制比（PSRR），它用电源变化 1V 时所对应的输出误差相对满量程的比值来描述，以 ppm/V 表示。（注：ppm 表示百万分之一）

表 6-1 列出了常用数/模转换器器件主要性能指标，供参考。

表 6-1 常用数/模转换器器件主要性能指标

型号	分辨率	转换速度	μP 接口	价格	特　点
AD561	10 位	超高	兼容	低	内带参考电压
AD565	12 位	超高	兼容	较高	单片结构,内带参考电压
AD567	12 位	超高	兼容	较高	单片结构
DAC0800	8 位	高	兼容	低	无数据锁存
DAC0808	8 位	高	兼容	低	无数据锁存
DAC0830	8 位	高	兼容	低	带数据锁存
DAC0832	8 位	高	兼容	低	带数据锁存
AD7522	10 位	高	兼容	低	带数据锁存
AD7524	8 位	高	兼容	较高	功耗小

阅读材料

数/模转换器的选用原则

目前，国内外市场上的集成 DAC 产品有几百种之多，性能各不相同，在进行数字电路工程设计时，只要按照一定的选取原则选择 DAC，即可以满足不同应用场合的要求。在选择 DAC 时，主要从以下几个方面考虑：

【转换精度】转换精度是衡量 DAC 性能优劣的主要参数之一，如前所述，应该从 DAC 的位数和转换误差两个方面综合考虑。

【转换速度】按照转换速度的大小，DAC 可以分成超高速、高速、中速、低速四类。选择时应综合考虑系统要求。

【输入数字信号的特征】输入数字信号的特征是指数字信号的编码方式（自然二进制码、补码、BCD 码等），输入方式（串行输入或并行输入）以及逻辑电平的类型（TTL 电平、CMOS 或 ECL 电平等）。

【输出模拟信号的特征】输出模拟信号的特征是指模拟信号的输出类型（电压输出或电流输出）以及输出模拟信号的范围。

【工作环境要求】这里主要指 DAC 的工作电压、基准电源、工作温度、功耗、封装以及可靠性能等参数，需与应用系统相适应。

6.1.4 集成 DAC 芯片简介

随着集成芯片制造技术的不断发展，DAC 集成芯片在集成度上除了增加位数外，还不断将 DAC 的外围元器件集成到芯片内部，从而提高了 DAC 芯片的性能，丰富了芯片的品种，并且方便了应用。本书以应用广泛的 DAC0832、AD7524 为例，介绍数/模转换器芯片的逻辑功能及应用特性。

【集成 DAC 芯片 DAC0832】DAC0832 是由美国国家半导体公司（National Semiconductor Corporation）研制、采用倒 T 形电阻网络数模转换技术的 8 位集成 DAC 芯片，同类型芯片还有 DAC0830 和 DAC0831，可以相互代换。DAC0832 外形、引脚排列如图 6-6 所示。

DAC0832 芯片各引脚的功能为：

1）$\overline{CS}$：片选控制端，当$\overline{CS}$为低电平时，芯片被选中工作；当$\overline{CS}$为高电平时，芯片不被选中工作。

2）V_{CC}：电输入端，可在 5 ~ 15V 范围内进行调节。

3）AGND：模拟信号接地端。

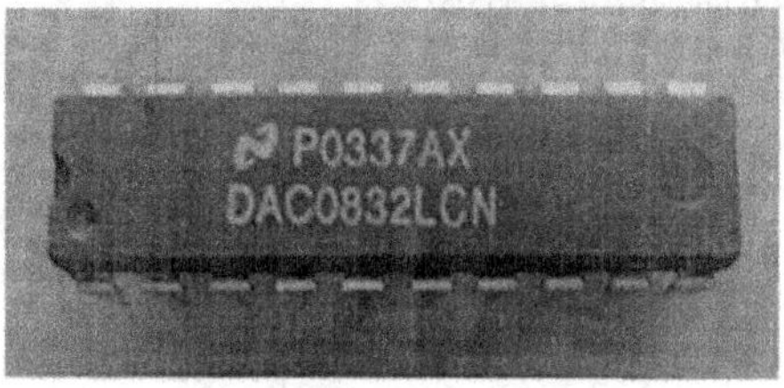

a) 外形

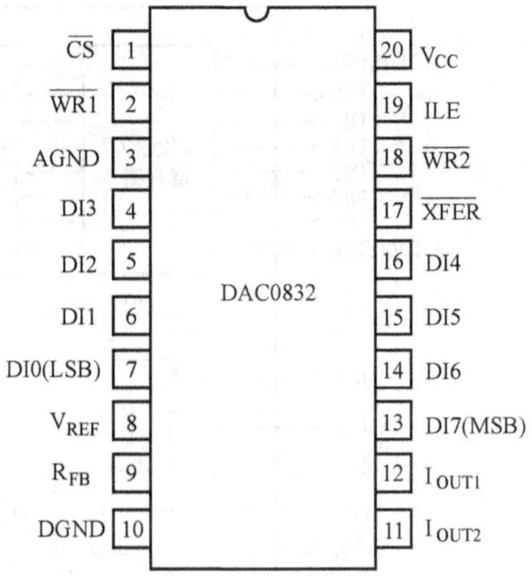

b) 引脚排列

图 6-6　DAC0832 外形、引脚排列

4）DGND：数字信号接地端。

5）DI0 ~ DI7：数字量输入端，DI0 为低位，DI7 为高位。

6）ILE：允许数字量输入端，当 ILE 为高电平时，8 位输入寄存器允许数字量输入。

7）$\overline{WR1}$：输入寄存器写控制信号输入端，低电平有效，当$\overline{WR1}$为低电平时，将外部数据由 DI0 ~ DI7 引脚输入内部输入寄存器中。

8）$\overline{WR2}$：DAC 寄存器写控制信号输入端，低电平有效，当$\overline{WR2}$为低电平时，将输入寄存器锁存的数据输入到 DAC 寄存器中。

9）$\overline{XFER}$：DAC 寄存器允许数据传送控制信号输入端，低电平有效，当$\overline{XFER}$为低电平时，允许将输入寄存器锁存的数据输入到 DAC 寄存器中。

10）V_{REF}：基准电压输入端，为 D/A 转换时提供稳定的基准电压，以便产生 D/A 转换时所需的基准电流 I_{REF}。

11）I_{OUT1}：DAC 输出电流 1，一般接运算放大器的反相输入端。

12）I_{OUT2}：DAC 输出电流 2，一般接运算放大器的同相输入端即模拟地。

13）R_{FB}：内部反馈电阻引出端，在构成电压输出 DAC 时该引脚应接运算放大器输出端。

图 6-7 所示为 DAC0832 内部结构图。

由图 6-7 可知，DAC0832 内部有两个寄存器和一个 D/A 转换器。其中数字信号输入端 DI0 ~ DI7 接到输入寄存器，输入寄存器由引脚 ILE、$\overline{CS}$和$\overline{WR1}$共同控制，输入寄存器的输出端接到第二个寄存器——DAC 寄存器，DAC 寄存器由引脚$\overline{WR2}$和$\overline{XFER}$控制，输出送到 D/A 转换器，经数模转换后的结果送到 I_{OUT1} 和 I_{OUT2}，作为 DAC 电流输出。

DAC0832 内部两个寄存器可以有多种接法，表 6-2 给出了几种基本接法。

采用直通的接法可以使 DI0 ~ DI7 输入的数字信号立刻在 DAC 的输出端 I_{OUT} 上得到反映，整个芯片可以认为是透明的。

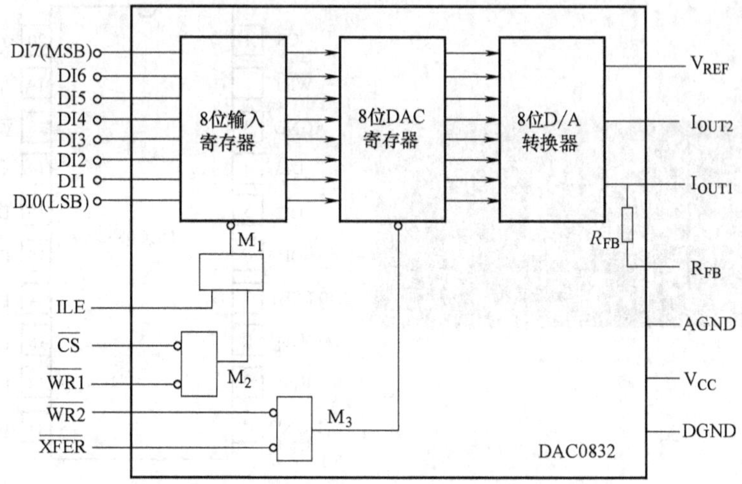

图 6-7　DAC0832 内部结构图

表 6-2　DAC0832 内部寄存器的几种不同接法

接　法	输入寄存器			DAC 寄存器	
	ILE	$\overline{CS}$	$\overline{WR1}$	$\overline{WR2}$	$\overline{XFER}$
直通	V_{CC}	0	0	0	0
一级选通	V_{CC}	0	低选通	0	0
一级选通	V_{CC}	0	0	低选通	0
二级选通	V_{CC}	0	第 1 级选通	第 2 级选通	0

一级选通的接法用得最多，一般采用$\overline{WR1}$或$\overline{WR2}$进行控制。当$\overline{WR}$引脚为高电平时，输入端的数字信号不能送到内部的 D/A 转换器，只有在$\overline{WR}$引脚变为低电平后，输入端的数字信号才能送到内部 D/A 转换器去进行转换，一旦$\overline{WR}$引脚跳变为高电平，则输入端信号又被阻止，此时，寄存器中锁存的是$\overline{WR}$引脚上升沿瞬间的信号，因此在一级选通的情况下，由 I_{OUT}输出的模拟量对应选通控制信号上跳沿时刻的输入量。

二级选通的接法往往用在多个设备需要同步的情况，这时先用第 1 级选通将输入的数据锁存到输入寄存器中，然后关闭输入寄存器。这时输入信号不会再影响到输入寄存器的锁存结果，但由于此时 DAC 寄存器还未选通，输入寄存器的数据并不能传到内部 D/A 转换器。只有当外界需要同步而发出第 2 级寄存器的选通脉冲时，DAC 寄存器才会将刚才输入寄存器锁存的数据传到内部 D/A 转换器，并将转换结果在 I_{OUT}输出。

值得注意的是，DAC0832 芯片为电流输出型 D/A 转换器，要获得模拟电压输出时，需要外加转换电路。图 6-8 所示为利用两级运算放大器组成的模拟电压输出电路。从 a 点输出的为单极性模拟电压，从 b 点输出的为双极性模拟电压。如果参考电压为 5V，则 a 点输出电压为 0 ~ -5V，b 点输出为 ±5V

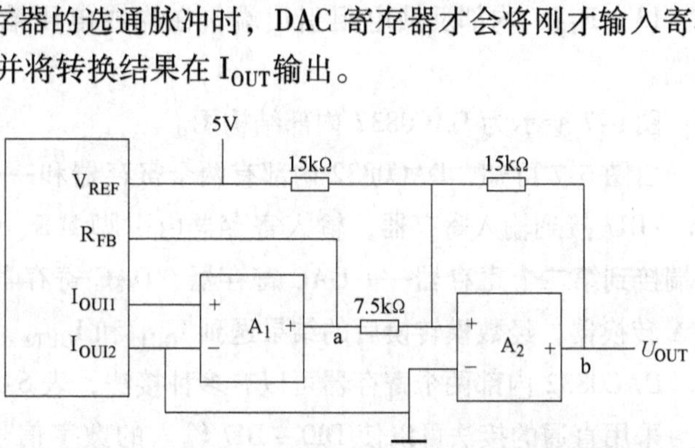

图 6-8　搭建在 DAC0832 芯片上的模拟电压输出电路

电压。

【集成 DAC 芯片 AD7524】AD7524 是采用倒 T 形电阻网络数/模转换技术的 8 位并行 D/A转换器，具有功耗低、转换误差小等特点。AD7524 外形、引脚排列如图 6-9 所示。

a) 外形

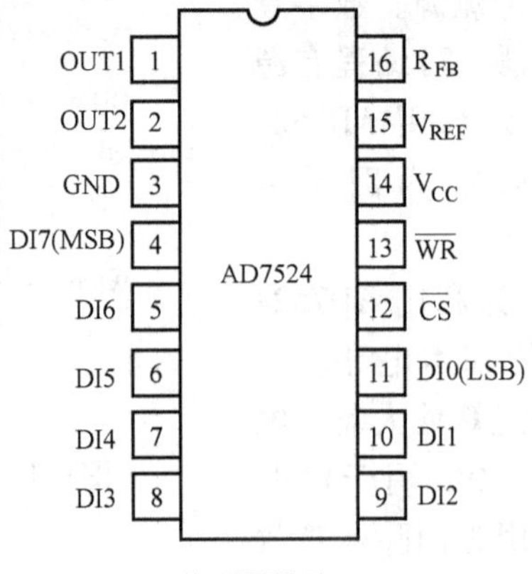

b) 引脚排列

图 6-9　AD7524 外形、引脚排列

AD7524 芯片各引脚的功能为：

1）$\overline{CS}$：片选控制端，当$\overline{CS}$为低电平时，芯片被选中工作；当$\overline{CS}$为高电平时，芯片不被选中工作。

2）$\overline{WR}$：数据锁存器写控制信号输入端，低电平有效，当$\overline{WR}$为低电平时，将外部数据由 DI0 ~ DI7 引脚输入内部数据锁存器中。

3）V_{CC}：电源输入端。

4）GND：接地端。

5）DI0 ~ DI7：数字量输入端，DI0 为低位，DI7 为高位。

6）V_{REF}：基准电压输入端，为 D/A 转换时提供稳定的基准电压，以便产生 D/A 转换时所需的基准电流 I_{REF}。

7）R_{FB}：内部反馈电阻引出端，在构成电压输出 DAC 时该引脚应接运算放大器输出端。

8）OUT1、OUT2：模拟信号输出端。通常 OUT1 外接运算放大器的反相输入端，OUT2 接地。

图 6-10 所示为 AD7524 内部结构图。

由图 6-10 可知，AD7524 由 R-2R 倒 T 形电阻网络、CMOS 电子开关和数据锁存器组成。其中数字信号输入端 DI0 ~ DI7 接到数据锁存器，数据锁存器由$\overline{CS}$和$\overline{WR}$共同控制，数据锁存器的输出端接到 R-2R 倒 T 形电阻网络，经数/模转换后由 OUT1、OUT2 端输出对应模拟信号。

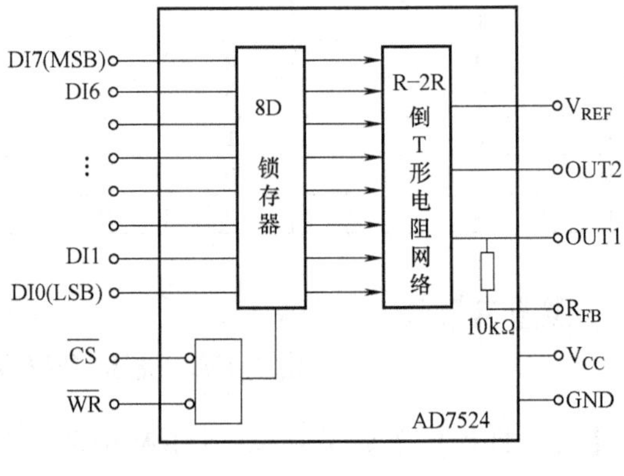

图 6-10　AD7524 内部结构图

在工程技术中，AD7524 芯片的应用很广泛，除了用于数/模转换领域外，还可以用它构成 DAC 数字电压或电流源、数字衰减器、频率合成器、可编程有源滤波器等。下面以利用 AD7524 芯片实现数模转换为例予以介绍。

图 6-11 所示为利用 AD7524 实现数/模转换的基本电路。图中外接 μA741 为运算放大器；电位器 RP1、RP2、RP3 用于电路校准，电容 C 作用为消除运算放大器的自激，其值一般取 10 ~ 15pF。

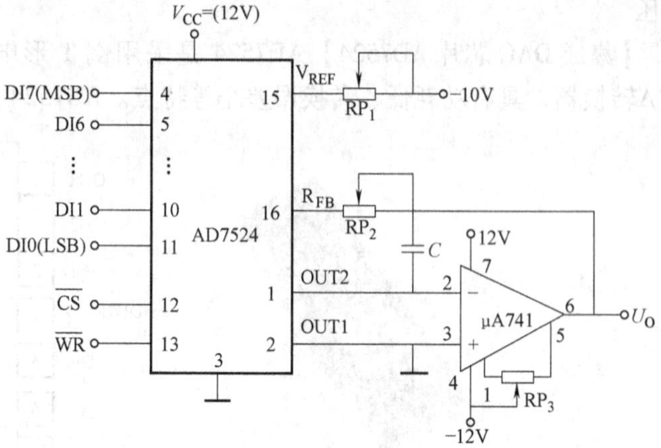

图 6-11　利用 AD7524 实现数/模转换的基本电路

由 6-11 可知，当控制信号 $\overline{CS}=\overline{WR}=0$ 时，输入的 8 位数字信号写入数据锁存器。当输入数字信号 DI0 ~ DI7 = 00000000 时，输出的电压模拟信号 $U_{o(min)}=0$，若不为 0，可调节调零电位器 RP_3，使输出为 0，这一调节过程称为零点校准。

当输入数字信号 DI0 ~ DI7 = 11111111 时，输出电压应为

$$U_{o(max)} = -\frac{V_{REF}}{2^n}(2^n-1) = \frac{10V}{256}\times 255 = 9.96V$$

若实测值不为 9.96V 时，可调节 RP1，使输出为 9.96V。这一调节过程称为增益校准。

根据上述分析可知，由 AD7524 芯片构成的 8 位 DAC 电路的输出电压范围为 0 ~ $\pm 255/256V_{REF}$，可输出 $2^n=256$ 级电压值，且相邻电压的差值为

$$1LSB = 10/256\times 1V = 39.1mV$$

式中，LSB 表示 DAC 的最小输出电压。

表 6-3 给出了 AD7524 芯片输入部分 8 位数字信号与对应输出模拟电压对照表。

表 6-3　AD7524 芯片输入部分 8 位数字信号与对应输出模拟电压对照表

输入数字量								输出模拟量
DI7	DI6	DI5	DI4	DI3	DI2	DI1	DI0	U_o
1	1	1	1	1	1	1	1	$\pm U_{REF}\times 255/256$
1	0	0	0	0	0	0	1	$\pm U_{REF}\times 129/256$
1	0	0	0	0	0	0	0	$\pm U_{REF}\times 128/256$
0	1	1	1	1	1	1	1	$\pm U_{REF}\times 127/256$
0	0	0	0	0	0	0	1	$\pm U_{REF}\times 1/256$
0	0	0	0	0	0	0	0	0

课堂实验

集成 DAC 芯片 DAC0832 的逻辑功能验证

【实验材料】集成 DAC 芯片 DAC0832、运算放大器 μA741、数字电路实验箱及相关附件。

【实验原理】利用数字电路实验箱测试集成DAC芯片DAC0832逻辑功能的基本实验接线图可参照图6-6、图6-8自行设计。其中外接电阻器可将引脚焊接好后通过导线连接到数字电路实验箱。

【实验内容】按所设计实验电路连接线路。然后按下述步骤进行实验。

1）将DAC0832接成直通方式，即$\overline{CS}$、$\overline{WR1}$、$\overline{WR2}$、$\overline{XFER}$接地，ILE、V_{CC}、V_{REF}接5V电源；并按图6-8所示将输出接成双极性输出，其中运算放大器电源接±15V；DI0～DI7接逻辑开关的输出插口，输出端U_{OUT}接直流数字电压表。

2）双极性输出调零，令DI0～DI7全置零，调节运算放大器的调零电位器，使输出电压为零。

3）按表6-4所列的输入数字信号，用电压表测量运放的输出电压U_{OUT}，将测量结果填入表6-4，并与理论值进行比较。

4）保持DAC0832的直通方式，双极性输出不变，将V_{REF}改接－5V电源，重复步骤2）、3），并填写表6-4。

表6-4　DAC0832的基本实验

输入数字量								双极性输出	
DI7	DI6	DI5	DI4	DI3	DI2	DI1	DI0	$V_{REF}=5V$	$V_{REF}=-5V$
0	0	0	0	0	0	0	0		
0	0	0	0	0	0	0	1		
0	0	0	0	0	0	1	0		
0	0	0	0	0	1	0	0		
0	0	0	0	1	0	0	0		
0	0	0	1	0	0	0	0		
0	0	1	0	0	0	0	0		
0	1	0	0	0	0	0	0		
1	0	0	0	0	0	0	0		
1	1	1	1	1	1	1	1		

【实验结论】利用集成DAC芯片DAC0832组合的数/模转换器可将输入端输入的数字量转换为对应模拟量，且转换成的模拟量极性与数值均与基准电压V_{REF}有关。

想一想：

1）为什么实验前要进行双极性输出调零？

2）怎样进行DAC0832选通方式验证？

6.2　模/数转换器

话题引入

“尺有所短，寸有所长”，世界万物总是难于十全十美。通过前面的学习，我们知道数字电路具有抗干扰能力强、性能稳定、实现电路简单等诸多优越的特性，但由于将自然界各物理量转换成电信号的传感器（如传声器）输出的信号为模拟信号，因此，数字电路急需实现模拟信号和数字信号转换的“翻译”器件。信号输入端的模/数转换器应运而生。

在工程技术中，这种将模拟量转换成数字量的过程称为模/数转换。完成模/数转换功能的电路称为模/数转换器（简称 A/D 转换器），一般简写为 ADC（Analog to Digital Converter）。本节主要介绍常用模/数转换技术以及集成 ADC 和 ADC 芯片的主要技术指标和选择方法，并以具体实例说明 ADC 在不同领域中的应用。A/D 转换器的典型应用如图 6-12 所示。

a) 数码摄像机

b) 智能温控器

图 6-12　A/D 转换器的典型应用

6.2.1　模/数转换的基本概念

模/数转换用来将模拟信号转化为数字信号，由于模拟信号在时间上是连续的，所以一般的模/数转换过程为：取样、保持、量化和编码，如图 6-13 所示。

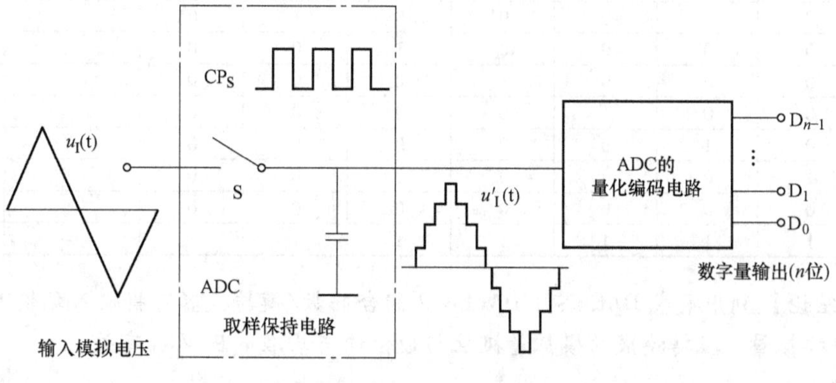

图 6-13　模/数转换过程

【取样与保持】在时间上以相同时间间隔（Δt）为单位对模拟信号进行幅度提取，这一步骤称为取样。将提取点的幅度值取出并保留下来，以便于后面步骤的信号处理，称为保持。图 6-13 中，输入模拟电压 u_I（t）经取样保持处理后的波形为 u_I'（t）。

在工程技术中，取样/保持电路大多数集成在 ADC 芯片内部，保持电容可根据情况外接。一般情况下，取样频率越高，所需电容容量越小。通常电容容量取值范围为几百皮法至 0.01μF。

【量化与编码】模拟信号经取样/保持电路而形成的取样值，在数值上仍属于模拟信号范畴，需通过量化处理，才能转换为时间上和数值上都为离散的数字信号。

将取出的幅度值以某一个小的度量单位 Δu（即一位数字信号所代表的模拟电压幅度）进行幅度度量，即测量有多少个度量单位，这一步骤称为量化。

将量化出的结果转换为相应的数字代码，这一步骤称为编码。对于单极性模拟信号，一般采用自然二进制进行编码；对于双极性模拟信号，则通常采用二进制补码进行编码。经过编码后得到的代码就是 ADC 输出的数字信号。

*6.2.2 常用模/数转换技术

实现模/数转换的方法有很多种，本书仅介绍比较常用的两种，它们是：逐次逼近型、双积分型。

【逐次逼近型 ADC】逐次逼近型属于反馈比较型，基本结构如图 6-14 所示。它主要由电压比较器、逻辑控制器、n 位逐次逼近寄存器和 n 位 DAC 四部分构成。

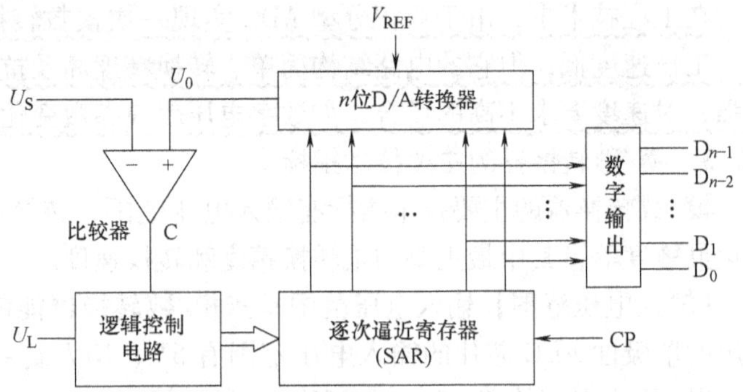

图 6-14 逐次逼近型 ADC 电路基本结构

逐次逼近型 ADC 的主要思想是：将一个待转换的模拟输入信号与一个“推测”信号进行比较，调节“推测”信号的增减，逐步使“推测”信号向输入信号逼近。当“推测”信号“等于”输入信号时，即得到一个模/数转换的输入数字信号。

具体的做法是从最高位开始逐位地试探。转换开始前（$U_L=0$）先将寄存器清零。转换时，在时钟脉冲 CP 作用下，先将最高位置“1”，经 DAC 输出 U_0 值与输入模拟值 U_S 比较，如果 $U_0>U_S$，该位记1；若 $U_0<U_S$，该位记0。然后，再将寄存器的次高位置“1”，它和上次所得的结果一起送到 DAC，转换后得到 U_0 值继续与 U_S 比较，由 $U_0>U_S$ 或 $U_0<U_S$ 来判断该位的值上1还是0，如此重复，直至最低位完成同一过程。这时寄存器中的 n 位数字信号即为输入模拟电压所对应的数字信号。

逐次逼近型 ADC 每次转换都要逐位比较，所以属于中速 ADC 器件。但具有电路简单、转换精度高、成本较低等优点。因此，逐次逼近型 ADC 性能价格比较高，是常用的一种模/数转换方式。

【双积分型 ADC】双积分型 ADC 是一种间接型 ADC。它的基本原理是将输入模拟信号转换成与之成正比的时间变量 T，然后在时间 T 内对固定频率的时钟脉冲计数，计数的结果就是正比于输入模拟信号的数字信号，从而实现模拟信号到数字信号的转换。双积分型 ADC 基本结构如图 6-15 所示。

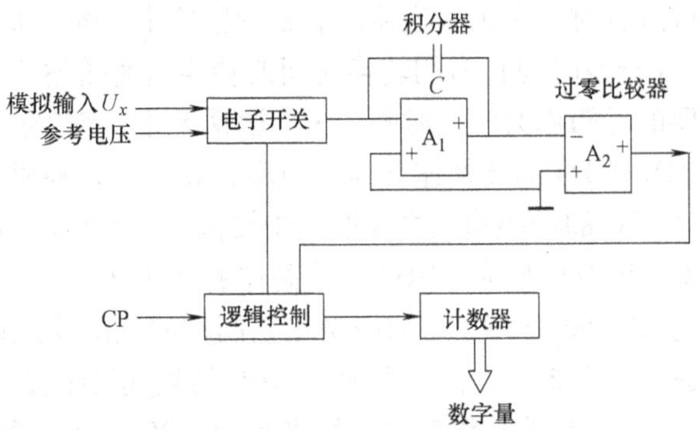

图 6-15 双积分型 ADC 基本结构

双积分型 ADC 的基本工作原理是：首先将模拟输入电压 U_x 取样输入到积分器，积分器从零开始进行固定时间 T 的正向积分。时间到 T 后，电子开关自动切换将与 U_x 极性相反的参考电压输入到积分器进行反相积分，到输出 0V 为止。由于反相积分时的斜率是固定的，U_x 越大，积分器的输出电压也越大，反相积分回到起始值的时间也越长。这样，只要用高频时钟 CP 来计数反相积分花费的时间加上 U_x 的固定积分时间 T，再求平均值，即可得到相应的模拟输入电压 U_x 的数字量。

在工程技术中，由于双积分型 ADC 实现一次模数转换要进行两次积分，所以转换时间长、工作速度低，但它的电路结构简单、转换精度高及抗干扰能力强，适用于要求抗干扰能力强、对速度要求不高的场合，如数字电压表或参数变化缓慢的控制系统。

6.2.3　模/数转换器的主要技术指标

模/数转换器的主要技术指标有输入电压范围、转换精度、转换时间、温度系数、电源变化灵敏度等，其中最主要的是转换精度和转换速度。

【输入电压范围】输入电压范围是指模/数转换器能够转换的输入模拟电压范围。其中常用的单极性 ADC 芯片的输入电压范围有 5V、10V 或 -5V、-10V 等；常用双极性 ADC 芯片以 0V 为中心的有 ±2.5、±5V、±10V 等。

【转换精度】模/数转换器的转换精度也采用分辨率和转换误差进行描述。

（1）分辨率　ADC 分辨率又称为分解度，它指的是 ADC 对输入模拟信号的分辨能力，通常以输出数字信号或十进制数字的位数表示分辨率的高低。从理论上讲，n 位二进制数字输出的 ADC 应能区分输入模拟信号的 2^n 个不同等级大小，能区分输入电压的最小差异为 $\frac{1}{2^n}$ FSR。例如集成 ADC 芯片 AD574A 的分辨率为 12 位，即该转换器的输出数据可以用 2^{12} 个二进制数进行量化，其分辨率为 1LSB。如果用百分数来表示分辨率，其分辨率为

$$1/2^n \times 100\% = 1/2^{12} \times 100\% = 1/4096 \times 100\% = 0.0244\%$$

BCD 码输出的 ADC 一般用位数表示分辨率，例如双积分式集成 ADC 芯片 5G14433 的分辨率为 3（1/2）。满度字位为 1999，用百分数表示其分辨率时，分辨率为（1/1999）×100% = 0.05%。

（2）转换误差　转换误差通常以输出误差最大值的形式给出，它表示实际输出的数字信号和理论数字信号之间的差别，一般以最低有效位的倍数给出。例如给出转换误差≤±1/2LSB，表示实际输出的数字信号和理论数字信号之间的误差小于最低有效位的半个字。转换误差有时也用满量程输出的百分数给出，如 ±0.05FSR。

【转换时间】常用转换时间或转换速度描述 ADC 电路转换速度。完成一次模/数转换所需要的时间称为转换时间。大多数情况下，转换速度是转换时间的倒数。例如集成 ADC 芯片 TDC1007J 的转换速度为 30MHz，相应的转换时间为 33.3ns。

ADC 的转换速度主要取决于转换电路类型。目前，转换时间最短的 ADC 为并行比较型 ADC，用双极型或 CMOS 工艺制作的高速全并行式 ADC 的转换时间为 20～50ns，即转换速度达 20～50MSPS。用双极型工艺制作的逐次逼近型 ADC 的转换时间也达到了 0.4μs，即转换速率为 2.5MSPS。双积分型 ADC 转换速度最慢，约为数十毫秒。

【温度系数】温度系数用来表示 ADC 受环境温度影响的程度。一般用每变化 1℃ 所产生的相对误差作为指标，以 ppm/℃ 为单位表示。

【电源变化灵敏度】电源变化灵敏度是 ADC 芯片的电源电压发生变化时，相对模拟输入量产生的转换误差。一般要求电源电压 3% 的变化所造成的转换误差，不应超过 ±1/2LSB。

表 6-5 列出了常用模/数转换器的主要性能指标，供参考。

表 6-5　常用数/模转换器的主要性能指标

型号	分辨率	转换速度	μP 接口	价格	特　点
AD570	8 位	中	兼容	低	单通道,单极、双极性输入
AD571	10 位	中	兼容	低	单通道,单极、双极性输入
ADC678	12 位	中	有	较高	带 S/H
ADC0801	8 位	中	兼容	低	单通道,带锁存器
ADC0804	8 位	中	兼容	低	双通道,要时钟源,差动输入
ADC0809	8 位	中	有	较高	8 通道,带锁存器
ADC0816	16 位	高	兼容	高	16 通道,功耗低,精度高
ADC1140	16 位	中	兼容	较高	精度高,模块式
ICL7109	12 位	中	兼容	低	精度高,低噪声

阅读材料

模/数转换器的选用原则

目前，国内外市场上的集成 ADC 芯片产品种类繁多，且性能各不相同，在进行数字电路工程设计时，只要按照一定的选取原则选择 ADC 芯片，即可以满足不同要求的应用场合。在选择 ADC 芯片时，主要从以下几个方面考虑：

1）根据前向通道的总误差，选择 ADC 转换精度及分辨率。

用户提出的数据采集精度要求是综合精度要求，它包括了传感器精度、信号调节电路精度和 ADC 转换精度。在实际应用时，应将综合精度在各个环节上进行分配，以确定对 ADC 的精度要求，据此确定 ADC 的位数。

2）根据信号对象的变化率及转换精度要求，确定 ADC 转换速度。

对于快速信号要估计孔径误差以确定是否需要加采样/保持电路。因为对快速信号进行采集时，为了保证有小的孔径误差常常要求有很高的转换速度，这大大加高了 ADC 的成本，而且有时找不到高速的 ADC 芯片，故对快速信号必须考虑采样/保持电路。

3）输入模拟信号的特征　主要包括输入模拟信号范围、输入方式（单端输入或差分输入）、输入极性（单极性或双极性）、输入通道（单通道或多通道）和模拟信号的最高有效频率等。

4）输出数字信号的特征主要包括编码方式（自然二进制码、补码、偏移二进制码、BCD 码等）、输出方式（串行输出、并行输出、三态输出、缓冲输出、锁存输出）以及逻辑电平的类型（TTL 电平、CMOS 电平和 DCL 电平等）。

5）根据环境条件选择 ADC 芯片的一些环境参数要求，如工作温度、功耗、可靠性等级等性能指标。

6.2.4　集成 ADC 芯片简介

目前常用的集成 ADC 芯片有很多种，为更好地理解模/数转换器的应用，这里以集成 ADC 芯片 ADC0809、ADC0804 为例，介绍模/数转换器的逻辑功能及应用特性。

【集成 ADC 芯片 ADC0809】ADC0809 是由美国国家半导体公司（NSC）生产的 8 位逐次逼近型模/数转换器，芯片内采用 CMOS 工艺。该芯片具有与微处理器兼容的控制逻辑，可以直接与 Z80、8051、8085 等微处理器接口相连，故在单片机等系统中得到广泛应用。ADC0809 外形、引脚排列如图 6-16 所示。

a) 外形

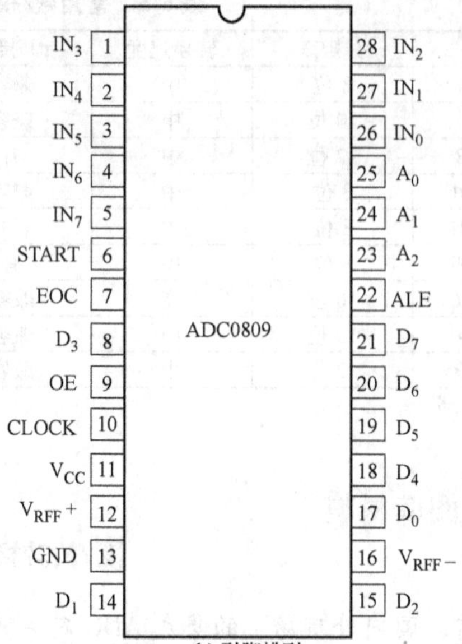

b) 引脚排列

图 6-16　ADC0809 外形、引脚排列

ADC0809 芯片各引脚的功能为：

1）$IN_0 \sim IN_7$：8 路模拟信号输入端。

2）A_0、A_1、A_2：3 位地址输入端，用于控制 8 路模拟信号输入通道。

3）ALE：地址锁存允许输入端，高电平有效。

4）START：启动脉冲输入端，此信号的上升沿使内部寄存器清零，下降沿使 ADC 开始转换。

5）EOC：转换结束信号输出端，它在 A/D 转换开始时由高电平变为低电平，转换结束时由低电平变为高电平，此信号的上升沿表示 A/D 转换完毕，常用作计算机中断申请信号。

6）OE：输出允许信号端，高电平有效，用来打开三态输出锁存器，将数据送到数据总线。

7）$D_7 \sim D_0$；8 位数据输出端。

8）CLOCK：时钟输入端，时钟的频率决定 A/D 转化的速度，CLOCK 的频率范围为 10kHz ~ 1.2MHz。

9）V_{REF+}、V_{REF-}：基准电压输入端。

10）V_{CC}：电源端。

11）GND：接地端。

图 6-17 所示为 ADC0809 内部结构图。8 路模拟输入信号选择哪一路进行转换，由地址锁存与译码器进行控制，3 位地址端共有 8 种状态，可以选中 8 个通道之一。各通道对应的地址码见表 6-6。

开始转换时，经启动脉冲启动后，逐次逼近寄存器清零，在时钟脉冲 CLOCK 的作用下，对由地址码选中的模拟信号进行模/数转换。当转换结束时，发出转换结束信号，并将逐次逼近寄存器的数码送到三态输出锁存器。当输出允许信号 OE 有效时，打开三态输出锁存器，将转换好的数码输出到外部的数据总线上，供数字系统进行处理。

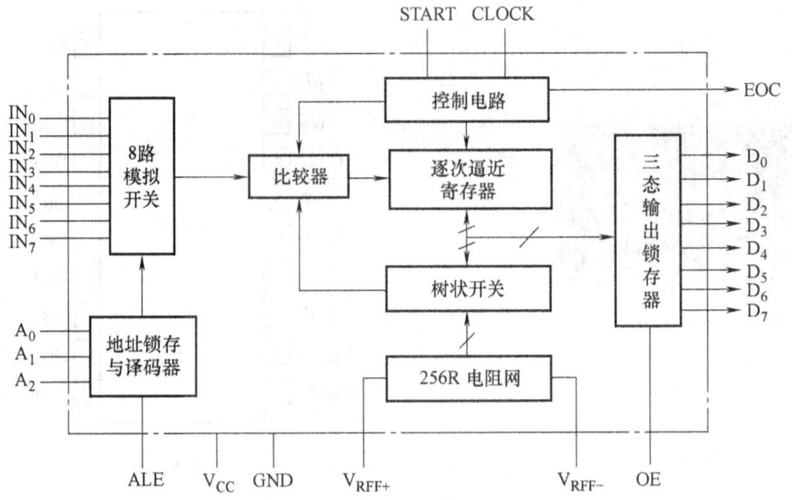

图 6-17　ADC0809 内部结构图

表 6-6　各通道对应的地址码

地址码			模拟通道
A_2	A_1	A_0	
0	0	0	IN_0
0	0	1	IN_1
0	1	0	IN_2
0	1	1	IN_3
1	0	0	IN_4
1	0	1	IN_5
1	1	0	IN_6
1	1	1	IN_7

在工程技术中，ADC0809 芯片模拟量有单极性输入和双极性输入两种方式。单极性模拟电压的输入范围为 0～5V，双极性模拟电压的输入范围为 −5～5V。

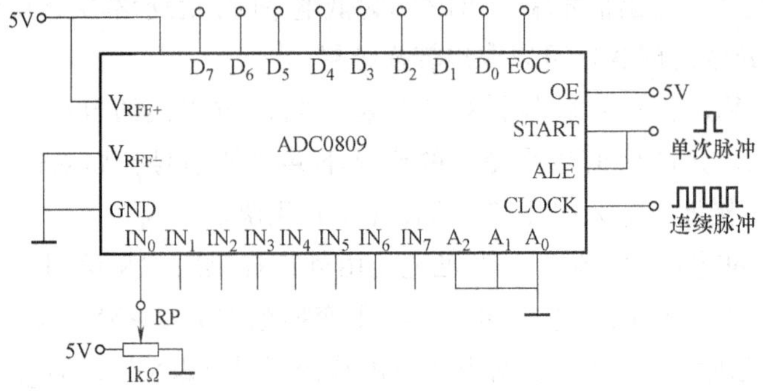

图 6-18　ADC0809 的应用电路

ADC0809 的应用电路如图 6-18 所示。若地址码 $A_2A_1A_0=000$，则选中 IN_0 模拟通道。调节电位器 RP，输入模拟电压。在启动脉冲输入端 START 输入脉冲信号后开始转换，输出相应数字量 $D_7 \sim D_0$。

【集成 ADC 芯片 ADC0804】集成 ADC 芯片 ADC0804 在工作原理上也属于逐次逼近型，

a) 外形

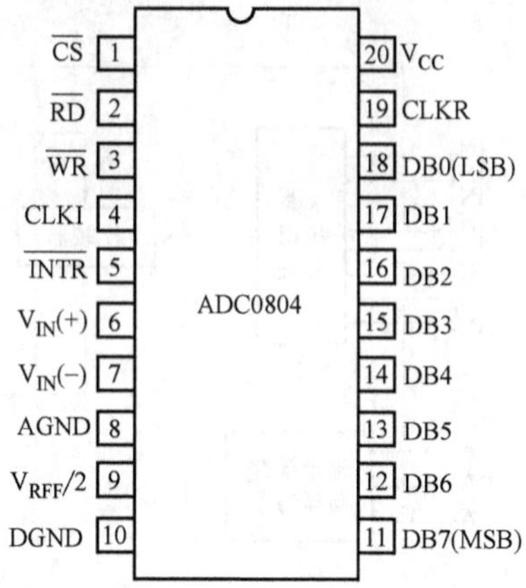

b) 引脚排列

图 6-19　ADC0804 外形、引脚排列

其外形、引脚排列如图 6-19 所示，单电源供电（5V），CMOS 工艺制造，输出电平与 TTL、CMOS 器件兼容，且可直接驱动数据总线。

ADC0804 芯片各引脚的功能为：

1）$\overline{CS}$：片选控制端，当$\overline{CS}$接低电平时，芯片正常工作。

2）$\overline{RD}$：读信号控制端，当$\overline{RD}$接低电平时，从 DB7 ~ DB0 读取 A/D 转换后的结果。

3）$\overline{WR}$：启动脉冲输入端，当$\overline{WR}$接低电平时，启动 ADC 开始转换。

4）CLKI、CLKR：CLKI 为外时钟脉冲输入端，CLKR 为外接电阻（电容）引脚，因该芯片内部有时钟电路，所以只要在 CLKI 和 CLKR 之间外接一个电阻和电容即可产生 A/D 转换所要求的时钟脉冲，其振荡频率为 $f_{CLK} = 1/(1.1RC)$，典型参数为：$R = 10k\Omega$、$C = 150pF$。如果采用外部时钟频率，则 f_{CLK} 可由外部 CLKI 引脚输入，此时不接 R、C，允许频率范围为 100 ~ 1460kHz。

5）$\overline{INTR}$：转换结束输出信号端，当$\overline{INTR}$为低电平时，表示本次转换已经完成，一般用于通知其他设备（如微处理器）可以取出转换结果。

6）V_{IN}（+）、V_{IN}（−）：转换模拟信号输入端，被转换的电压信号从 V_{IN}（+）和 V_{IN}（−）引脚输入，允许该信号是差动的或是不共地的信号，如果输入电压为正极性信号，则 V_{IN}（−）应接地，输入电压接在 V_{IN}（+）引脚。

7）$V_{REF}/2$：基准电压输入端，当基准电压由外部提供时，从该引脚直接输入，电压值的大小为输入电压变化范围的一半。如输入电压变换范围为 0 ~ 3V，则 $V_{REF}/2$ 应选 1.5V；如果输入电压变换范围为 0 ~ 5V，参考电压可由片内提供（2.5V），$V_{REF}/2$ 引脚悬空即可。

8）DB7 ~ DB0：8 位数据输出端。

9）V_{CC}：电源端。

10）DGND：数字信号接地端。

11）AGND：模拟信号接地端。

图 6-20 所示为 ADC0804 内部结构图。

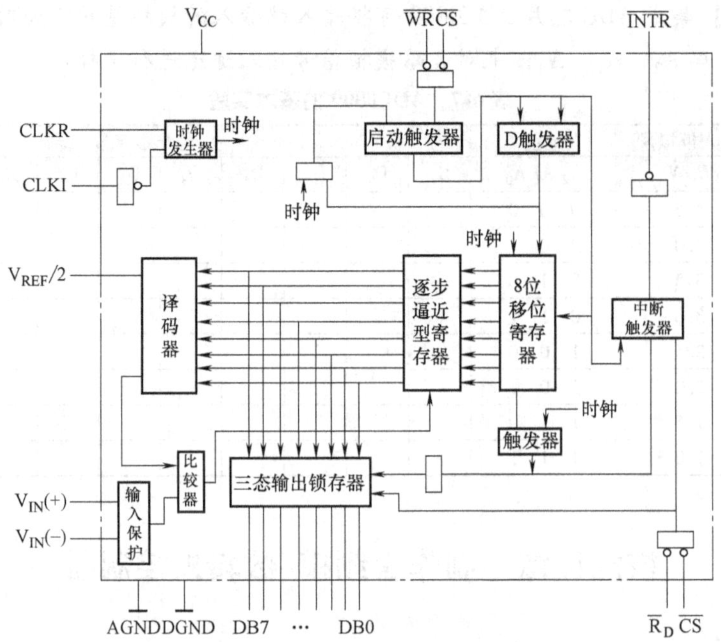

图 6-20 ADC0804 内部结构图

课堂实验

集成 ADC 芯片 DAC0809 逻辑功能验证

【实验材料】集成 ADC 芯片 DAC0809、数字电路实验箱及相关附件。

【实验原理】图 6-21 所示为 DAC0809 逻辑功能验证基本实验电路。其中 8 路输入模拟信号 1～4.5V，由 5V 电源经电阻 R 分压组成；地址端 A_2、A_1、A_0 接逻辑电平开关，CP 时钟脉冲由计数脉冲源提供，取 $f=100\text{kHz}$；变换结果 D_7～D_0 接逻辑电平显示器输入插口。启动端 START 接单次脉冲源。

【实验内容】参照图 6-21 连接实验电路。然后按下述步骤进行实验。

1）接通电源后，在启动端（START）加一正单次脉冲，下降沿一到即开始 A/D 转换。

2）按表 6-7 的要求观察，记录 IN_0～IN_7 8 路模拟信号的转换结果，并将转换结果换算成十进制数表示的电压值，再与电压表实测的各路输入电压值进行比较，分析误差原因。

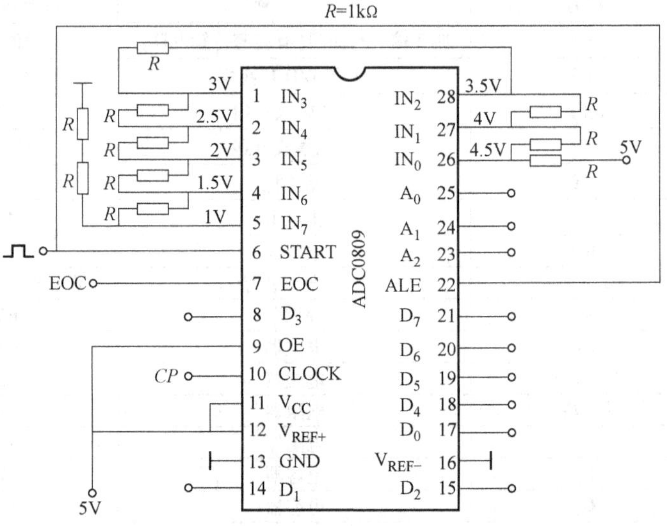

图 6-21 DAC0809 逻辑功能验证基本实验电路

【实验结论】集成 ADC 芯片 ADC0809 可将输入端输入的模拟量转换为对应数字量输出，且通过地址输入端 A_2、A_1、A_0，来对 8 路模拟信号输入通道进行选择。

表 6-7　ADC0809 的基本实验

被选模拟通道	输入模拟量	地址	输出数字量								
IN	U_i/V	A_2 A_1 A_0	D_7	D_6	D_5	D_4	D_3	D_2	D_1	D_0	十进制
IN_0	4.5	0 0 0									
IN_1	4.0	0 0 1									
IN_2	3.5	0 1 0									
IN_3	3.0	0 1 1									
IN_4	2.5	1 0 0									
IN_5	2.0	1 0 1									
IN_6	1.5	1 1 0									
IN_7	1.0	1 1 1									

技能训练　制作音频模/数转换控制器

【训练目标】

1）熟悉音频数/模转换控制器工作原理；

2）会组装、调试音频数/模转换控制器。

【训练材料】见表 6-8。

【相关原理介绍】　图 6-22 所示为音频模/数转换控制器原理图。该电路使用了集成模/数转换器 ADC0804、音乐集成电路 HFC1500、四 2 输入与非门（有施密特触发器）MC14060、四 2 输入与门 74LS08、8 位拨码开关 SW-DIP8、发光二极管等电子元器件。工作过程如下：

表 6-8　材料清单表

代号	名　称	型号规格	数量
IC1	四 2 输入与非门(有施密特触发器)	MC14060	1
IC2	集成 A/D 转换器	ADC0804	1
IC3A	四 2 输入与门	74LS08	1
IC7	音乐集成电路	HFC1500	1
VT	晶体管	9013	1
PR_1	排电阻	470Ω	1
RP	电位器	10kΩ	1
VL_1 ~ VL_8	发光二极管	圆形红色发光二极管	8
X_1	晶振	6MHz	1
R_1	电阻器	100kΩ	1
R_2、R_3、R_5	电阻器	10kΩ	3
R_4、R_7	电阻器	1kΩ	1
R_6	电阻器	220Ω	1
C_1	电容器	150pF	1
C_3	电容器	0.1μF	1
SP_1	8 位拨码开关	SW-DIP8	1
其他	印制电路板等		

电路通电后，音乐集成电路 HFC1500 输出的模拟音频信号加至集成模/数转换器 ADC0804 模拟信号输入端 V_{IN}（+）。经模/数转换后，对应数字信号由数据输出端 DB7 ~ DB0 输出，经排电阻 RP_1 限流后驱动发光二极管 VL_1 ~ VL_8，指示模/数转换完成后对应的数字信号。输入模拟音频信号由拨动开关 S_2 进行选择，当打到上端时，输入信号接电位器的中间抽头，调节电位器可以实现输入电压在 0 ~ 5V 之间变化；当 S_2 打到下端时，输入信号为音乐集成电路 HFC1500 输出经 VT 放大的模拟音乐信号。

IC3A、SP_1、IC1 组成转换脉冲振荡和手动转换信号形成电路，为 A/D 转换提供启动脉冲。当 8 位拨码开关 SP_1 的不同开关闭合时，利用 IC1（MC14060）自动为 A/D 转换提供转换所需的启动脉冲。当 SP_1 全部断开时，按动一次按键 S_1 即可产生一个启动信号。$\overline{INTR}$ 为转换结束输出信号，和 $\overline{RD}$ 读信号一起控制引脚连接，可以在每次转换完成后自动将转换结果由 DB7 ~ DB0 输出。

【实训方法与步骤】

1）查阅集成电路手册，了解 HFC1500、MC14060、74LS08、SW-DIP8 芯片引脚排列及引脚功能，并区分引脚。

2）用万用表检测元器件质量好坏，并进行整形和搪锡处理。

3）按照图 6-22 所示原理图，在印制电路板上正确连接电路。

4）调试与检测电路。

1）通电前检查：对照原理图检查电源的连接，注意集成电路的引脚插接顺序。

2）通电检测：在以上的调试全部正常后，拨码开关 SP_1 全部断开，将拨动开关 S2 拨到上端，A/D 转换处于手工启动状态，按动一次按键 S_1 产生一个启动信号，发光二极管的亮灭代表了转换后的数字信号，调整 RP，结合万用表将输入电压数值调到表 6-9 所示数值，并将对应数字信号填入表 6-9。将拨码开关 SP_1 中的一个闭合，此时 A/D 转换的启动脉冲由 IC1 产生，拨动开关 S_2 拨到上端，平滑调节 RP，可以从发光二极管的亮灭指示当前输入信号的大小。

表 6-9　不同输入模拟电压 A/D 转换结果表

输入模拟电压/V	数字信号输出							
	VL_8	VL_7	VL_6	VL_5	VL_4	VL_3	VL_2	VL_1
0								
0.5								
1								
1.5								
2								
2.5								
3								
3.5								
4								
4.5								
5								

想一想： 在图 6-22 基础上，可否利用集成数/模转换器 DAC0832 实现数/模转换？若能试绘出其原理图，并进行安装与调试。

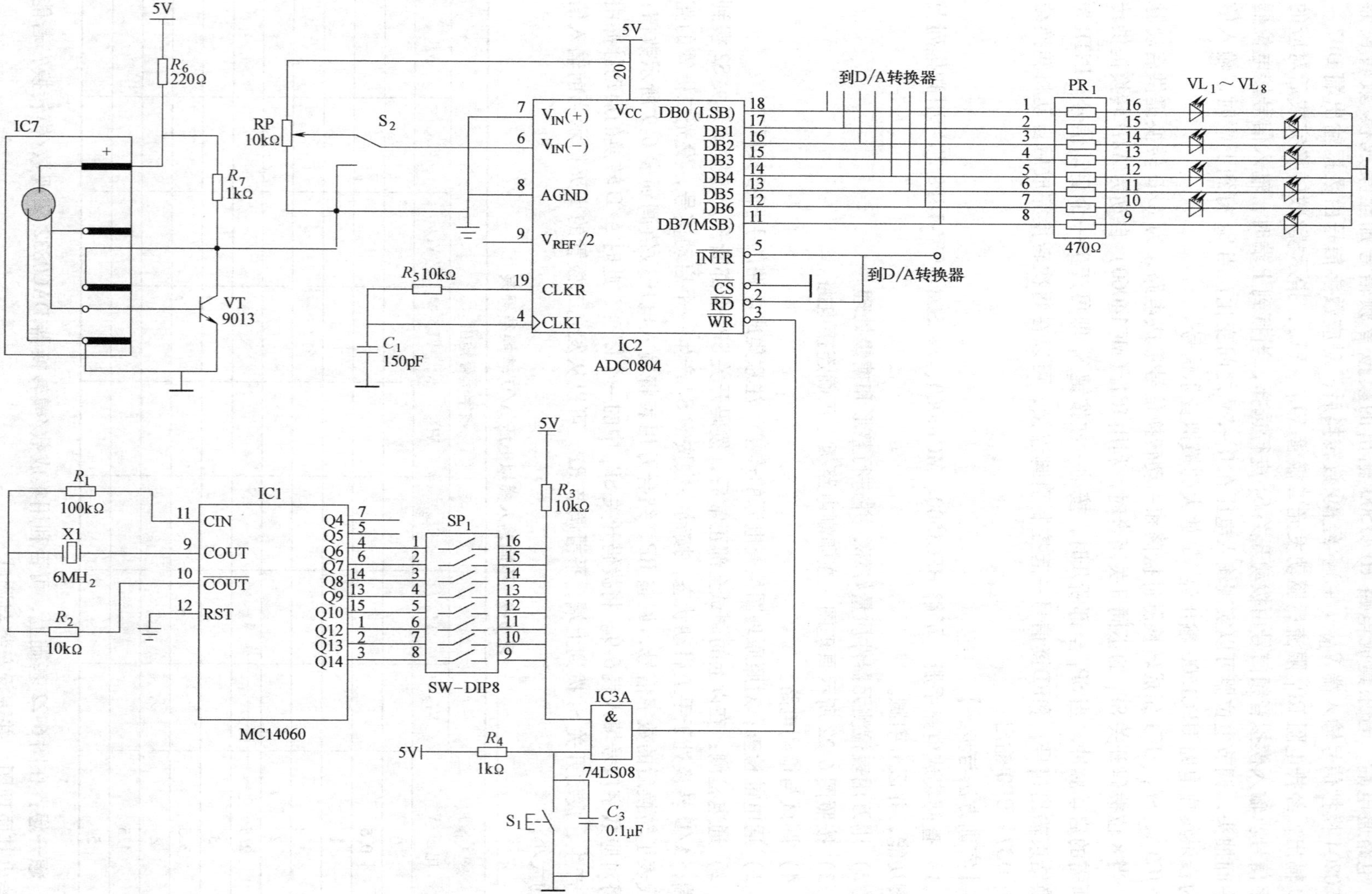

图 6-22　音频模数转换器原理图

【质量评价】　项目质量考核要求及评分标准见表 6-10。

表 6-10　质量考核要求及评分标准

班级		姓名	学号		组别	
考核项目	考核要求	配分	评分标准		自评分	互评分
准备工作	15min 内完成所有元器件的清点、检测及调换	10	规定时间以外更换元器件，扣 5 分/项			
组装焊接	元器件按要求整形；正确安装元器件；焊点美观、走线合理、布局漂亮	20	整形、安装或焊点不规范，扣 1 分/处；元器件安装错误或损伤元器件，扣 2 分/处			
通电调试	试通电电路工作正常	15	检修一次后电路才正常，扣 2 分；检修两次后电路才正常，扣 4 分			
通电检测	表 6-9 中的数据准确	25	数据不准确，扣 1 分/处；数据错误，扣 2 分/处			
调试电路	根据“通电检测”内容改变电路参数，能分析电路现象	10	分析错误，每处扣 2 分；不分析，每处扣 5 分			
安全文明操作	严格遵守电业安全操作规程；工作台工具、器件摆放整齐	10	违反安全操作规程，扣 1 ~ 10 分；工具、器件不整齐，扣 1 ~ 5 分			
定额时间	180min	10	提前正确完成每 10min 加 2 分；超过定额时间每 10min 扣 2 分			
合计		100				
学生交流改进总结						
教师签名：						

注：本表也可用于本章其他实验实训项目。

本章小结

1. 随着数字化时代的到来，微处理器和计数器的广泛应用，极大地促进了 D/A、A/D 转换技术的发展。D/A、A/D 转换技术在许多计算机控制、快速检测和信号处理等系统中的应用日益广泛。

2. 数字系统所能达到的精度和速度最终取决于 D/A 和 A/D 转换器的转换精度和转换速度。因此，转换精度和转换速度是 A/D 和 D/A 转换器的两个最重要的指标。

3. D/A 转换器的功能是将输入的二进制数字信号转换成相对应的模拟信号输出。由于倒 T 形电阻网络 D/A 转换器只要求两种阻值的电阻，因此最适合集成工艺，集成 D/A 转换器普遍采用这种电路结构。

4. A/D 转换器的功能是将输入的模拟信号转换成一组多位的二进制数字输出。常用的模数转换技术有双积分型 A/D 转换和逐次逼近型 A/D 转换两种。其中逐次逼近型 A/D 转换技术具有转换速度快、转换精度高的优点，因此得到普遍应用。

第 7 章　半导体存储器

本章导读

知识目标：

① 了解半导体存储器的基本结构及概念。

② 掌握半导体存储器的逻辑功能及应用特性。

技能目标：

① 能利用数字电路实验箱验证半导体存储器芯片的逻辑功能。

② 会用万用表测试半导体存储器性能的好坏。

③ 会组装与调试音乐彩灯控制器。

④ 会查阅集成电路手册，能按要求选用半导体存储器。

7.1　半导体存储器概述

话题引入

夜晚走在繁华的现代都市，我们总是情不自禁被五光十色、变化多端的各式彩灯吸引，如图 7-1 所示的广告牌上的霓虹灯、公园树上的彩灯等。在赞叹和欣赏的同时，你是否也在考虑，它们是由什么来控制的呢？作为电子技术人员的你是否也能设计出具有自己特色的彩灯控制器呢？事实上，大部分彩灯控制器均包含一个关键器件——半导体存储器。此外，半导体存储器在计算机、数码照相机、MP4、数字电视机等领域均得到广泛应用。

在工程技术中，半导体存储器（Memory）是数字电路用来存储二进制数据的大规模集成器件，具有集成度高、体积下、可靠性高、外围电路简单、便于自动化批量生产等优点。初学者学习本章时，一般应将半导体存储器基本概念及常用芯片应用特性作为主要研究对象。

图 7-1　彩灯控制器的应用

7.1.1　半导体存储器基本结构

半导体存储器一般由地址译码器、存储矩阵和读/写控制电路组成，其基本结构如图7-2所示。由于半导体存储器相当于一个保存二进制数据的仓库，因此内部结构跟生活中的仓库有一定的相似性，初学者学习该课程时，可参照图 7-3 所示典型仓库操作示意图学习半导体存储器的工作原理。

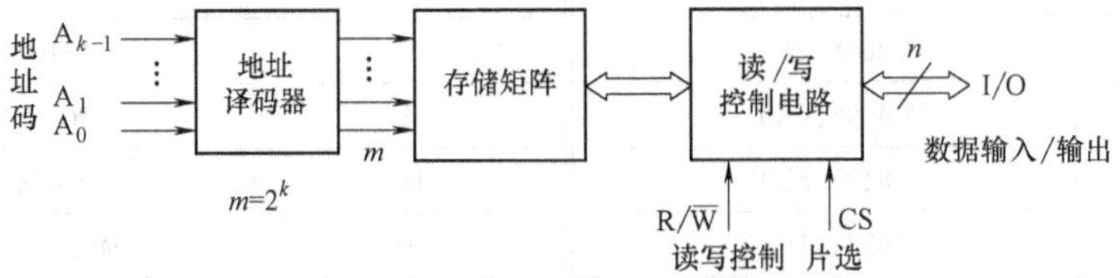

图 7-2　$m \times n$ 存储器基本结构框图

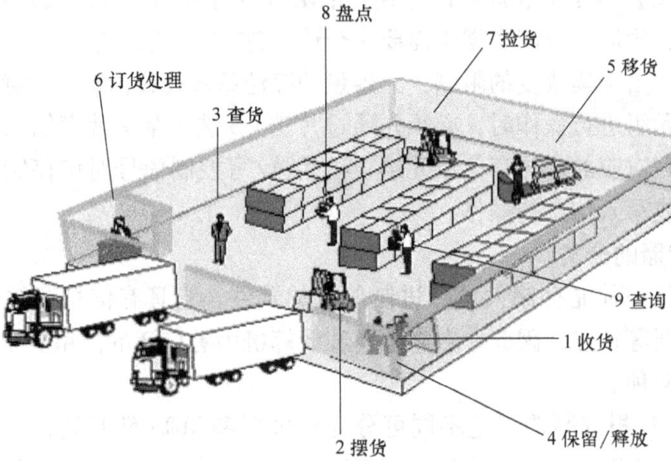

图 7-3　生活中典型仓库操作示意图

【存储矩阵】仓库要保存物品需要一个一个的房间，半导体存储器保存二进制数据也需要一个一个的存储单元。

存储单元是半导体存储器的核心部件，一个存储器由若干个存储单元组成，每个存储单元可存放 1 位二进制数，因此一个存储单元相当于一个二进制的位（bit）。存储器中的存储单元越多，可存储的信息就越多，表示该存储器的容量就越大。

为了存取方便，存储单元通常设计成矩阵形式，因此称为存储矩阵。

在工程技术中，对存储器的读写操作一般都是分组进行：把 n 个存储单元归为一组，每次读写 n 个存储单元的数据，即每次读写 n 位二进制数。目前使用的存储器大多是以 $n=8$ 归组，并把 8 位二进制数据称为一个字节（Byte），即 1Byte = 8bit。

【地址译码器】仓库管理员为了便于有序、快速地存取物品，需要对每一个房间进行编号。我们也对半导体存储器的存储单元依次编号，这个编号称为地址。图 7-2 中的存储器共有 m 个地址，对应 m 个存储单元组，每个存储单元组又包含 n 个存储单元（n bit），所以把图 7-2 所示的存储器称为 $m \times n$ 存储器。

由于一般存储器的容量都很大，不可能将 m 根地址线全部引出以进行控制，地址译码器就负责将外部提供的地址进行译码，以便在存储器中找到需要进行操作的相应存储单元组。地址码位数与可寻址数的对照关系见表 7-1。

表 7-1　地址码位数与可寻址数的对照关系

地址码位数	可寻址数 2^n/bit	地址码位数	可寻址数 2^n/bit
10	1024(1K)	16	65536(64K)
11	2048(2K)	17	131072(128K)
12	4096(4K)	18	262144(256K)
13	8192(8K)	19	524288(512K)
14	16384(16K)	20	1048576(1024K = 1M)
15	32768(32K)		

【读/写控制电路】为了对仓库物品保存、取出进行有效的管理，我们需要仓库管理员。相应的存储器保存、读取二进制数据也需要一个读/写控制电路。

在工程技术中，由于集成度的限制，大容量的存储系统往往由若干片存储器组成。当需要对某一个存储单元组进行操作时，必须先通过片选 CS 选中某一片存储器芯片，然后利用地址译码器才能找到对应的具体存储单元组，再用读/写控制信号对该存储器芯片的对应存储单元组进行读出或写入信息的操作。

7.1.2　半导体存储器的分类

半导体存储器是一种能存储大量二进制信息的器件，它具有信息存储量大，信息的访问、修改和查找方便等特点，因此在数字电路和计算机中有广泛的应用。半导体存储器的分类方法主要有下述两种。

【按制造工艺分】根据制造工艺不同可分为双极型和 MOS 型两类。其中双极型存储器以双极型触发器为基本存储单元，主要用于对速度要求较高的领域，如在计算机中做高速缓存用。MOS 型存储器以 MOS 触发器或电荷存储结构为基本存储单元，主要用于大容量存储系统中，如在计算机中做内存用。

【按数据存取方式分】根据数据存取方式的不同，可以将半导体存储器分为随机存取存储器（RAM）和只读存储器（ROM）两类，如图 7-4 所示。

- 半导体存储器
  - 只读存储器（ROM）
    - 固定 ROM（不可编程）
    - PROM（一次可编程 ROM）
    - EPROM（光可擦可编程 ROM）
    - EEPROM（电可擦可编程 ROM）
    - Flash Memory（闪速存储器，闪存）
  - 随机存取存储器（RAM）
    - SRAM（静态 RAM）
    - DRAM（动态 RAM）

图 7-4　半导体存储器的分类

注意：只读存储器 ROM 和随机存取存储器 RAM 最大的区别是：断电后 ROM 中的数据依然保持不变，下次通电后原保存数据仍然可取出使用；而 RAM 断电后数据将会丢失。

7.2　随机存取存储器

话题引入

随着计算机应用技术的逐渐推广，人们对计算机内部结构及工作原理已不再陌生。其中在计算机硬件中，内存是影响其运行速度的关键部件之一，其性能好坏及性能指标直接影响系统运行速度。由于内存与 CPU 直接沟通，即 CPU 要处理的数据会先从硬盘里提出来暂时放在内存里，CPU 处理的时候需要的数据会直接从内存寻找，故内存主要负责存放当前正在使用（即执行中）的数据和程序，它的物理实质就是一组或多组具备数据输入输出和数据存储功能的集成电路。内存只用于暂时存放程序和数据，一旦关闭电源或发生断电，其中的程序和数据就会丢失。事实上，内存条是随机存取存储器的一个典型应用实例。常见内存外形如图 7-5 所示。

在工程技术中，随机存取存储器（Random Access Memory，RAM）可以随时对选中的存储单元组进行信息的存入（写）或取出（读），但电源断电时，所有的信息都会消失。随机存取存储器的特点是存取速度快，与控制中心 CPU 的速度相匹配，一般被用作控制中心的主存储器。初学者学习本课程时，一般应将随机存取存储器逻辑功能及应用特性作为首要研究对象。

图 7-5　常见内存条外形

7.2.1　静态随机存取存储器

静态随机存取存储器简称 SRAM（Static Random Access Memory）。这种存储器件的特点是存取速度很快，在不掉电情况下，SRAM 中的数据不会自动消失。SRAM 采用多个 MOS 器件构成，器件与微处理器的连接比较方便，但集成度较低，且功耗较大。常见的 SRAM 有 2114、6116、6264 等。这类器件常在存储容量较少的系统中使用，如高速缓冲存储器（Cache）。本节以 HM6264、Intel 2114 为例，介绍其逻辑功能及应用特性。

HM6264 是一种采用 CMOS 工艺制作的 8K×8bit、28 引脚的 SRAM，其外形、引脚排列如图 7-6 所示。该芯片读写非常方便，可实现在线编程。在写入之前自动擦除，采用单一电源 5V±0.1V 供电，三态输出（$\overline{CE1}$ 和 CE2 片选引脚无效时数据引脚为高阻状态），输出电平可与 TTL 电路兼容。

HM6264 芯片各引脚的功能为：

1）A0～A12：地址线，决定存储器的操作单元；

2）D0～D7：数据线，输送写入或读出的数据；

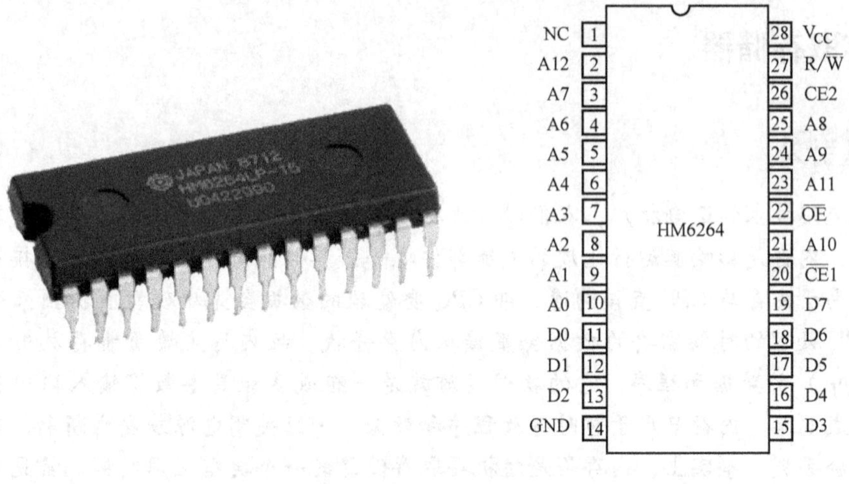

a) 外形　b) 引脚排列

图 7-6　HM6264 外形、引脚排列

3）$\overline{CE1}$、CE2：片选线，只有在$\overline{CE1}=0$ 且 CE2 = 1 时芯片才工作，一般用于多块存储器的选择，高、低不同的有效电平更方便电路连接；

4）$R/\overline{W}$：读写控制引脚，$R/\overline{W}=1$ 时读允许，芯片将地址线选中的存储单元中的数据输出到数据线上；$R/\overline{W}=0$ 时写允许，芯片将数据线输入的数据存入地址线选中的存储单元中；

5）V_{CC}：电源端（5V ±0.1V）；

6）GND：接地端；

7）NC：未使用引脚（即空脚）。

Intel 2114 是存储容量为 1K ×4bit 的 SRAM 芯片，采用三态控制，4 位共用数据输入/输出端。该芯片的外形、引脚排列如图 7-7 所示，2114 的工作方式见表 7-2。

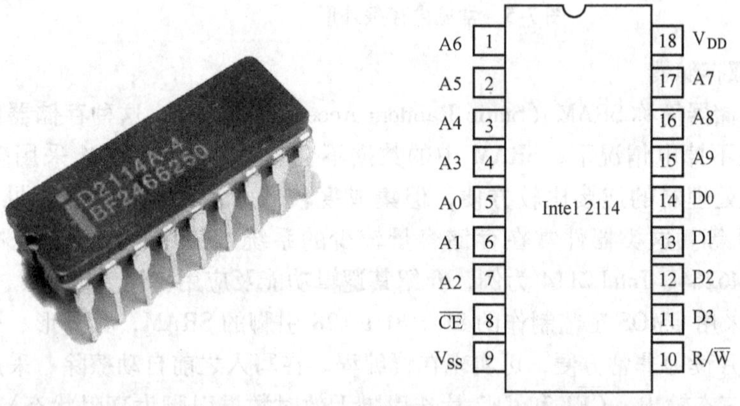

a) 外形　b) 引脚排列

图 7-7　Intel 2114 外形、引脚排列

Intel 2114 芯片各引脚的功能为：

1）A0 ~ A9：地址线，决定存储器的操作单元。

表 7-2　Intel 2114 的工作方式

工作方式	$\overline{CE}$	$R/\overline{W}$	I/O
写入	0	0	输入数据
读出	0	1	输出数据
低功耗维持	1	ϕ	高阻浮置

2）D0 ~ D3：数据线，输送写入或读出的数据。

3）$\overline{CE}$：片选控制端。

4）$R/\overline{W}$：读写控制端。

5）V_{DD}：电源端（5V ±0.1V）。

6）V_{SS}：接地端。

阅读材料

日美制成世界最小静态随机存取存储器

日本东芝公司、美国 IBM 和 AMD 公司 2008 年 12 月 17 日联合发表新闻公报说，这 3 家公司共同利用鳍式场效应晶体管开发出面积仅 0.128μm² 的静态随机存取存储器（SRAM）器件，并确认这种世界上最小的 SRAM 能够正常工作。

公报说，以往使用平面晶体管制造 SRAM 时，半导体厂家通常依靠向器件内注入大量混合物来调节晶体管的特性，从而缩小晶体管的体积。但是，这样的调节方法容易造成晶体管特性参差不齐，从而导致 SRAM 稳定性下降。而不需要向硅通道注入大量混合物的鳍式场效应晶体管，被业界认为可以替代以往的平面晶体管，从而既保持了晶体管性能的一致性，又可实现 SRAM 的小型化。

公报说，研究人员依靠新技术，用极其微小的非平面晶体管——鳍式场效晶体管制造出了 SRAM。此前，世界上最小的 SRAM 的面积为 0.274μm²，新研制出的 SRAM 面积比前者缩小了超过 50%。

SRAM 是一种具有静止存取功能的内存，不需要刷新电路就能保持它内部存储的数据不消失，因而具有更高的性能。把 SRAM 做得更小，芯片面积也能随之缩小，就有可能制作出更高速且更省电的处理器。

7.2.2　动态随机存取存储器

动态随机存取存储器简称 DRAM（Dynamic Random Access Memory）。这种存储器件在使用时，要求定期地进行刷新操作（Refresh），否则，DRAM 中的信息在 2 ~ 8ms 后便自动消失。故需要增设额外的刷新电路，即重写电路。DRAM 采用单管 MOS 构成，具有集成度高、功耗低、廉价等优点，其存储容量可以做得很大，1GB 和 4GB 的 DRAM 已逐渐成为市场主流。因此，计算机的内存都用 DRAM 作为主要部件。常见的 DRAM 有 2116、2118、6164、MN4164 等。本节以 Intel 2118 DRAM 为例，介绍其逻辑功能及应用特性。

Intel 2118 是采用单管动态 MOS 工艺制作的 16K ×1bit、16 引脚的 DRAM，其外形、引脚排列如图 7-8 所示。该芯片采用地址复用技术，原来需要用 14 根地址线，现只用了 7 根地址输入线。地址码输入位数减少了一半，这使 RAM 芯片引脚减少，芯片封装体积减小，是目前大容量 RAM 芯片普通采用的方法。

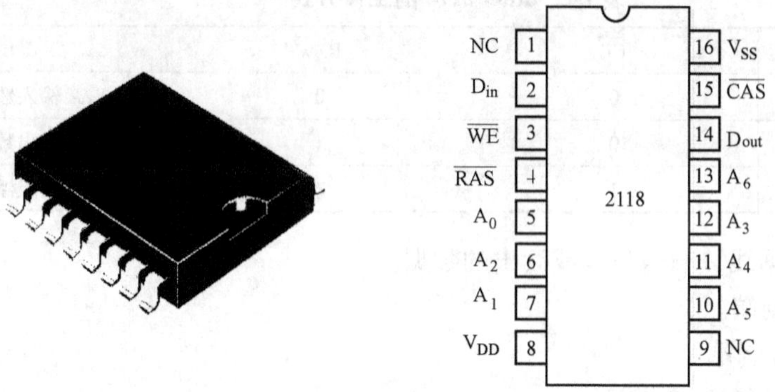

a) 外形　　b) 引脚排列

图 7-8　Intel 2118 外形、引脚排列

2118 芯片各引脚的功能为：

1）$A_0 \sim A_6$：地址线；

2）D_{in}、D_{out}：数据输入、输出线；

3）$\overline{RAS}$、$\overline{CAS}$：行、列选通信号输入端；

4）V_{DD}：电源端（5V ±0.1V）；

5）V_{SS}：接地端；

6）NC：未使用引脚（即空脚）。

阅读材料

新型磁随机存取存储器原理型器件研制成功

中国科学院物理研究所韩秀峰课题组研制出一种新型磁随机存取存储器（MRAM）原理型器件，这种存储器摒弃了传统采用椭圆形磁性隧道结作为存储单元、双线制脉冲电流产生、合成脉冲磁场驱动比特层磁矩翻转的做法。它采用 100 纳米尺度下的磁矩闭合型纳米环状磁性隧道结作为存储单元，正负脉冲极化电流直接驱动比特层磁矩翻转的工作原理，解决了常规 MRAM 相对功耗高、存储密度低等瓶颈问题。目前，该器件利用 500 ~ 650μA 脉冲极化电流就可以直接驱动存储单元比特层的磁矩翻转而进行写操作，并有望进一步优化和降低写操作电流，而读操作只需要 10 ~ 20μA 的脉冲电流。

该项研究开始自 2002 年，曾获得国家“973”专项、中国科学院知识创新工程课题、国家自然科学基金等项目资金的资助，已通过中科院的成果鉴定。

新型磁随机存储器（MRAM）是未来新一代计算机、信息和通信技术中的核心器件，具有数据非易失性、抗辐射性、高速、高密度、低功耗、长寿命等特点。新型磁随机存储器（MRAM）不仅能对信息工具的更新换代起到重要的推动作用，而且对信息和通信技术中信息快速交换、安全处理和永备保存等关键技术的发展也能起到促进作用，在未来的信息产业、家电和工业设施方面拥有数百亿的市场价值。

拓展提高

怎样扩展存储器的存储容量?

随着数字电路逻辑功能的迅速发展，单个存储芯片往往不能满足存储容量的要求，因此必须扩展存储器的存储容量。ROM 和 RAM 的扩展方法相同，常用扩展方法有字扩展和位扩展两种。下面以静态 RAM 芯片 2114 实现存储器存储容量扩展为例进行介绍。

【位扩展】通过扩展存储器数据位数实现存储容量扩展的方法称为位扩展。RAM 芯片的位扩展可以利用芯片的并联方式实现，即将芯片的地址线、读/写线（$R/\overline{W}$）和片选线$\overline{CE}$对应地并联在一起，而各芯片的数据线并列使用即可。图 7-9 所示为利用两片 MB2114 构成的 1K×8bit RAM。

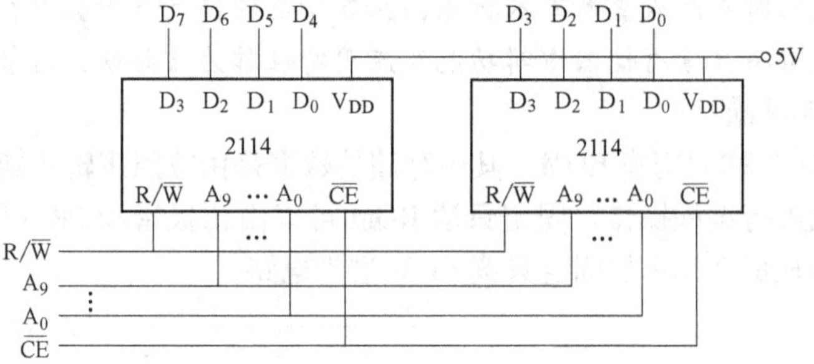

图 7-9 利用两片 MB2114 构成的 1K×8bit RAM

当对 ROM 进行存储容量扩展时，除了 ROM 芯片上没有读/写线（$R/\overline{W}$）外，其余引出端的连接方法和 RAM 完全相同。

【字扩展】通过扩展存储器地址位数实现存储容量扩展的方法称为字扩展。用同型号的存储器进行字扩展时，各芯片数据线、地址线和读/写控制线并联使用。另外增加地址线，利用片选线和译码器使各个存储器分时工作即可。图 7-10 所示为利用两片 MB2114 构成的 2K × 4bit RAM。

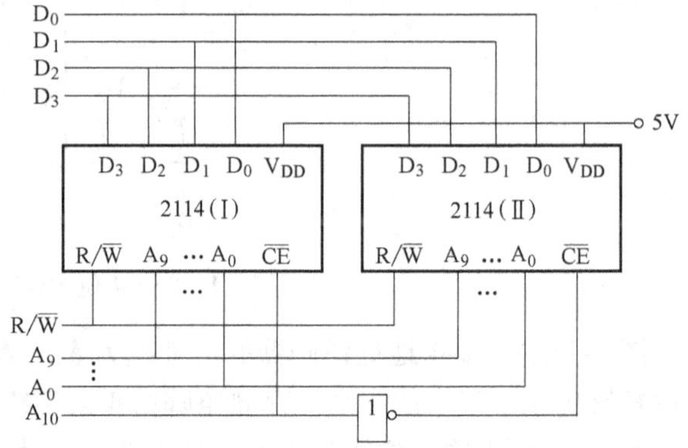

图 7-10 利用两片 MB2114 构成的 2K×4bit RAM

由图 7-10 可知，当地址线 A_{10} 为 0 时，芯片（Ⅰ）被选中，芯片（Ⅱ）禁止；当 A_{10} 为 1 时，芯片（Ⅱ）被选中，芯片（Ⅰ）禁止。

上述字扩展也同样适用于 ROM 芯片。如果一片 RAM 或 ROM 的位数和字数都不能满足数字电路存储容量要求时，就需要同时采用位扩展和字扩展，利用多片存储器芯片组成一个大的存储器系统，以满足数字电路要求。

7.3 只读存储器

话题引入

电视的诞生，是 20 世纪人类最伟大的发明之一。在现代社会里，没有电视的生活已不可想象了。各种型号、各种功能的电视机从一条条流水线上源源不断地流入世界各地的工厂、学校、医院和家庭，正在奇迹般地迅速改变着人们的生活。形形色色的电视，把人们带进了一个五光十色的奇妙世界。当你欣赏完精彩电视节目的时候，是否考虑过这样一个问题，即重新开启电视机后为什么呈现给你的依然是上次关机时的频道、亮度、音量等信息呢？答案是现代电视机内部均使用只读存储器来保存频道、亮度、音量等信息。事实上，只读存储器的应用非常广泛，如计算机、模糊家电等领域，均存在只读存储器的身影。

在工程技术中，只读存储器（Read Only Memory，ROM）在正常工作状态下只能从中读取数据，不能快速随时修改或重新写入数据，且在断电的情况下数据能长期保存。初学者学习本课程时，一般应将只读存储器逻辑功能及应用特性作为首要研究对象。

7.3.1 固定只读存储器

固定只读 ROM 又称为掩膜 ROM。其中存储的数据是由按照逻辑功能要求专门设计的掩膜板决定的，不能进行编程操作。固定只读 ROM 可以由二极管和 MOS 管构成。图 7-11 所示为由 NMOS 管构成的 $2^2\times4$ 位固定只读 ROM 逻辑电路。

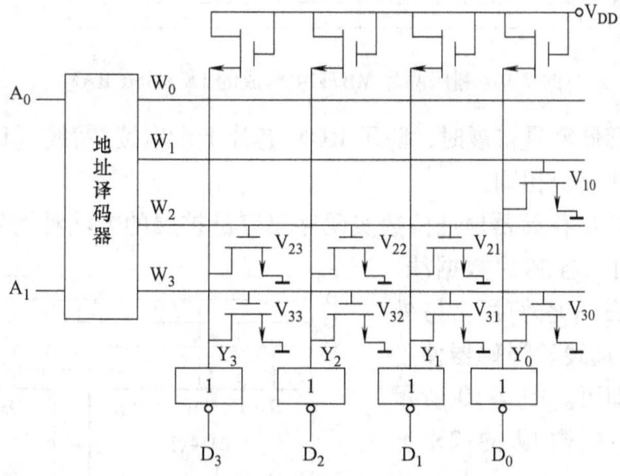

图 7-11　$2^2\times4$ 位 MOS 固定只读 ROM

图7-11 中，2-4 地址译码器的地址线为 A_1、A_0，输出为 $W_0\sim W_3$（字线），用它来选取存储矩阵内 4 个字中的一个。存储矩阵由 4 条字线（W_0、W_1、W_2、W_3）和 4 条位线（Y_3、Y_2、Y_1、Y_0）组成。位线与字线交叉处为一个存储单元。若交叉处有 MOS 管则为存储数据 1；无 MOS 管的交叉处为存储数据 0。

由图 7-11 可知，读取数据时，从地址线 A_1A_0 输入地址码，则在数据输出端 $D_3\sim D_0$ 可获得该地址所存储的数据字。例如，当地址码 $A_1A_0=01$ 时，经地址译码器译码后，使字线 $W_1=1$，而 $W_0=W_2=W_3=0$，W_1 字线上的高电平通过接有 MOS 管的位线 Y_0，且 V_{10} 导通使 $Y_0=0$，经反相器使输出 $D_0=1$。由于位线 Y_3、Y_2、Y_1 与 W_1 的交叉处无 MOS 管，使得此时 $Y_1=Y_2=Y_3=1$。经反相器反相后 $D_1=D_2=D_3=0$，即输出的数据字 $D_3D_2D_1D_0=0001$。按此分析，可以得到如表 7-3 所示的电路输入地址码时的对应数据字输出。

值得注意的是，这个存储矩阵实质上就是由 4 个或门组成的编码器。因此说 ROM 存储矩阵是组合电路，和 RAM 有本质的不同。

固定只读 ROM 的特点：用户无法自行写入，只能委托生产厂家在制造芯片时一次性写入，它价格低廉、性能稳定，但只适合于大批量的成熟产品。

表 7-3　$2^2 \times 4$ 位 ROM 地址码与输出的关系

A_1	A_0	D_3	D_2	D_1	D_0
0	0	0	0	0	0
0	1	0	0	0	1
1	0	1	1	1	0
1	1	1	1	1	1

7.3.2　可编程只读存储器

在数字系统工程设计中，设计人员经常需要按照产品要求得到存有所需逻辑功能的 ROM。这时可以通过将所需内容自行写入可编程 ROM 得到所要求的 ROM。常用的可编程 ROM 有一次性可编程 ROM（PROM）、光可擦可编程 ROM（EPROM）和电可擦可编程 ROM（EEPROM 或 E^2PROM）三类。

【一次性可编程 ROM】一次性可编程只读存储器简称 PROM（Programmable Read Only Memory）。其基本结构与固定 ROM 相似，同样由存储矩阵、地址译码器和读/写控制电路三部分构成。不同的是存储矩阵和输出电路，为了实现可编程逻辑功能，存储矩阵在出厂时已经在所有交叉点上全部制作了存储元件，即所有存储单元的内容均为 1。

图 7-12 所示为双极型一次性可编程 ROM 存储矩阵中一个存储单元和一路 I/O 电路（读/写放大器）。其中存储单元由双极型晶体管和由低熔点合金丝式多晶硅细导线制成的快速熔丝组成。

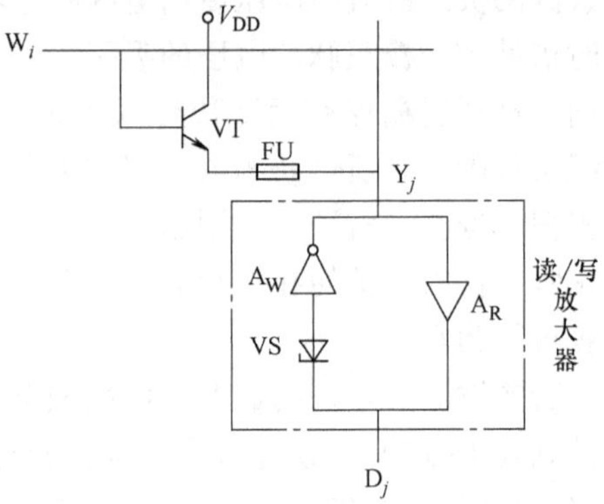

图 7-12　熔丝型 PROM 存储单元

在进行编程前可根据需要对 PROM 进行一次性编程处理。例如要将 W_i 和 Y_j 所确定的存储单元内容改写为 0，则先要输入相应的地址码，使字线 $W_i=1$，晶体管 VT 导通。然后在 D_j 端加上高电压正脉冲，使读写放大器中的稳压管 VS 导通，写入放大器 A_W 呈输出低内阻状态，这时就有较大的脉冲电流从 V_{DD} 经晶体管 VT 流过熔丝，并将其熔断，即将该存储单元内容改写为 0。正常工作时，数据字是由位线经读出放大器 A_R 输出到 D_j 端，由于 A_R 输出的高电平不足以使稳压管 VS 导通，故写入电路 A_W、VS 对存储器无影响。

PROM 的特点：用户可以编程，但只能自行一次性编程，它价格低廉、性能稳定、工作速度较高，但也只适合于大批量的成熟产品。

【光可擦可编程 ROM】光可擦可编程 ROM 简称 EPROM（Erasable Programmable Read Only Memory）。由于该类型 ROM 中存储的数据可以擦除重写，因而在需要经常修改 ROM 中内容的领域得到广泛应用。EPROM 的重要工作特点是写入数据后还可以利用紫外线对所保存数据进行擦除并重新写入数据。

EPROM 芯片内的存储单元大都由叠层栅注入 MOS 管（Stacked-gate Injection Metal Oxide-Semiconductor，SIMOS 管）组成，所以也称这种存储单元为叠层栅存储单元。SIMOS 管基本结构和由 SIMOS 管组成的叠层栅存储单元如图 7-13 所示。图中 VT 为 SIMOS 管。

由图 7-13 可知，SIMOS 管有两个重叠的多晶硅栅极。在利用 SIMOS 管构成存储单元

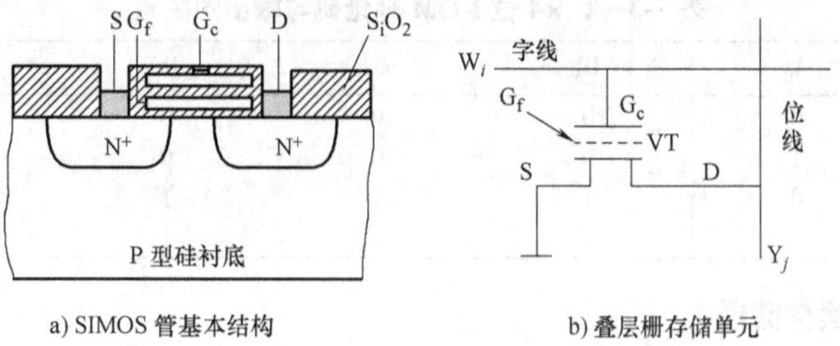

图 7-13　SIMOS 管基本结构和叠层栅存储单元

时，通常将上面的栅极与字线 W_i 相连，用于控制存储器读出和写入，称为控制栅（G_c）；下面的栅极埋在二氧化硅（SiO_2）绝缘层内，处于电悬浮状态，称为浮置栅（G_f），用于长期保存注入电荷。EPROM 在封装出厂时，SIMOS 管的浮置栅均无电荷，其作用与普通 MOS 管一样，因此存储单元内容全部为 1。

用户进行编程操作时，可在 SIMOS 管的漏极（Y_j）和控制栅（W_i）上同时加上较高的电压。根据 EPROM 芯片的型号不同，分别为 12.5V、21V、25V 等，而正常工作电压为 5V。漏、源两极间的较高电压使沟道内的电场足够强而形成雪崩击穿现象，产生很多高能电子。同时借助控制栅正脉冲电压的吸引，一部分高能电子便穿越二氧化硅（SiO_2）薄层到达浮置栅，被浮置栅俘获而形成注入电荷。当该高压去掉后，由于浮置栅被二氧化硅（SiO_2）绝缘层包围，它所俘获的电子很难泄漏掉，故可长期保留（所存数据可保存 10 年）。一旦浮置栅上堆积了电子，控制栅上必须加入更高的电压才能抵消浮置栅上负电荷的影响。因此在正常工作时，即使在控制栅上加上 5V 电压，也不能使该 SIMOS 管导通，因而该存储单元内容被写为 0。

若要擦除所写入的数据，可用强紫外线对 SIMOS 管进行照射（根据芯片型号不同从几分钟到几十分钟），使浮置栅上堆积的电子获得足够的能量，穿过二氧化硅薄层返回衬底中。这样 EPROM 芯片恢复到初始状态，即全部存储单元内容都为 1 状态。为便于擦除操作，在 EPROM 芯片外壳上装有透明的石英玻璃窗口。EPROM 芯片常见外形如图 7-14 所示。

图 7-14　EPROM 芯片常见外形

EPROM 的特点：用户可多次（1 万次）编程，但擦写均不方便。擦除时需专用的紫外线擦除器，写入时需较高的编程电源，擦写速度慢、时间长、价格高，所以现在一般采用 EEPROM 或闪存。

注意：EPROM 擦除时必须将芯片从原系统中取下来，利用专用紫外线擦除器才能擦除，如图 7-15 所示。编程后还必须使用专用滤光纸将石英玻璃窗口遮蔽，以防止数据丢失。

【电可擦可编程 ROM】电可擦可编程 ROM 简称 EEPROM 或 E^2PROM（Electrical Erasable Programmable Read Only Memory），其读、写、擦操作均在高电压脉冲或工作电压（5V）下进行，且可逐字节进行擦除和改写，所以比 EPROM 应用更灵活方便。

图 7-15　专用紫外线擦除器

在 E^2PROM 芯片存储单元中采用了浮栅隧道氧化层 MOS 管（Floating gate Tunnel Oxide，简称 Flotox 管），它的基本结构和由 Flotox 管组成的存储单元如图 7-16 所示。图中 VT_1 为 Flotox 管，VT_2 为选通管。

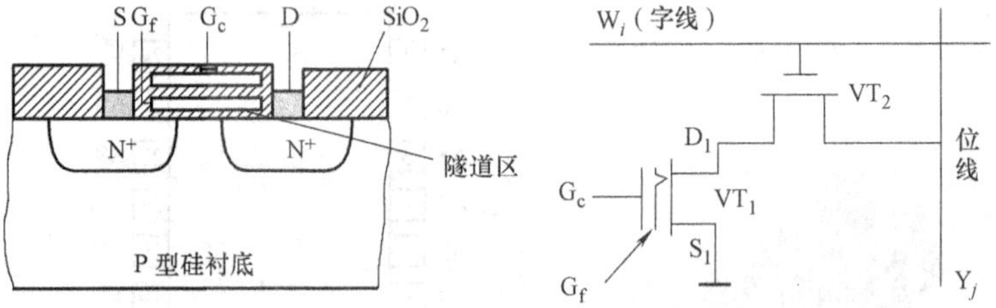

a) Flotox 管基本结构　　b) E^2PROM 的存储单元

图 7-16　Flotox 管基本结构和存储单元

由图 7-13 可知，Flotox 管与 SIMOS 管相似，也有两个栅极，控制栅 G_c 和浮置栅 G_f。所不同的是，Flotox 管的浮置栅与漏区之间有一小块面积极薄的二氧化硅绝缘层区域（厚度在 2×10^{-8}m 以下），称为隧道区。当隧道区的电场强度大到一定程度时（$>10^7$V/cm），便在漏区和浮置栅之间出现导电隧道，电子可以双向通过，形成电流。这种现象称为隧道效应。

用户进行编程操作时，应使字线 $W_i=1$，位线 Y_j 接地，则选通管 T_2 导通，Flotox 管漏极（D）接近低电位。同时在控制栅加上 21V 左右正脉冲，使浮置栅与漏区之间隧道区出现导电隧道，通过隧道效应，使电子注入浮置栅。正脉冲过后，导电隧道关闭，浮置栅将长期保存这些电子（数据可保存 20 年）。浮置栅带上负电荷后，在 E^2PROM 芯片正常工作时，尽管在控制栅加上 3V 电压，也不能使 Flotox 管导通，因此存储单元内容被写为 0。

若要擦除所写入的数据，只要使 Flotox 管 T_1 控制栅接地，字线 $W_i=1$，同时位线 Y_j 加上 21V 正脉冲，则 T_1 漏极获得大约 20V 的正电压，通过隧道效应，浮置栅上堆积的电子返回衬底，存储单元恢复到 1 状态。E^2PROM 芯片常见外形如图 7-17 所示。

图 7-17　E^2PROM 芯片常见外形

E^2PROM 的特点：能在应用系统中进行在线改写，可用电擦除不必使用紫外线，擦写速度较快。且可以部分擦写，应用相对方便，但价格较贵。

在工程技术中，后来研制成功的快闪存储器（Flash Memory，简称闪存）也是一种用电信号进行擦除的可编程 ROM。详见本节“阅读材料”内容。

【常用 ROM 芯片】目前，ROM 芯片种类繁多，性能各异，用户根据系统需要进行选取即可。本书以 EPROM、E^2PROM 常用芯片为例，介绍其逻辑功能及应用特性。

（1）EPROM 芯片　常见的 EPROM 芯片如 Intel 2716、2732、2764、27128、27256、27512 等。现以 Intel 2716（简称 2716）为例加以说明。

2716 是一种 16K bit（2K × 8bit）的 EPROM 芯片，其外形、引脚排列如图 7-18 所示。该芯片取数时间为 350 ~ 650ns，编程脉冲为 50ms，动态功率为 525mW，静态功率为 132mW。

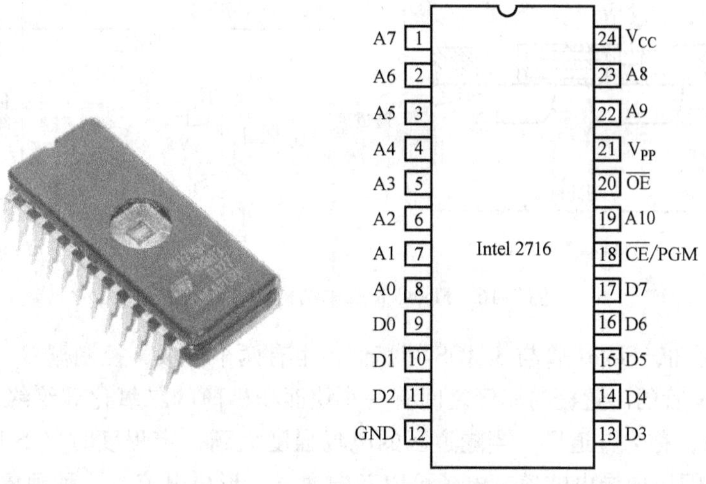

a) 外形　　b) 引脚排列

图 7-18　2716 外形、引脚排列

2716 芯片各引脚的功能为：

1）A0 ~ A 10：地址线。

2）D0 ~ D7：数据线。

3）$\overline{CE}$/PGM：片选或编程脉冲输入端。

4）$\overline{OE}$：输出控制端（低电平有效）。

5）V_{CC}：电源端（5V ± 0.1V）。

6）V_{PP}：编程电压端（正常工作时 $V_{PP} = V_{CC}$；编程时 $V_{PP} = 25V$）。

7）GND：接地端。

2716 有五种工作模式，见表 7-4。

（2）E^2PROM 芯片　常见的 E^2PROM 芯片如 Intel 2816、2816A、2817、2817A、2864A、28C04 等。现以 28C04 为例加以说明。

28C04 是一种采用 CMOS 工艺制成的 512 × 8 位、24 引脚的 E^2PROM，其外形、引脚排列如图 7-19 所示。该类型 ROM 读写非常方便，可实现在线编程，在写入之前自动擦除。采

表 7-4　2716 的五种工作模式

工作模式		$\overline{CE}$/PGM	$\overline{OE}$	V_{PP}	$D_0 \sim D_7$
工作模式	读模式	V_{1L}	V_{1L}	5V	D_{OUT}
	静止等待模式	V_{1H}	任意	5V	高阻
编程模式	编程模式	50ms 正脉冲	V_{1H}	25V	D_{in}
	编程检验	V_{1L}	V_{1L}	25V	D_{OUT}
	编程禁止	V_{1L}	V_{1H}	25V	高阻

a) 外形

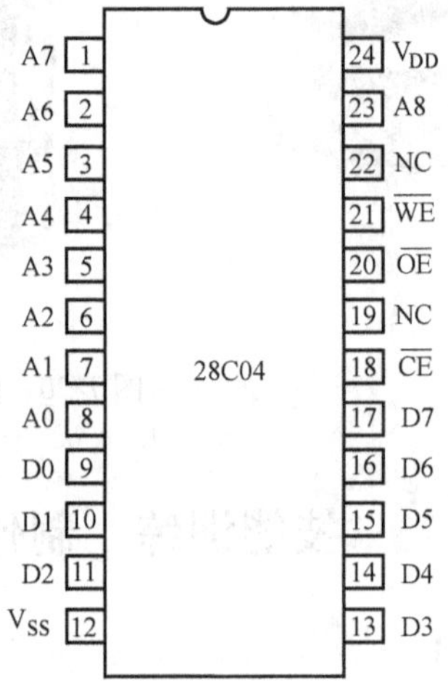

b) 引脚排列

图 7-19　28C04 外形、引脚排列

用单一电源 5V ±0.1V 供电，功耗很小，工作电流 30mA，三态输出（$\overline{CE}$片选引脚接 1 无效时数据引脚为高阻状态），输出电平可与 TTL 电路兼容。

28C04 芯片各引脚的功能为：

1）A0 ~ A8：地址线，决定存储器的操作单元。

2）D0 ~ D7：数据线，输送写入或读出的数据。

3）$\overline{CE}$：片选线，必须为低电平时芯片才工作，一般用于多块存储器的选择。

4）$\overline{OE}$：读允许，为低电平时芯片将地址线选中的存储单元中的数据输出到数据线上。

5）$\overline{WE}$：写允许，为低电平时芯片将数据线输入的数据存入地址线选中的存储单元中。

6）V_{DD}：电源端。

7）V_{SS}：接地端。

8）NC：未使用引脚（即空脚）。

阅读材料

闪速存储器简介

闪速存储器也叫闪烁存储器，简称闪存，英文名称为 Flash Memory，是 Intel 公司于 20 世纪 80 年代后期推出的一种新型存储器。它是在 EPROM 和 E^2PROM 的制作工艺基础上发展产生的一种新型的可擦除、非易失性记忆元件。它既吸收了 EPROM 结构简单、集成密度高、编程可靠的优点，又具有 E^2PROM 电可擦除、重写的特性。

目前普通商品化的闪存已可以做到擦写 10 万次以上，读取时间少于 90ns。它在便携式计算机、工业控制系统和单片机系统中得到了广泛应用。尤其一些笔记本型和掌上型袖珍电脑更是大量采用闪存做成的存储卡（IC Memory Card）取代磁盘。闪速存储器的典型应用如图 7-20 所示。

a) U盘

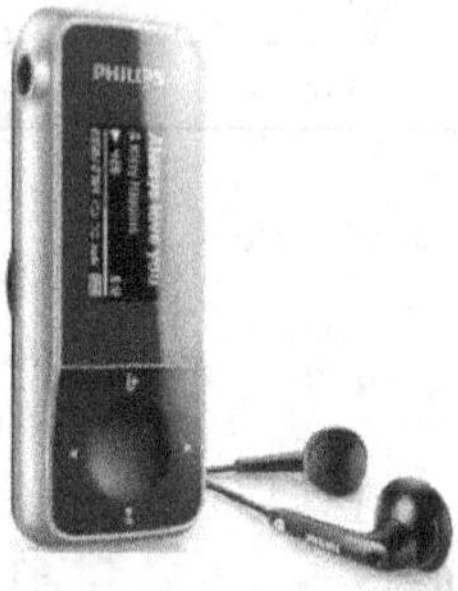
b) MP3、MP4

c) 数码照相机

图 7-20 闪速存储器典型应用

技能训练 制作四路音乐彩灯控制器

【训练目标】

1）认识半导体存储器件，并能正确选择和使用；

2）掌握用万用表测试、判断半导体存储器件好坏的基本方法；

3）熟悉四路音乐彩灯控制器工作原理；

4）会组装、调试四路音乐彩灯控制器。

【训练材料】见表 7-5。

表 7-5 材料清单表

代 号	名 称	型号规格	数 量
IC	音乐专用灯控集成电路	M8077	1
$VD_1 \sim VD_4$、VD_6	整流二极管	1N4007	5
VD_5	稳压二极管	UZ—4.3B	1
$VT_1 \sim VT_4$	单向晶闸管	MCR100—8	4
VT	晶体管	C9050	1
BL	扬声器	8Ω	1
R_1	电阻器	1MΩ	1
R_2	电阻器	390kΩ	1
R_3	电阻器	10kΩ	1
R_4	电阻器	2MΩ	1
C_1	电容器	0.68μF	1
C_2	电解电容器	470μF	1

（续）

代　号	名　称	型号规格	数　量
SB_1、SB_2	按钮	小型轻触无锁按钮	2
HL_1 ~ HL_4	彩灯串	<100W	4
其他	印制电路板（万能板）、集成电路插座16引脚一块		

注：M8077是新颖八功能单音音乐圣诞灯专用灯控集成电路，该芯片采用标准DIP16封装，CMOS工艺制造，内部存储器采用先进的闪速存储（Flash）技术，不需后备电池，所存储歌曲信息断电后可永不丢失。具有四路彩灯输出、八种循环花样、内储16首世界名曲，是目前制作圣诞树等节日彩灯理想的专用器件。

【相关原理介绍】 图7-21所示为四路音乐彩灯控制器原理图。该电路使用了音乐灯控集成电路M8077、单向晶闸管等常用电子元器件，其工作过程如下：

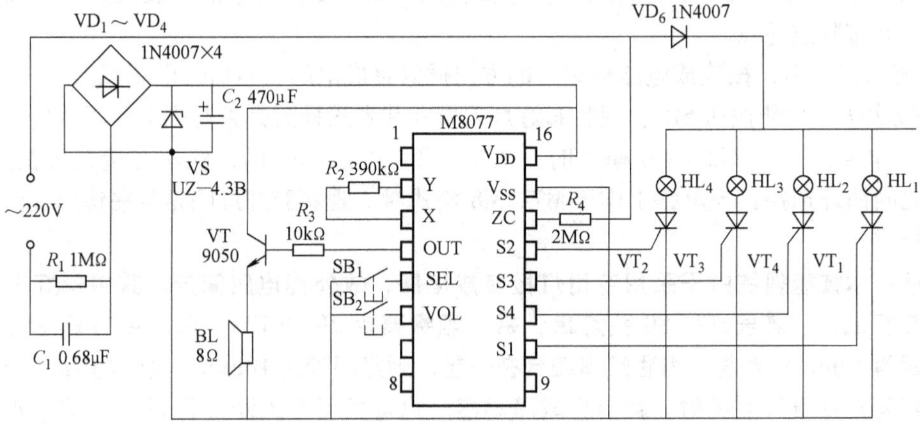

图7-21 四路音乐彩灯控制器

电路通电后，集成电路M8077的S1~S4脚输出触发脉冲直接加到晶闸管VT_1 ~ VT_4的门极，使灯HL_1 ~ HL_4按集成电路内部设定的程序闪亮。同时M8077 OUT输出的音乐信号经VT放大后推动扬声器BL发音。

通电工作时，每按一次功能按钮SB_1即可使电路灯闪与音乐按表7-6所示在M1~M8七种模式间循环选择。功能按钮SB_2有两个功能：当电路工作于模式M2~M6时，为音量选择开关，每按一次可使音量在大、中、小、无之间循环选择；当电路工作于模式M7或M8时，可控制灯闪频率，有快速与慢速两档选择。

表7-6 彩灯循环模式

模　式	灯闪模式	音乐模式
M1	全亮	静音
M2	跳灯闪	1~16首乐曲连续唱
M3	跳灯闪	1~4首乐曲连续唱
M4	跳灯闪	5~8首乐曲连续唱
M5	跳灯闪	9~12首乐曲连续唱
M6	跳灯闪	13~16首乐曲连续唱
M7	跳马闪	静音
M8	波浪闪	静音

【实训方法与步骤】

1）查阅集成电路手册，熟悉音乐专用灯控集成电路 M8077 引脚排列及各引脚功能，按图 7-21 原理图，在印制电路板（万能板）上自行设计电路装配图。

2）用万用表检测元器件质量好坏，并进行整形和搪锡处理。

3）按照图 7-21 所示四路音乐彩灯控制器原理图，在印制电路板（或万能板）上正确连接电路。

4）调试与检测电路。

① 电路安装完毕后，对照原理图和装配图，仔细检查电路是否安装正确以及导线、焊点是否符合要求，检查整流二极管、稳压二极管、电解电容器的极性是否正确。

② 用万用表检测电源是否有问题，包括有无短路、断路现象。若发现故障，应仔细查找原因，并排除故障点。

③ 确认无误后，按集成电路标记口的方向插好集成电路，然后通电测试。

a. 依次按下功能按钮 SB_1，观察彩灯灯闪模式和音乐模式是否与表 7-6 所示相符。

b. 当电路工作于 M2 ~ M6 模式时，依次按下功能按钮 SB_2，观察音量是否在大、中、小、无之间循环选择；当电路工作于 M7、M8 模式时，观察彩灯灯闪是否在快速、慢速之间循环选择。

注意：本技能训练由于采用专用灯控集成电路，故外围电路简洁，其中彩灯串 HL_1 ~ HL_4 可自行制作。若要制作 80 头灯串，每一组需要用 20 个 12V、0.13A 节日彩灯串联起来，灯距为 40mm；若将 4 组彩灯串绞合在一起，则灯距变为 10mm，全长约 9m。当 HL_1 ~ HL_4 四组彩灯串循环点亮时，就会形成流动感。也可根据个人爱好将 HL_1 ~ HL_4 四路彩灯在空间作多种方式的排列，以形成追逐、流水、胀缩、放射及旋转等多种动态效果。

【质量评价】项目质量考核要求及评分标准见表 7-7。

表 7-7　质量评价表

班级		姓名	学号	组别	
考核项目	考核要求	配分	评分标准	自评分	互评分
准备工作	15min 内完成所有元器件的清点、检测及调换	15	规定时间以外更换元器件，扣 5 分/项		
组装焊接	元器件按要求整形；正确安装元器件；焊点美观、走线合理、布局漂亮	25	整形、安装或焊点不规范，扣 1 分/处；元器件安装错误或损伤元器件，扣 2 分/处		
通电调试	试通电电路工作正常	15	检修一次后电路才正常，扣 2 分；检修两次后电路才正常，扣 4 分		
调试电路	调试电路，能分析电路现象	25	分析错误，每处扣 2 分；不分析，每处扣 5 分		
安全文明操作	严格遵守电业安全操作规程；工作台工具、器件摆放整齐	10	违反安全操作规程，扣 1 ~ 10 分；工具、器件不整齐，扣 1 ~ 5 分		
定额时间	180min	10	提前正确完成每 10min 加 2 分；超过定额时间每 10min 扣 2 分		
合计		100			

学生交流改进总结

教师签名：

注：本表也可用于本章其他实验实训项目。

本章小结

1. 半导体存储器是一种能存储大量数据或信号的半导体器件。由于要求存储的数据量往往很大，而器件的引脚数目不可能无限制地增加，因此不可能将每个存储单元电路的输入和输出端都固定地各接到一个引脚上。因此，存储器的电路结构形式与第5章里讲的寄存器不同。

2. 在半导体存储器中采用了按地址存放数据的方法，只有那些被输入地址代码指定的存储单元才能进行读/写操作。为此，存储器的电路结构中必须包含地址译码器、存储矩阵和读/写控制电路三个组成部分。

3. 半导体存储器有许多不同的类型。首先按数据存取方式可分为只读存储器（ROM）和随机存取存储器（RAM）两大类。其次，根据存储单元电路结构和工作原理的不同，又将ROM分为掩膜ROM、PROM、EPROM、E^2PROM等几种类型；将RAM分为静态RAM（SRAM）和动态RAM（DRAM）两类。掌握各种类型半导体存储器的电路结构和性能上的不同特点，将为我们合理选用这些器件提供理论依据。

4. 半导体存储器存储容量的扩展方法有位扩展、字扩展和位字同时扩展三种。

附　　录

附录 A　常用元器件的型号命名

一、电阻器和电位器型号命名方法

电阻器和电位器的型号包含以下四个部分：

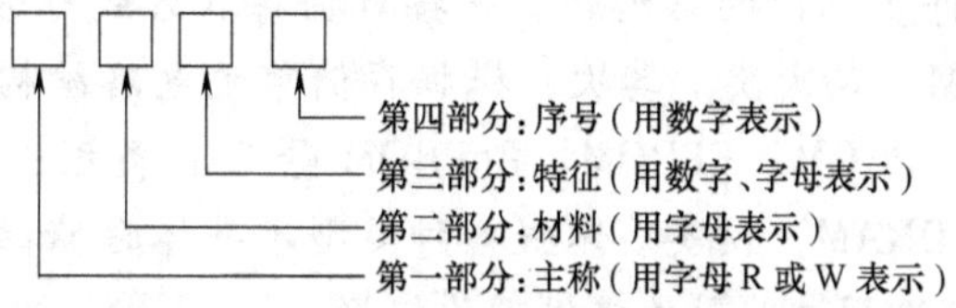

各部分含义见表 A-1。

表 A-1　电阻器和电位器型号命名方法

第一部分：主称		第二部分：材料		第三部分：特征分类			第四部分：序号
符号	意义	符号	意义	符号	意义		
					电阻器	电位器	
R	电阻器	T	碳膜	1	普通	普通	对主称、材料相同、仅性能指标、尺寸大小有差别，但基本不影响互换使用的产品，给予同一序号；若性能指标、尺寸大小明显影响互换时，则在序号后面用大写字母作为区别代号
W	电位器	H	合成膜	2	普通	普通	
		S	有机实芯	3	超高频	—	
		N	无机实芯	4	高阻	—	
		J	金属膜	5	高温	—	
		Y	氧化膜	6	—	—	
		C	沉积膜	7	精密	精密	
		I	玻璃釉膜	8	高压	特殊函数	
		P	硼碳膜	9	特殊	特殊	
		U	硅碳膜	G	高功率	—	
		X	线绕	T	可调	—	
		G	光敏	W	—	微调	
				D	—	多圈	
				B	温度补偿用	—	
				C	温度测量用	—	
				P	旁热式	—	
				W	稳压式	—	
				Z	正温度系数	—	

示例 1：RJ73——精密金属膜电阻器；

示例 2：WSW1——微调有机实芯电位器。

二、电容器型号命名方法

电容器的型号包含以下四个部分：

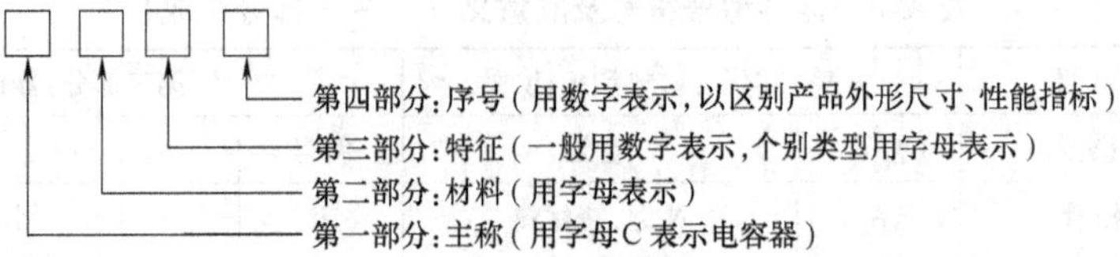

各部分含义见表 A-2。

表 A-2 电容器的型号命名方法

第一部分：主称		第二部分：材料		第三部分：特征分类						第四部分：序号
符号	意义	符号	意义	数字表示	意义					
					瓷介	云母	玻璃	电解	其他	
C	电容器	A	钽电解	1	圆片	非密封	—	箔式	非密封	对主称、材料相同、仅性能指标、尺寸大略有差别，但基本不影响互换使用的产品，给予同一序号；若性能指标、尺寸大小明显影响互换时，则在序号后面用大写字母作为区别代号
		B	聚苯乙烯	2	管形	非密封	—	箔式	非密封	
		C	高频陶瓷	3	叠片	密封	—	烧结粉非固体	密封	
		D	铝电解	4	独石	密封	—	烧结粉固体	密封	
		E	其他材料	5	穿心	—	—	—	穿心	
		G	合金电解	6	支柱	—	—	—	—	
		H	复合介质	7	—	—	—	无极性	—	
		I	玻璃釉	8	高压	高压	—	—	高压	
		J	金属化纸介	9	—	—	—	特殊	特殊	
		L	涤纶	字母表示	意义					
		N	铌	G	高功率					
		O	玻璃膜	W	微调					
		Q	漆膜							
		Y	云母							
		Z	纸介							
		S	聚碳酸脂							
		T	钛							

示例 1：CD11——铝电解电容器；

示例 2：CCW1——圆片型高频陶瓷微调电容器。

三、半导体器件型号命名方法

1. 我国半导体分立器件的命名法

半导体分立器件的型号五个组成部分的基本意义如下：

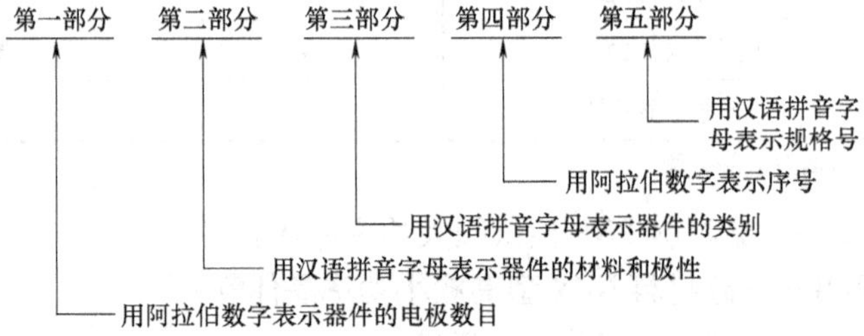

一些半导体分立器件的型号由一～五部分组成，另一些半导体分立器件的型号仅由一～三部分组成。

由一～三部分组成的器件型号符号及其意义见表 A-3。

表 A-3　器件型号符号及其意义（一～三部分组成）

第一部分:电极数目		第二部分:材料和极性		第三部分:器件类别	
符号	意义	符号	意义	符号	意义
2	二极管	A	N 型,锗材料	P	小信号管
		B	P 型,锗材料	V	混频检波管
		C	N 型,硅材料	W	电压调整管和电压基准管
		D	P 型,硅材料	C	变容管
3	晶体管	A	PNP 型,锗材料	Z	整流管
		B	NPN 型,锗材料	L	整流堆
		C	PNP 型,硅材料	S	隧道管
		D	NPN 型,硅材料	K	开关管
		E	化合物材料	X	低频小功率晶体管
				G	高频小功率晶体管
				D	低频大功率晶体管
				A	高频大功率晶体管
				T	闸流管
				Y	体效应管
				B	雪崩管
				J	阶跃恢复管

第三部分器件型号符号及其意义见表 A-4。

表 A-4　器件型号符号及其意义（第三部分）

第三部分:器件类别		第三部分:器件类别	
符号	意义	符号	意义
CS①	场效应晶体管	GF	发光二极管
BT	特殊晶体管	GR	红外发射二极管
FH	复合管	GJ	激光二极管
PIN	PIN 管	GD	光敏二极管
ZL	整流管阵列	GT	光敏晶体管
QL	硅桥式整流器	GH	光耦合器
SX	双向晶体管	GK	光开关管
DH	电流调整管	GL	摄像线阵器件
SY	瞬态抑制二极管	GM	摄像面阵器件
GS	光电子显示器		

① 4CS 表示双绝缘栅型场效应晶体管。

示例 1：3AD50C——锗材料 PNP 型低频大功率晶体管；

示例 2：3DG201B——硅材料 NPN 型高频小功率晶体管；

示例 3：2CW51——N 型硅材料稳压二极管；

示例 4：BT33E——单结晶体管。

2. 美国半导体器件命名法

美国半导体器件命名法见表 A-5。

表 A-5 美国电子工业协会半导体器件型号命名法

第一部分		第二部分		第三部分		第四部分		第五部分	
用符号表示用途的类型		用数字表示PN结的数目		美国电子工业协会(EIA)注册标志		美国电子工业协会(EIA)登记顺序号		用字母表示器件分档	
符号	意义	符号	意义	符号	意义	符号	意义	符号	意义
JAN 或 J	军用品	1	二极管	N	该器件已在美国电子工业协会注册登记	多位数字	该器件在美国电子工业协会登记的顺序号	A	同一型号的不同挡别
		2	三极管					B	
无	非军用品	3	三个PN结器件					C	
		n	n个PN结器件					D ⋮	

四、集成电路型号命名方法

1. 半导体集成电路型号命名方法

半导体集成电路型号命名方法见表 A-6。

表 A-6 半导体集成电路型号命名方法

第一部分		第二部分		第三部分	第四部分		第五部分	
用字母表示器件符合国家标准		用字母表示器件的类型		用阿拉伯数字表示器件的系列和品种代号	用字母表示器件的工作温度范围		用字母表示器件的封装	
符号	意义	符号	意义		符号	意义	符号	意义
C	中国制造	T	TTL	双极型数字集成电路通常用四位数字代号。第一个数字表示系列,后三个数字表示品种	C	0～70℃	W	陶瓷扁平
		H	HTL		E	-40～85℃	B	塑料扁平
		E	ECL		R	-55～85℃	F	全封闭扁平
		C	CMOS		M	-55～125℃	D	陶瓷直插
		F	线性放大器		⋮	⋮	P	塑料直插
		D	音响、电视电路				J	黑塑料直插
		W	稳压器				K	金属菱形
		J	接口电路				T	金属圆形
		M	存储器				⋮	⋮
		μ	微型机电路					
		⋮	⋮					

2. 数字集成电路型号命名方法

数字集成电路的型号组成一般由前缀、编号、后缀三大部分组成，前缀代表制造厂商，编号包括产品系列号、器件系列号，后缀一般表示温度等级、封装形式等。

（1）TTL 数字集成电路型号组成及符号的意义　TTL 数字集成电路型号包含以下五个部分。

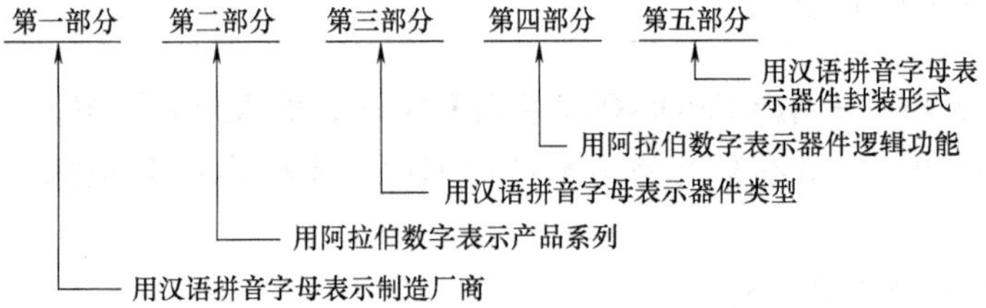

各部分含义见表 A-7。

表 A-7　TTL 数字集成电路型号命名方法

第一部分	第二部分		第三部分		第四部分		第五部分	
	产品系列		器件类型		器件功能		封装形式	
前缀	符号	意义	符号	意义	符号	意义	符号	意义
	54	军用电路		标准电路	阿拉伯数字	器件功能	W	陶瓷扁平
			H	高速电路			B	塑封扁平
代表制造厂商	74	民用电路	S	肖特基电路			F	全密封扁平
			LS	低功耗肖特基电路			D	陶瓷双列直插
			ALS	先进低功耗肖特基电路			P	塑封双列直插
			AS	先进肖特基电路				

示例 1：CT74LS00P——国产低功耗肖特基 74TTL 系列四 2 输入与非门逻辑电路，封装形式为塑料双列直插；示例 2：CT74ALS86F——国产先进低功耗肖特基 74TTL 四 2 输入异或门逻辑电路，封装形式为全密封扁平。

（2）CMOS 数字集成电路型号组成及符号的意义　CMOS 数字集成电路型号包含以下四个部分。

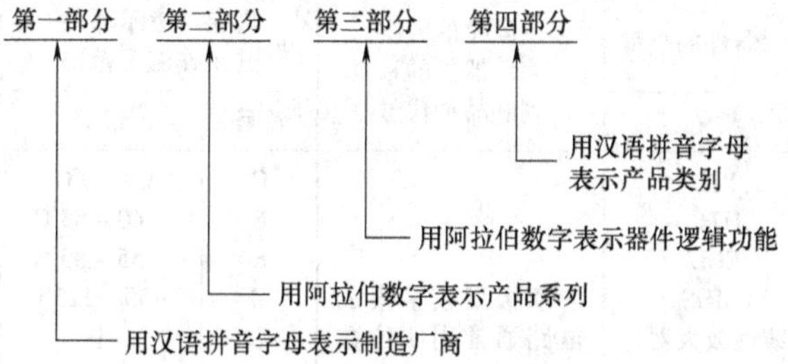

各部分含义见表 A-8。

表 A-8　CMOS 数字集成电路型号命名方法

第一部分		第二部分		第三部分		第四部分	
代表制造厂商		器件系列		逻辑功能		产品类别	
符号	意义	符号	意义	符号	意义	符号	意义
CC	中国制造	40	产品序列号	阿拉伯数字	器件逻辑功能	A	类别号
TA	日本东芝公司产品						
MC	美国摩托罗拉公司产品	45				B	

示例 1：CC4025B——国产 CMOS4000 系列 B 类三 3 输入或非门逻辑电路；

示例 2：TA4511B——日本东芝公司生产的 CMOS4500 系列 B 类四 2 输入与非门逻辑电路。

3. 国外部分公司及产品代号

见表 A-9 所示。

表 A-9　集成电路生产厂商产品型号前缀

公司名称	代　号	公司名称	代　号
美国无线电公司(RCA)	CA	美国悉克尼特公司(SIG)	CA
美国国家半导体公司(NS)	LM	日本电气工业公司(NEC)	μPC
美国摩托罗拉公司(MOTO)	MC	日本日立公司(HIT)	HM
美国仙童半导体公司(FS)	μA	日本东芝公司(TOS)	TA
美国德州仪器公司(TI)	AC	日本三洋公司(SANYO)	LA,LB
美国模拟器件公司(AD)	AD	日本松下公司(PANASONIC)	AN
美国英特尔公司(Intel)	Intel	日本三菱公司	M

附录 B　数字集成电路型号索引

一、74 系列数字集成电路型号索引

00	四 2 输入与非门	25	双 4 输入或非门(带选通)
01	四 2 输入与非门(OC)	26	四 2 输入高压输出与非缓冲器(OC)
02	四 2 输入与非门	27	三 3 输入或非门
03	四 2 输入与非门(OC)	28	四 2 输入或非缓冲器
04	六反相器	30	8 输入与非门
05	六发相器(OC)	31	延迟元件
06	六反相缓冲/驱动器(OC)	32	四 2 输入或门
07	六缓冲/驱动器(OC)	33	四 2 输入或非缓冲器(OC)
08	四 2 输入与门	34	六跟随器
09	四 2 输入与门(OC)	35	六跟随器(OC)(OD)
10	三 3 输入与非门	36	四 2 输入或非门
11	三 3 输入与门	37	四 2 输入与非缓冲器
12	三 3 输入与非门(OC)	38	四 2 输入或非缓冲器(OC)
13	双 4 输入与非门(施密特触发)	39	四 2 输入或非缓冲器(OC)
14	六反相器(施密特触发)	40	双 2 输入与非缓冲器
15	三 3 输入与门(OC)	42	四线-10 线译码器(BCD 输入)
16	六高压输出反相缓冲/驱动器(OC)	43	四线-10 线译码器(余 3 码输入)
17	六高压输出缓冲/驱动器(OC)	44	四线-10 线译码器(余 3 格雷码输入)
18	双 4 输入与非门(施密特触发)	45	BCD-十进制译码器/驱动器(OC)
19	六反相器(施密特触发)	46	4 线-七段译码器/驱动器
20	双 4 输入与非门	47	4 线-七段译码器/驱动器
21	双 4 输入与门	48	4 线-七段译码器/驱动器
22	双 4 输入与非门(OC)	49	4 线-七段译码器/驱动器
23	双 4 输入与非门(带选通)	50	双 2 输入与或非门(一门可扩展)
24	四 2 输入与门(施密特触发)	51	双 2 路 2-2(3)输入与或非门

（续）

52	4路2-3-2-2输入与或门(可扩展)	96	5位移位寄存器
53	4路2-2-2(3)-2输入与或非门(可扩展)	97	同步六位二进制(比例系数)乘法器
54	4路2-2(3)-(3)-2输入与或非门	98	4位数据选择器/存储寄存器
55	2路4-4输入与或非门(可扩展)	99	4位双向通用移位寄存器
56	1/50分频器	100	8位双稳态锁存器
57	1/60分频器	101	与或门输入下降沿JK触发器(有预置)
58	2路2-2输入,2路3-3输入与或门	102	与门输入下降沿JK触发器(有预置和清除)
60	双4输入与扩展器	103	双下降沿JK触发器(有清除)
61	三3输入与扩展器	106	双下降沿JK触发器(有预置和清除)
62	4路2-3-3-2输入与或扩展器	107	双主从JK触发器(有清除)
63	六电流读出接口门	108	双下降沿JK触发器(公共清除,有预置)
64	4路4-2-3-2输入与或非门	109	双上升沿JK触发器(有预置和清除)
65	4路4-2-3-2输入与或非门(OC)	110	与门输入主从JK触发器(有预置和清除)
68	双4位十进制计数器	111	双主从JK触发器(有预置和清除)
69	双2位二进制计数器	112	双下降沿JK触发器(有预置和清除)
70	与门输入上升沿JK触发器(有预置和清除)	113	双下降沿JK触发器(有预置)
71	与或门输入主冲JK触发器(有预置)	114	双下降沿JK触发器(公共清除,有预置)
72	与门输入主从JK触发器(有预置和清除)	116	双4位锁存器
73	双JK触发器(有清除)	120	双脉冲同步驱动器
74	双上升沿D触发器(有预置和清除)	121	单稳态触发器(有施密特触发器)
75	4位双稳态锁存器	122	可重触发单稳态触发器(有清除)
76	双JK触发器(有预置和清除)	123	双可重触发单稳态触发器(有清除)
77	4位双稳态锁存器	124	双压控振荡器(有允许功能)
78	双主从JK触发器(有预置和公共清除)	125	四总线缓冲器(三态输出)
80	门控全加器	126	四总线缓冲器(3S)
81	16位随机存取存储器(OC)	128	四2输入或门线驱动器
82	2位二进制全加器	131	3线-8线译码器/多路分配器(有地址寄存)
83	4位二进制全加器(带快速进位)	132	四2输入与非门(有施密特触发)
85	4位数值比较器	133	13输入与非门
86	四2输入异或门	134	12输入与非门(3S)
87	4位正/反码、0/1电路	135	四异或/异或非门
90	十进制计数器	136	四2输入异或门(OC)
91	8位移位寄存器	137	3线-8线译码器/多路分配器(有地址锁存)
92	十二分频计数器	138	3线-8线译码器/多路分配器
93	4位二进制计数器	139	双2线-4线译码器/多路分配器
94	4位移位寄存器(双异步预置)	140	双4输入与非线驱动器
95	4位移动寄存器(并行存取)	141	BCD-十进制译码器/驱动器(OC)

（续）

145	BCD-十进制译码器/驱动器	183	双进位保留全加器
147	10 线-4 线优先编码器	184	BCD-二进制代码转换器（译码器）
148	8 线-3 线优先编码器	185	二进制-BCD 代码转换器（译码器）
149	8 线-3 线优先编码器	189	64 位随机存储器（3S，反码）
150	16 选 1 数据选择器（反码输出）	190	4 位十进制可预置同步加/减计数器
151	8 选 1 数据选择器（原、反码输出）	191	4 位二进制可预置同步加/减计数器
152	8 选 1 数据选择器（反码输出）	192	4 位十进制可预置同步加/减计数器
153	双 4 线-1 线数据选择器	193	4 位二进制可预置同步加/减计数器
154	4 线-16 线译码器/多路转换器	194	4 位双向通用移位寄存器（并行存取）
155	双 2 线-4 线译码器（图腾柱输出）	195	4 位移位寄存器（JK 输入，并行存取）
156	双 2 线-4 线译码器（OC 输出）	196	可预置十进制/二、五混合进制计数器
157	双 2 选 1 数据选择器（原码输出）	197	可预置二进制计数器/锁存器
158	双 2 选 1 数据选择器（反码输出）	198	8 位双向通用移位寄存器（并行存取）
159	4 线-16 线译码器/多路分配器（OC 输出）	199	8 位移位寄存器（JK 输入，并行存取）
160	4 位十进制同步可预置计数器（异步清除）	200	256 位随机存取存储器（3S）
161	4 位二进制同步可预置计数器（异步清除）	202	256 位读/写控制器（3S）
162	4 位十进制同步计数器（同步清除）	207	256 ×4 随机存取存储器（公共 I/O 通道）
163	4 位二进制同步可预置计数器（同步清除）	208	256 ×4 随机存取存储器（3S）
164	8 位移位寄存器（串行输入、并行输出）	214	102 ×1 随机存取存储器（3S）
165	8 位移位寄存器（并行置数、互补输出）	215	1024 ×1 随机存取存储器（3S）
166	8 位移位寄存器（并/串行输入，串行输出）	219	64 位随机存储器（3S）
167	十进制同步比例乘法器	221	双单稳态触发器
168	4 位十进制可预置加/减同步计数器	225	异步先入先出存储器
169	4 位二进制可预置加/减同步计数器	226	4 位并行锁存总线收发器（3S）
170	4 ×4 寄存器阵（OC）	230	八缓冲器/线驱动器（3S）
171	四 D 触发器（有清除）	231	八缓冲器/线驱动器（3S）
172	16 位寄存器阵（3S）	237	3 线-8 线译码器/多路分配器（地址锁存）
173	4 位 D 型寄存器（3S）	238	3 线-8 线译码器/多路分配器
174	六上升沿 D 型触发器（公共清除）	239	双 2 线-4 线译码器/多路分配器
175	四上升沿 D 型触发器（公共清除）	240	八反相缓冲器/线驱动器/线接收器（3S）
176	可预制十进制/二、五混合进制计数器	241	八缓冲器/线驱动器/线接收器（3S）
177	可预置二进制计数器	242	四总线收发器（反相、3S）
178	4 位通用移位寄存器	243	四总线收发器（3S）
179	4 位通用移位寄存器（直接清除，互补输出）	244	八缓冲器/线驱动器/线接收器（3S）
180	9 位奇偶产生器/校验器	245	八双向总线发送器/接线器（3S）
181	四位算术逻辑单元/函数发生器	246	4 线-七段译码器/高压驱动器（OC）
182	超前进位产生器	247	4 线-七段译码器/高压驱动器（OC）

（续）

248	4 线-七段译码器/驱动器(BCD 输入)	322	8 位移位寄存器(有信号扩展、3S)
249	4 线-七段译码器/驱动器(OC)	323	8 位双向移位/存储寄存器(3S)
250	16 选 1 数据选择器/多路转换器(3S)	347	BCD-七段译码器/驱动器(OC)
251	8 选 1 数据选择器/多路转换器(3S)	348	8 线-3 线优先编码器(3S)
253	双 4 选 1 数据选择器/多路转换器(3S)	350	4 位移位寄存器(3S)
256	8 位寻址锁存器	351	双 8 选 1 数据选择器/多路转换器(3S)
257	四 2 选 1 数据选择器/多路转换器(3S)	352	双 4 选 1 数据选择器/多路转换器
258	四 2 选 1 数据选择器/多路转换器(3S)	353	双 4 选 1 数据选择器/多路转换器(3S)
259	8 位寻址锁存器	354	8 选 1 数据选择器/多路转换器(3S)
260	双 5 输入或非门	355	8 选 1 数据选择器/多路转换器(OC)
261	2 位×4 位并行二进制乘法器(锁存器输出)	356	8 选 1 数据选择器/多路转换器(3S)
264	超前进位发生器	357	8 选 1 数据选择器/多路转换器(OC)
265	四互补输出单元	363	8D 型透明锁存器和边沿触发器(3S)
266	四 2 输入异或非门	364	8D 型透明锁存器和边沿触发器(3S)
268	6D 型锁存器(3S)	365	六总线驱动器(同相、3S、公共控制)
269	8 位加/减计数器	366	六总线驱动器(反相、3S、公共控制)
273	8D 型触发器	367	六总线驱动器(3S、两组控制)
274	4 位×4 位并行二进制乘法器(3S)	368	六总线驱动器(同相、3S、两组控制)
276	四 JK 触发器	373	8D 型锁存器(3S、公共控制)
278	4 位可级联优先寄存器(输出可控)	374	8D 型锁存器(3S、公共控制、公共时钟)
280	9 位奇偶产生器/校验器	375	4 位 D 型锁存器(双稳态)
281	4 位并行二进制累加器	376	四 JK 触发器(公共时钟,公共清除)
282	超前进位发生器(有选择进位输入)	377	8D 型触发器(Q 端输出、公共时钟)
283	4 位二进制超前进位全加器	378	6D 型触发器(Q 端输出、公共时钟)
284	4 位×4 位并行二进制乘法器(OC)	379	4D 型触发器(互补输出、公共时钟)
285	4 位×4 位并行二进制乘法器(OC)	381	4 位算术逻辑单元/函数发生器
286	9 位奇偶发生器/校验器(有总线驱动)	382	4 位算术逻辑单元/函数发生器
290	十进制计数器(÷2, ÷5)	384	8 位×1 位补码乘法器
292	可编程分频/数字定时器(最大 2^{31})	385	四串行加法器/减法器
293	4 位二进制计数器(÷2, ÷8)	386	四 2 输入异或门
294	可编程分频/数字定时器(最大 2^{15})	390	双二-五-十进制计数器
295	4 位双向通用移位/存储寄存器	393	双 4 位二进制计数器(异步清除)
297	数字锁相环滤波器	395	4 位可级联移位寄存器(3S、并行存取)
298	四 2 输入多路转换器(有存储)	396	八进制存储寄存器
299	8 位双向通用移位/存储寄存器	398	四 2 输入多路转换器(倍乘器)
320	晶体控制振荡器	399	四 2 输入多路转换器(倍乘器)
321	晶体控制振荡器(附 F/2,F/4 输出端)	401	循环冗余校验产生器/检测器

（续）

402	扩展循环冗余校验产生器/检测器	541	八缓冲器/驱动器(3S)
403	16 字×4 位缓冲型存储寄存器	543	八接收发送双向锁存器(3S,原码输出)
407	数据地址寄存器	544	八接收发送双向锁存器(3S,反码输出)
410	寄存器堆——16×4RAM(3S)	545	八接收发送双向锁存器(3S)
411	先进先出 RAM 控制器	547	3 线-8 线译码器(输入锁存,有应答功能)
412	多模式 8 位缓冲锁存器(3S,直接清除)	548	3 线-8 线译码器/多路分配器(有应答功能)
422	可重触发单稳态多谐振荡器	550	八寄存器接收发送器(带状态指示)
423	可重触发单稳态多谐振荡器	551	八寄存器接收发送器(带状态指示)
424	2 相时钟发生器/驱动器	552	八寄存器接收发送器(带奇偶及特征指示)
425	四总线缓冲器(3S,低允许)	557	8 位×8 位乘法器(3S,带锁存)
426	四总线缓冲器(3S,高允许)	558	8 位×8 位乘法器
432	8 位多模式反相缓冲锁存器	560	4 位十进制同步计数器(3S,同步或异步清零)
440	四总线收发器(OC,三方向传输,同相)	561	4 位二进制同步计数器(3S,同步或异步清零)
441	四总线收发器(OC,三方向传输,反相)	563	8D 型透明锁存器(反相输出,3S)
442	四总线收发器(3S,三方向传输,同相)	564	8D 型上升沿锁存器(反相输出,3S)
443	四总线收发器(3S,三方向传输,反相)	568	四位十进制同步加/减计数器(3S)
444	四总线收发器(3S,三方向传输,同相和同相)	569	四位二进制同步加/减计数器(3S)
445	BCD-十进制译码器/驱动器(OC)	573	8D 型透明锁存器
446	四总线收发器(3S,双向传输,反码)	574	8D 型上升沿触发器(3S)
447	BCD-七段译码器/驱动器(OC)	575	8D 型上升沿触发器(3S,有清除)
490	双 4 位十进制计数器	576	8D 型上升沿触发器(3S,反相)
518	8 位恒等比较器(OC)	577	8D 型上升沿触发器(3S,反相,有清除)
519	8 位恒等比较器(OC)	579	8 位双向二进制计数器(3S)
520	8 位恒等比较器(反码)	580	8D 型透明锁存器(3S,反相输出)
521	8 位恒等比较器(反码)	582	4 位 BCD 算术逻辑单元
522	8 位恒等比较器(反码,OC)	583	4 位 BCD 加法器
524	8 位可寄存比较器(可编程,3S)	588	八双向收发器(3S)
525	16 位状态可编程计数器/分频器	589	8 位移位寄存器(输入锁存,3S)
526	熔断型可编程 16 位恒等比较器(反相输入)	590	8 位二进制计数器(有输出寄存器,3S)
527	熔断型可编程 8 位恒等比较器(反相输入)	591	8 位二进制计数器(有输出寄存器,OC)
528	熔断型可编程 12 位恒等比较器	592	8 位二进制计数器(有输出寄存器)
533	8D 型透明锁存器	593	8 位二进制计数器(有输出寄存器)
534	8D 型上升沿触发器(3S,反相)	594	8 位移位寄存器(有输出锁存)
537	4 线-10 线译码器/多路分配器	595	8 位移位寄存器(有输出锁存,3S)
538	3 线-8 线译码器/多路分配器	596	8 位移位寄存器(有输出锁存,OC)
539	双 2 线-4 线译码器/多路分配器(3S)	597	8 位移位寄存器(有输入锁存)
540	八缓冲器/驱动器(3S,反相)	598	8 位移位寄存器(有输入锁存)

（续）

599	8 位移位寄存器(有输出锁存,OC)	645	八总线收发器(3S,原码)
600	存储器刷新控制器(4K 或 16K)	646	八双向总线收发器和寄存器(3S,原码)
601	存储器刷新控制器(64K)	647	八双向总线收发器和寄存器(OC,原码)
602	存储器刷新控制器(4K 或 16K)	648	八双向总线收发器和寄存器(3S,反码)
603	存储器刷新控制器(64K)	649	八双向总线收发器和寄存器(OC,反码)
604	八 2 输入多路复用寄存器(3S)	651	八双向总线收发器和寄存器(3S,反码)
605	八 2 输入多路复用寄存器(OC)	652	八双向总线收发器和寄存器(3S,原码)
606	八 2 输入多路复用寄存器(3S)	653	八总线收发器/寄存器(3S,反码)
607	八 2 输入多路复用寄存器(OC)	654	八总线收发器/寄存器(正向 3S,反向 OC)
608	存储器周期控制器	655	八缓冲器/线驱动器(有奇偶、反相、3S)
618	三 4 输入与非们施密特触发器	656	八缓冲器/线驱动器(有奇偶、同相、3S)
619	可逆施密特触发器	657	八双向收发器(8 位奇偶产生/检测,3S 输出)
620	八总线收发器(3S,反相)	658	八总线收发器(有奇偶、反码、3S)
621	八总线收发器(OC)	659	八总线收发器(有奇偶、3S)
622	八总线收发器(OC,反相)	664	八总线收发器(有奇偶、反码、3S)
623	八总线收发器(3S)	665	八总线收发器(有奇偶、原码、3S)
624	压控振荡器(有允许,互补输出)	666	8 位 D 型透明重复锁存器(3S)
625	双压控振荡器(互补输出)	667	8 位 D 型透明重复锁存器(3S,反相)
626	双压控振荡器(有允许,互补输出)	668	4 位十进制可预置加/减同步计数器
627	双压控振荡器(反相输出)	669	4 位二进制可预置加/减同步计数器
628	压控振荡器(有允许,互补输出)	670	4 位 ×4 位寄存器阵(3S)
629	双压控振荡器(有允许,反相输出)	671	4 位通用移位寄存器/锁存器(3S,直接清除)
630	16 位误差检测及校正电路(3S)	672	4 位通用移位寄存器/锁存器(3S,同步清除)
631	16 位误差检测及校正电路(OC)	673	16 位移位寄存器(串入、串/并出,3S)
632	32 位并行误差检测及校正电路(3S)	674	16 位移位寄存器(并/串入、串出,3S)
633	32 位并行误差检测及校正电路(OC)	675	16 位移位寄存器(串入、串/并出)
634	32 位并行误差检测及校正电路(3S)	676	16 位移位寄存器(并/串入、串出)
635	32 位并行误差检测及校正电路(OC)	677	16 位-4 位地址比较器(有允许)
636	8 位并行误差检测及校正电路(3S)	678	16 位-4 位地址比较器(有锁存)
637	8 位并行误差检测及校正电路(OC)	679	12 位-4 位地址比较器(有允许)
638	八总线收发器(双向,3S,互补)	680	12 位-4 位地址比较器(有锁存)
639	八总线收发器(双向,3S)	681	4 位并行二进制累加器
640	八总线收发器(3S,反码)	682	双 8 位数值比较器(上拉)
641	八总线收发器(OC,原码)	683	双 8 位数值比较器(OC,上拉)
642	八总线收发器(OC,反码)	684	双 8 位数值比较器
643	八总线收发器(3S,原、反码)	685	双 8 位数值比较器(OC)
644	八总线收发器(OC,原、反码)	686	双 8 位数值比较器

（续）

687	双8位数值比较器(OC,有允许)	852	8位通用收发器/通道控制器(3S,双向)
688	双8位数值比较器(有允许)	856	8位通用收发器/通道控制器(3S,双向)
689	双8位数值比较器(OC,有允许)	857	六2选1通用多路转换器(3S)
690	十进制同步计数器(3S,直接清除)	866	8位数值比较器
691	二进制同步计数器(3S,直接清除)	867	8位同步加/减计数器(异步清除)
692	十进制同步计数器(3S,同步清除)	869	8位同步加/减计数器(同步清除)
693	二进制同步计数器(3S,同步清除)	870	双16×4位寄存器阵列(3S)
696	十进制同步加/减计数器(3S,直接清除)	871	双16×4位寄存器阵列(3S,双向)
697	二进制同步加/减计数器(3S,直接清除)	873	双4位D型锁存器(3S)
698	十进制同步加/减计数器(3S,同步清除)	874	双4位D型上升沿触发器(3S)
699	二进制同步加/减计数器(3S,同步清除)	876	双4位D型上升沿触发器(3S,反相)
758	四路总线收发器(OC,反码)	877	8位通用收发器/通道控制器(3S)
759	四路总线收发器(OC,原码)	878	双4位D型上升沿触发器(3S,同相)
784	8位串并行乘法器(带加/减)	879	双4位D型上升沿触发器(3S,反相)
793	八锁存器(有回读,3S)	880	双4位D型锁存器(3S,反相)
800	三4输入与/与非驱动器	881	算术逻辑单元/函数发生器
802	三4输入或/或非驱动器	882	32位超前进位发生器
804	六2输入与非驱动器	885	8位数值比较器
805	六2输入或非驱动器	1000	四2输入与非缓冲/驱动器
808	六2输入与驱动器	1002	四2输入或非缓冲门
810	四2输入异或非门	1003	四2输入与非脉冲门(OC)
811	四2输入异或非门(OC)	1004	六驱动器(反码)
821	10位总线接口触发器(3S)	1641	八总线收发器(OC,原码)
822	10位总线接口触发器(3S,反码)	1642	八总线收发器(OC,反码)
823	9位总线接口触发器(3S)	1643	八总线收发器(3S,反码/原码)
824	9线总线接口触发器(3S,反码)	1644	八总线收发器(OC,反码/原码)
825	8位并行寄存器	1645	八总线收发器(3S,原码)
832	六2输入或驱动器	2620	八总线收发器/MOS驱动器(3S,反码)
841	10位并行透明锁存器(3S,同相)	2623	八总线收发器/MOS驱动器(3S)
842	10位并行透明锁存器(3S,反相)	2640	八总线收发器/MOS驱动器(3S,反码)
843	9位并行透明锁存器(3S,同相)	2643	八总线收发器/MOS驱动器(3S,原/反码)
844	9位并行透明锁存器(3S,反相)	2645	八总线收发器/MOS驱动器(3S,原码)
845	8位并行透明锁存器(3S,同相)	3037	四2输入与非30Ω传输线驱动器
846	8位并行透明锁存器(3S,反相)	3038	四2输入与非30Ω传输线驱动器(OC)
850	16选1数据选择器/多路分配器(3S)	3040	双4输入与非30Ω传输线驱动器
851	16选1数据选择器/多路分配器(3S)		

二、4000 系列数字集成电路型号索引

4000	双 3 输入或非门及反相器	4043	四 RS 锁存器(3S)
4001	四 2 输入或非门	4045	21 级计数器
4002	双 4 输入或非门	4046	锁相环
4006	18 位静态移位寄存器(串入,串出)	4047	非稳态/单稳态多谐振荡器
4007	双互补对加反相器	4048	8 输入多功能门(3S,可扩展)
4008	4 位二进制超前进位全加器	4049	六反相器
4009	六缓冲器/变换器(反相)	4050	六同相缓冲器
4010	六缓冲器/变换器(同相)	4051	模拟多路转换器/分配器(8 选 1 模拟开关)
4011	四 2 输入与非门	4052	模拟多路转换器/分配器(双 4 选 1 模拟开关)
4012	双 4 输入与非门	4053	模拟多路转换器/分配器(三 2 选 1 模拟开关)
4013	双上升沿 D 触发器	4054	4 段液晶显示驱动器
4014	8 位移位寄存器(串/并入,串出)	4055	4 线-7 段译码器(BCD 输入,驱动液晶显示器)
4015	双 4 位移位寄存器(串入,并出)	4056	BCD-七段译码器/驱动器(有选通,锁存)
4016	四双向开关	4059	程控 1/N 计数器(BCD 输入)
4017	十进制计数器/分频器	4060	14 位同步二进制计数器和振荡器
4018	可预置 N 分频计数器	4061	14 位同步二进制计数器和振荡器
4019	四 2 选 1 数据选择器	4063	4 位数值比较器
4020	14 位同步二进制计数器	4066	四双向开关
4021	8 位移位寄存器(异步并入,同步串入/串出)	4067	16 选 1 模拟开关
4022	八计数器/分频器	4068	8 输入与非/与门
4023	三 2 输入与非门	7069	六反相器
4024	7 位同步二进制计数器(串行)	4070	四异或门
4025	三 3 输入与非门	4071	四 2 输入或门
4026	十进制计数器/脉冲分配器(七段译码输出)	4072	双 4 输入或门
4027	双上升沿 JK 触发器	4073	三 3 输入与门
4028	4 线-10 线译码器(BCD 输入)	4075	三 3 输入或门
4029	4 位二进制/十进制加/减计数器(有预置)	4076	4D 寄存器(3S)
4030	四异或门	4077	四异或非门
4031	64 位静态移位寄存器	4078	8 输入或/或非门
4032	三级加法器(正逻辑)	4081	四 2 输入与门
4033	十进制计数器/脉冲分配器(七段译码输出)	4082	双 4 输入与门
4034	8 位总线寄存器	4085	双 2-2 输入与或非们(带禁止输入)
4035	4 位移位寄存器(补码输出,并行存取)	4086	四路 2-2-2-2 输入与或非门(可扩展)
4038	三级加法器(负逻辑)	4089	4 位二进制比例乘法器
4040	12 位同步二进制计数器(串行)	4093	四 2 输入与非门(有施密特触发器)
4041	四原码/反码缓冲器	4094	8 位移位和储存总线寄存器
4042	四 D 锁存器	4095	上升沿 JK 触发器

数字电子技术基础与技能

习题与思考

班级 ______________

姓名 ______________

学号 ______________

机 械 工 业 出 版 社

第1章 习 题

一、填空题

1. 数字信号的特点是在__________上和__________上都是断续变化的，其高电平和低电平通常用__________和__________表示。

2. 数字电路中，常用的数制除十进制外，还有__________进制和__________进制。

3. 完成下列数制转换：$(11010110)_2=(\_\_\_\_\_\_)_{10}$；$(95.5)_{10}=(\_\_\_\_\_\_)_2$。

4. 数字电路中的基本逻辑关系有__________、__________和__________三种。

5. 只有当决定一件事情的所有条件全部具备时，这件事情才发生，这样的逻辑关系称为____________。

6. 当决定一件事情的所有条件中，只要具备一个或一个以上的条件，这件事情就发生，这样的逻辑关系称为__________。

7. 当决定一件事情的条件不具备时，这件事情才发生，这样的逻辑关系称为__________。

8. 逻辑函数常用的表示方法有__________、__________和__________。

9. 逻辑门电路是指________________________的数字电路，常用的逻辑门电路有__________、__________、__________、__________、__________等。

10. 逻辑函数的化简方法有__________化简法和__________化简法两种。

11. 常用数字集成电路系列有__________系列和__________系列。

12. 矩形脉冲信号的主要参数包括____________、____________、____________、__________、__________和__________。

13. 二-十进制代码又称__________码，常用的二-十进制代码为__________。

14. 逻辑变量是一种二值变量，只能取值__________和__________，仅用来表示两种截然不同的状态。

二、判断题

1. 在逻辑代数中，“1”比“0”大。 ( )

2. 在数字电路中，高、低电平指的是一定的电压范围，而不是一个固定不变的数值。 ( )

3. 非门电路通常是多个输入端，一个输出端。 ( )

4. 表示一种逻辑功能的真值表是唯一的，而它的表达式和逻辑图可以有多种形式。 ( )

5. 异或门的逻辑功能是：有1出1，全0为0。 ( )

6. 在全部输入是0的情况下，“与非”运算的结果是逻辑0。 ( )

7. TTL集成门电路的电源电压为5V，CMOS集成门电路的电压为3～18V。( )

8. 数字集成电路的封装形式单一，其引脚排列只能通过查询生产厂家说明书获得。 (　　)

9. CMOS 集成门电路多余输入端不能悬空，可以与 V_{DD}（高电位）或 V_{SS}（低电位）相连，或者与有用的输入端并在一起，这样并联使用还可以增加输出端的负载能力。 (　　)

10. 常用的门电路中，判断两个输入信号是否相同的门电路是“与非”门。 (　　)

11. 8421BCD 码是有权码。 (　　)

12. 数字电路中机器识别和常用的数制是十进制。 (　　)

三、选择题

1. 只有高、低电平的矩形脉冲信号属于（　　）。

A. 模拟信号　　B. 直流信号　　C. 交流信号　　D. 数字信号

2. 下列属于数字信号的是（　　）。

A. 正弦波信号　　B. 时钟脉冲信号　　C. 音频信号　　D. 视频图像信号

3. “有 0 出 1，全 1 出 0”属于（　　）。

A. 与非逻辑　　B. 或逻辑　　C. 非逻辑　　D. 与逻辑

4. 十进制数 25 用 8421BCD 码表示为（　　）。

A. 10101　　B. 00100101　　C. 100101　　D. 10101

5. 题表 1-1 所列真值表对应的逻辑关系是（　　）。

A. 与　　B. 或　　C. 或非　　D. 与非

题表 1-1

A	B	Y
0	0	1
0	1	1
1	0	1
1	1	0

6. 逻辑函数$\overline{\overline{AB}+\overline{AC}}$的与非表达式为（　　）。

A. $\overline{AB \cdot AC}$　　B. $\overline{\overline{AB} \cdot \overline{AC}}$　　C. $\overline{(A+B) \cdot (A+C)}$　　D. $\overline{\overline{ABC}}$

7. 逻辑函数$\overline{AB}+ABC$，化简后结果是（　　）。

A. $B+C$　　B. 1　　C. $\overline{A}+\overline{B}+C$　　D. 0

8. 题图 1-1 所示的逻辑门电路中，能实现 $Y=\overline{A}$的是（　　）。

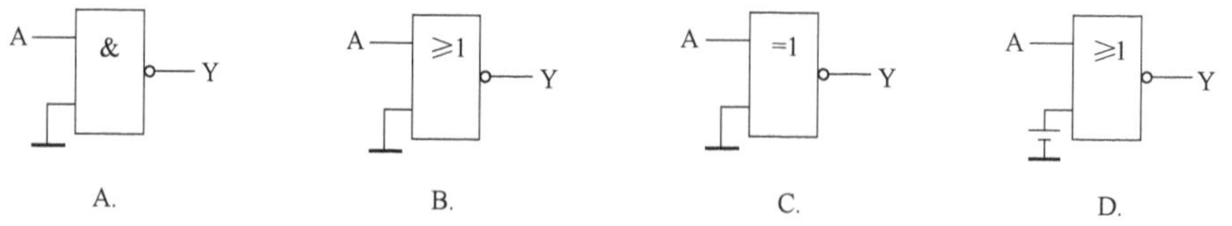

题图 1-1

9. 十进制整数转换为二进制数一般采用（　　）。

A. 除 2 取余法　　B. 除 2 取整法　　C. 除 10 取余法　　D. 除 10 取整法

10. 在（　）的情况下，函数 $Y = AB$ 运算的结果是逻辑“0”。

A. 全部输入是“0”　　B. 任一输入是“0”

C. 任一输入是“1”　　D. 全部输入是“1”

11. 下列逻辑式中，正确的是（　　）。

A. $A + A = A$　　B. $A + A = 0$　　C. $A + A = 1$　　D. $A + A = 2A$

12. 任意的两个最小项之积恒为（　　）。

A. 1　　B. 0　　C. 0 或 1　　D. 非 0 非 1

四、简答题

1. 数字电路与模拟电路相比较，具有哪些显著优点？

2. 计算机室原只有一扇门 A，为了安全起见又外加了一扇防盗门 B，就进入计算机室这个事件 Y 来说，Y 与 A、B 的逻辑关系是什么？

3. 什么叫真值表？列出 $Y = AB + \overline{AB}$的真值表。

4. 简述 TTL 集成门电路的使用注意事项。

五、综合题

1. 写出题图 1-2 中各图的最简与或逻辑表达式。

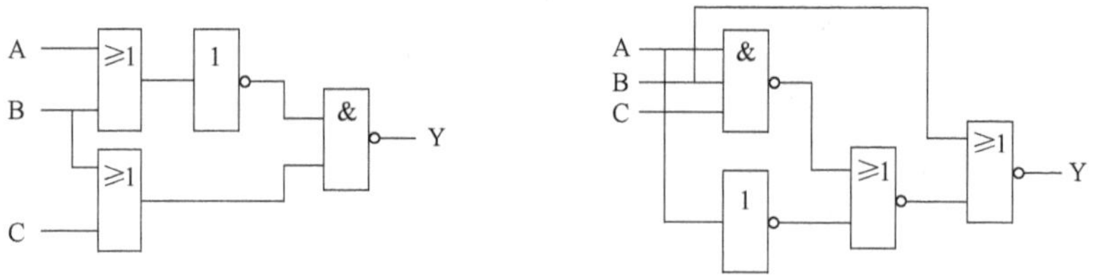

a)　　　　b)

题图 1-2

2. 画出下列逻辑函数的逻辑图。

(1) $Y=\overline{\overline{A}B+A\overline{B}}$

(2) $Y=\overline{AC+\overline{BD}(A+C)}$

3. 设与非门电路输入端 A、B 的波形如题图 1-3 所示，试绘出输出端 Y 的波形。

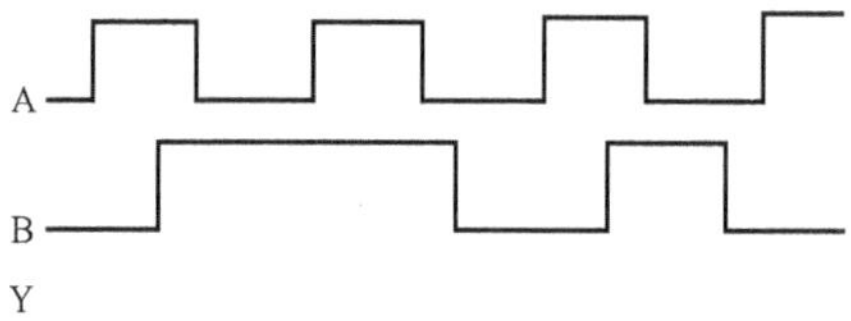

题图 1-3

4. 设现有三台电动机 M_A、M_B、M_C，A、B、C 分别表示各电动机工作状态，要求（1）M_A 开机则 M_B 也必须开机；（2）M_B 开机则 M_C 必须停机，否则，报警系统发出报警信号 Y=1。试用真值表、逻辑表达式、逻辑图分别描述该电路逻辑功能。

六、资料搜集

在互联网上查找如下网站：（学习相关知识应用，收集行业信息）

http：//www. datasheet5. com

http：//www. 21ic. com

http：//www. icpdf. com

http：//www. elecfans. com

http：//www. dzjsw. com

第1章　测　试　题

一、填空题

1. 数字集成逻辑电路按组成器件的种类可分为__________系列和__________系列两大类。

2. $(174.25)_{10}=(\_\_\_\_\_\_\_\_\_\_\_\_\_\_\_\_\_\_\_\_)_2=(\_\_\_\_\_\_\_\_\_\_)_{16}$。

3. __________是数字电路中应用最广的数制，仅有__________和__________两个数码，其进位规则为____________________。

4. $(1001)_2+(111)_2$ 等于二进制数__________，对应的十进制数是__________。

5. 逻辑代数中与普通代数相似的定律有__________、__________、__________。摩根定律又称为____________________。

6. 逻辑函数 Y = A + B + C，若 A = B = 0、C = 1，则 Y = __________。

7. 常见的脉冲信号有__________、__________、__________等。

8. 利用与、或、非门可以组合成____________、____________、____________、____________、____________________等复合门电路。

9. 在逻辑门电路中，最基本的逻辑门是__________、__________和__________。

10. CMOS 逻辑门电路是______________________________门电路的简称，与 TTL 相比，CMOS 逻辑门电路的主要优点是__________和__________。

11. CT74 标准系列属于__________数字集成电路，4000 系列属于__________数字集成电路。

12. 逻辑电路的两种逻辑体制中，正逻辑的高电平用______表示，低电平用______表示；负逻辑的高电平用__________表示，低电平用__________表示。

13. 8421BCD 码是一种__________码，即从高位到低位的二进制数码的__________，分别是______、__________、__________和__________。

二、判断题

1. 在逻辑代数中，“1”和“0”代表具体的电平数值。（　　）

2. 占空比的公式为 $q=T_W/T$，则周期 T 越大占空比 q 越小。（　　）

3. 同或门的逻辑功能是：有1出1，全0为0。（　　）

4. 输入全为低电平“0”，输出也为“0”，必为“与”逻辑关系。 ( )

5. 8421 码 1011 比 1001 大。 ( )

6. 在时间和幅度上都离散变化的信号是数字信号，语音信号是数字信号。 ( )

7. 若两个逻辑函数具有相同的真值表，则两个逻辑图必然相同。 ( )

8. TTL 集成门电路多余输入端不能悬空，只能接地。 ( )

9. 数字电路中机器识别和常用的数制是二进制。 ( )

10. 任何一个逻辑表达式经化简后，其最简式一定是唯一的。 ( )

11. 输入全为高电平“1”，输出为“0”，必为“与”逻辑关系。 ( )

12. 进行逻辑函数化简时，不用考虑可用逻辑门电路特点，只需将逻辑函数化成最简形式即可。 ( )

三、选择题

1. “有 1 出 1，全 0 出 0”属于（ ）。

A. 与非逻辑　B. 或逻辑　C. 非逻辑　D. 与逻辑

2. 二进制数 11101 化成十进制数为（ ）。

A. 29　B. 57　C. 4　D. 15

3. 对逻辑函数的化简，通常是指将逻辑函数化简成最简（ ）。

A. 或-与式　B. 与非-与非式　C. 与或式　D. 与或非式

4. 芯片 74LS10 属于（ ）集成电路。

A. 三 3 输入与非门　B. 三 3 输入或非门

C. 三 3 输入异或门　D. 三 3 输入与或非门

5. 根据题表 1-2 所示真值表，可知逻辑关系为（ ）。

A. $Y=\overline{A \cdot B}$　B. $Y=\overline{A+B}$　C. $Y=A \cdot B$　D. $Y=A+B$

题表 1-2

A	B	Y
0	0	1
0	1	0
1	0	0
1	1	0

6. 题图 1-4 所示的 CMOS 逻辑门电路中，对多余的输入端处理错误的是（ ）。

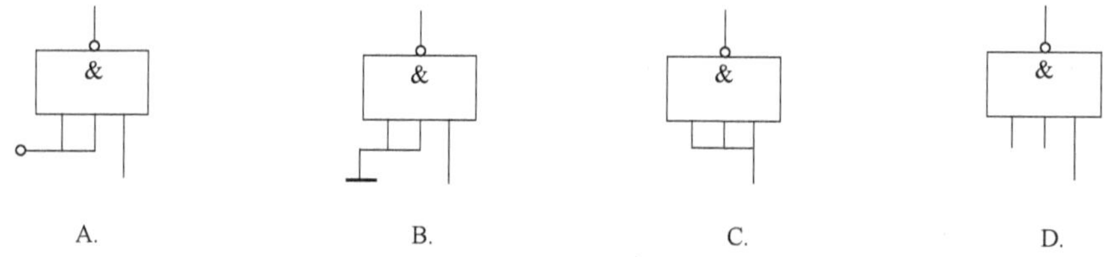

题图 1-4

7. 在（　　）的情况下，函数 $Y = AB$ 运算的结果是逻辑“1”。

A. 全部输入是“0”　　B. 任一输入是“0”

C. 任一输入是“1”　　D. 全部输入是“1”

8. 下面逻辑式中，正确的是（　　）。

A. $A + AB = A$　　B. $A(A + B) = B$　　C. $A + \overline{A}B = A$　　D. $A + AB = B$

9. 对于四变量逻辑函数，最小项有（　）个。

A. 0　　B. 1　　C. 4　　D. 16

10. 下列不是逻辑函数表示方法的是（　　）。

A. 真值表　　B. 卡诺图　　C. 逻辑图　　D. 时序图

11. 工作频率最高但功耗较大的 TTL 集成电路是（　　）。

A. CT74 系列　　B. CT74L 系列　　C. CT74LS 系列　　D. CT74S 系列

12. $Y = \overline{AB} + \overline{CD}$是标准的（　）表达式。

A. 与非-与非　　B. 与或非　　C. 与或　　D. 或非-或非

四、简答题

1. 与-或型逻辑函数的最简标准是什么？

2. 教室前面各有一扇门 A 和 B，就进入教室这个事件 Y 来说，Y 与 A、B 的逻辑关系是什么？

3. 卡诺图化简法的步骤是什么？化简时应注意哪些问题？

4. 简述 CMOS 集成门电路的使用注意事项。

五、综合题

1. 写出题表 1-3 所示真值表的输出逻辑函数表达式。

题表 1-3

A	B	C	Y_1	Y_2	A	B	C	Y_1	Y_2
0	0	0	1	1	1	0	0	1	1
0	0	1	0	1	1	0	1	0	1
0	1	0	0	0	1	1	0	1	0
0	1	1	0	1	1	1	1	1	1

2. 设异或门电路输入端 A、B 的波形如题图 1-5 所示，试绘出输出端 Y 的波形。

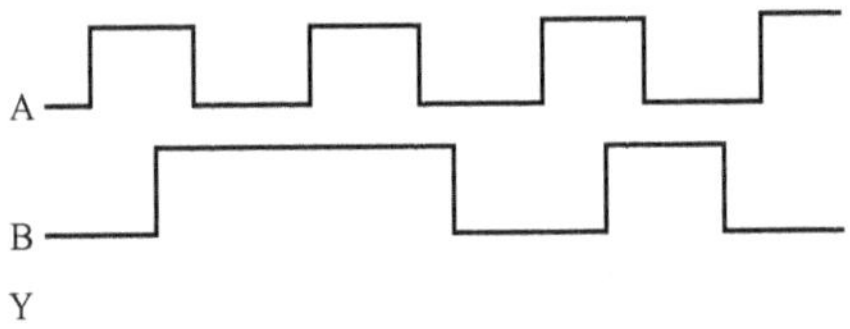

题图 1-5

3. 设计某监视交通信号灯工作状态的逻辑电路。要求每一组信号灯功能由红、黄、绿三盏灯组成；正常工作情况下，任何时刻必有一盏灯点亮；而且只允许有一盏灯点亮；而当出现其他点亮状态时，表示电路发生故障，这时要求发出故障信号，以提醒维护人员前去修理。试用真值表、逻辑表达式、逻辑图分别描述该电路逻辑功能。

第2章　习　　题

一、填空题

1. 根据逻辑功能的不同特点，逻辑电路可分为两大类：________________和________________。

2. 组合逻辑电路的分析，是根据给定的__________电路，写出__________表达式，并以此来描述它的__________，确定__________对于__________的关系。

3. 常用组合逻辑器件有__________、__________、__________、__________和__________。

4. 将具有特定意义的__________编成相应__________的过程，称为编码。

5. 要把 $Y_0 \sim Y_{12}$ 13个信号编成二进制代码，至少需要__________位二进制数码。

6. 两个4位二进制数A（$A_3A_2A_1A_0$）、B（$B_3B_2B_1B_0$），要比较A、B的大小，应从__________逐位比较判断。

7. 数据选择器是在__________的作用下，从__________中选择__________作为输出的组合逻辑电路。

8. 数据分配器是根据__________的要求，将__________分配到的组合逻辑电路。

9. 译码器按具体功能不同可分为__________、__________、__________三种。

10. 加法器按具体功能不同可分为__________和__________两种。不考虑进位输入，只将本位两数相加，称为__________。

11. 半导体数码管按其内部发光二极管的接法不同，可分为__________和__________两种。

12. 常用的数码显示器件有____________________和____________________两种。

13. 按照集成规模的不同，数字集成电路通常划分为__________集成电路、__________集成电路、__________集成电路和__________集成电路。

14. 74LS148是典型的优先编码器，该电路具有__________个输入端和__________个输出端，因此又称为__________优先编码器。

15. 根据题表2-1中数据进行加法计算，并将结果填入表2-1中。

题表 2-1

加数 A	1111	1001	1101	1100
被加数 B	1110	0010	0110	0111
低位进位 CI	0	0	1	1
计算结果				

二、判断题

1. 组合逻辑电路不具有记忆功能，输出状态与输入信号作用前的电路状态无关。（　　）

2. 进行组合逻辑电路设计时，一定要进行逻辑函数化简。 (　　)

3. 在编码过程中，3 位二进制数有 8 种状态。 (　　)

4. 共阳极型半导体数码管各发光二极管阳极相连，接高电平。 (　　)

5. 共阴极型半导体数码管各发光二极管阴极相连，接低电平。 (　　)

6. 利用译码器的使能端，可以对其逻辑功能进行扩展。 (　　)

7. 七段显示译码器若要显示数“2”，则共阴极数码显示器的 a ~ g 引脚电平应为 1101101。 (　　)

8. 二-十进制译码器有 2 个输入端，10 个输出端。 (　　)

9. 译码是编码的逆过程。 (　　)

10. 数据选择器是一个单输入、多输出的组合逻辑电路。 (　　)

11. 数据分配器能把总线上的数据有选择地传送到不同的输出端。 (　　)

12. 在 8 线-3 线编码器中，输入信号为 8 位二进制代码，输出为 3 个特定对象。 (　　)

13. 在优先编码器中，几个输入信号同时到来时，数字大的信号总是被优先编码。 (　　)

三、选择题

1. 下列所给选项中不属于组合逻辑电路的是（　　）。

A. 译码器　B. 数据选择器　C. 计数器　D. 编码器

2. 半导体数码管通常是由（　）个发光二极管排列而成。

A. 5　B. 6　C. 7　D. 8

3. 3 位二进制编码器输入信号为 I_3 时，输出 $Y_2Y_1Y_0$ =（　　）。

A. 100　B. 110　C. 011　D. 101

4. 能将输入信号转换为二进制代码的电路称为（　　）。

A. 译码器　B. 编码器　C. 数据选择器　D. 数据分配器

5. 3 线-8 线译码器有（　　）。

A. 3 条输入线，8 条输出线　B. 8 条输入线，3 条输出线

C. 4 条输入线，16 条输出线　D. 16 条输入线，4 条输出线

6. 能实现对两个一位二进制数及低位的进位数进行加法运算的电路称为（　　）。

A. 半加器　B. 全加器　C. 数据分配器　D. 编码器

7. 组合电路的输出取决于（　　）。

A. 输入信号的现态　B. 输出信号的现态

C. 输入信号的现态和输出信号变化前的状态　D. 输出信号变化前的状态

8. 四输入译码器，其输出端最多为（　　）。

A. 4 个　B. 8 个　C. 10 个　D. 16 个

9. 译码器的输出量是（　　）。

A. 二进制代码　B. 十进制数　C. 某个特定的控制信息　D. 十六进制数

10. 七段字符显示器电路中 a、b、c、d、g 段发光是显示数字（　　）。

A. 6　　B. 5　　C. 4　　D. 3

11. 如题图 2-1 所示，BA 为（　　）。

A. 00

B. 01

C. 10

D. 11

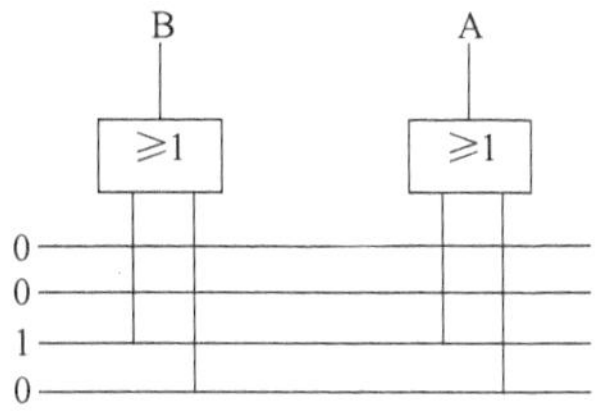

题图 2-1

四、分析简答题

1. 组合逻辑电路的逻辑功能特点是什么？电路结构特点是什么？

2. 简述组合逻辑电路的分析方法和步骤。

3. 简述组合逻辑电路的设计方法和步骤。

4. 集成数值比较器作为单级或最低级使用时，3 个扩展级联输入端该如何连接？

五、综合题

1. 已知逻辑电路如题图 2-2 所示，试分析其逻辑功能，要求写出分析过程。

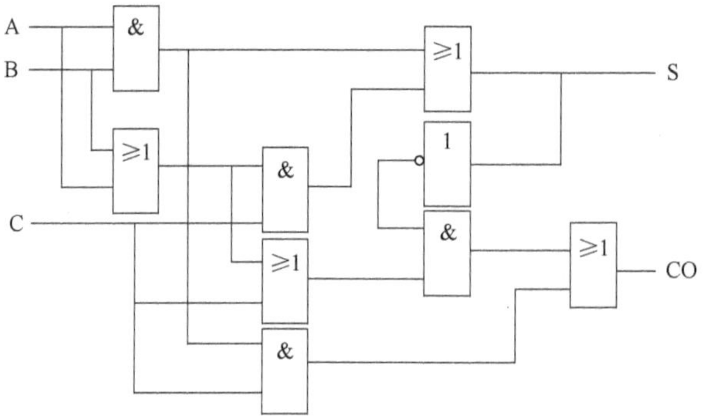

题图 2-2

2. 某通信公司有 15kW、20kW、25kW 三台发电机组和 10kW、15kW、20kW、25kW 四台用电设备。已知四台用电设备可能部分工作或都不工作，但不可能四台用电设备同时工作。试用与非门设计控制发电机组工作的控制电路，要求电路整体最简。

3. 有一水箱由大小由大、小两台水泵 M_L 和 M_S 供水，如题图 2-3 所示。水箱中设置了 3 个水位检测元件 A、B、C。水面低于检测元件时，检测元件给出高电平；水面高于检测元件时，检测元件给出低电平。现要求当水位超过 C 点时水泵停止工作；水位低于 C 点而高于 B 点时 M_S 单独工作；水位低于 B 点而高于 A 点时 M_L 单独工作；水位低于 A 点时 M_L 和 M_S 同时工作。试用门电路设计一个控制两台水泵的逻辑电路，要求电路尽量简单。

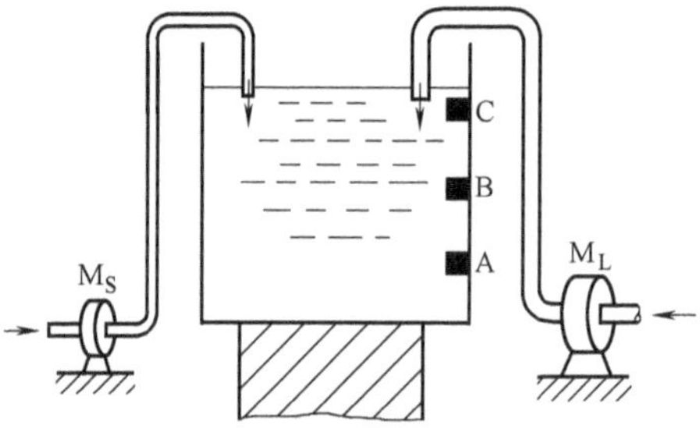

题图 2-3

4. 按要求设计一个故障显示电路，要求：

（1）两台电动机不同时工作，灯 Y_1 亮；

（2）两台电动机同时工作，灯 Y_2 亮；

（3）其中一台电动机有故障时，灯 Y_3 亮。

六、资料搜集

在互联网上查找如下组合逻辑器件外形和引脚功能。

（a）74LS385 四串行加法器/减法器

（b）74LS150 16 选 1 数据选择器

（c）74LS147 10 线-4 线优先编码器

（d）74LS42 4 线-10 线译码器

（e）74LS686 双 8 位数值比较器

第 2 章　测　试　题

一、填空题

1. 从电路结构看，组合逻辑电路具有两个特点：（1）电路由________组成，不包含任何________元件，（2）电路中不存在任何________回路。

2. 当两个本位数相加，考虑________进位数时，叫________。

3. 二进制译码器是将________翻译成相对应的________________的电路。

4. 一个输出 N 位代码的二进制编码器，可以表示________种输入信号。

5. 组合逻辑电路的分析，一般按以下步骤进行：

第一步：根据给定的逻辑电路，写出________________。

第二步：化简逻辑电路的________________________。

第三步：根据化简后的逻辑函数表达式列________________。

第四步：描述____________________________________。

6. 全加器有________个输入，________个输出。

7. 七段显示译码器要显示数“2”，则共阴极型数码显示器的 a ~ g 引脚电平应为________。

8. 二-十进制编码器是将________分别编成对应的________的电路。

9. 译码是__________的逆过程，它将__________转换成__________。译码器有多个输入和多个输出端，每输入一组二进制代码，只有__________个输出端有效。n 个输入端最多可有__________个输出端。

10. 使用共阴极接法的 LED 数码管时，“COM”端应接__________，a～g 应接输出__________有效的显示译码器；使用共阳极接法的 LED 数码管时，“COM”端应接__________，a～g 应接输出__________有效的显示译码器，这样才能显示 0～9 十个数字。

11. 消除组合逻辑电路竞争冒险现象的主要方法有____________、____________和____________________三种。

二、判断题

1. 编码器编码时每次仅有一个输入端有效，即该输入端为 1，其余为 0。 (　　)
2. 组合逻辑电路的设计是给定逻辑图描述逻辑功能。 (　　)
3. 在二-十进制编码器中，8421BCD 编码器是唯一的。 (　　)
4. 组合逻辑电路具有记忆功能。 (　　)
5. 74LS138 集成芯片可以实现任意变量的译码功能。 (　　)
6. 编码电路的输入量一定是人们熟悉的十进制数。 (　　)
7. 七段显示译码器要显示数“8”，则共阴极型数码显示器的 a～g 引脚电平应为 1101111。 (　　)
8. 利用数值比较器的级联输入端，可以对其逻辑功能进行扩展。 (　　)
9. 优先编码器中，允许几个信号同时加到输入端，所以，编码器能同时对几个输入信号进行编码。 (　　)
10. 二-十进制译码器有 2 个输入端，10 个输出端。 (　　)
11. 我们常用的计算机键盘是由译码器组成的。 (　　)
12. TTL 门输入端口为“或”逻辑关系时，多余的输入端应接低电平。 (　　)

三、选择题

1. 半导体数码管是由（　　）排列成显示数字。

A. 小灯泡　　B. 液体晶体　　C. 辉光器件　　D. 发光二极管

2. 半加器的逻辑功能是（　　）。

A. 两个同位的二进制数相加

B. 两个二进制数相加

C. 两个同位的二进制数及来自低位的进位位三者相加

D. 两个二进制数和的一半

3. 编码电路和译码电路中，（　　）电路的输出是二进制代码。

A. 编码　　B. 译码电路　　C. 编码和译码　　D. 以上都不对

4. 实现多输入、单输出逻辑函数，应选（　　）。

A. 编码器　　B. 译码器　　C. 数据选择器　　D. 数据分配器

5. 74LS138 中规模集成电路也称为（　）译码器。

A. 3 线-8 线　　B. 4 线-10 线　　C. 二-十进制　　D. 8 线-3 线

6. 题表 2-2 所列真值表对应的逻辑功能所表示的逻辑器件是（　　）。

A. 译码器　　B. 数据选择器　　C. 优先编码器　　D. 数据比较器

题表 2-2

输　入								输　出		
I_0	I_1	I_2	I_3	I_4	I_5	I_6	I_7	C	B	A
×	×	×	×	×	×	×	0	0	0	0
×	×	×	×	×	×	0	1	0	0	1
×	×	×	×	×	0	1	1	0	1	0
0	1	1	1	1	1	1	1	1	1	1

7. 题表 2-3 所表示的逻辑功能对应的逻辑器件是（　　）。

A. 编码器　　B. 半加器　　C. 译码器　　D. 数据选择器

题表 2-3

输　入		输　出			
A	B	Y_0	Y_1	Y_2	Y_3
0	0	1	0	0	0
0	1	0	1	0	0
1	0	0	0	1	0
1	1	0	0	0	1

8. 译码电路的输出量是（　　）。

A. 二进制代码　　B. 十进制数

C. 某个特定的控制信息　　D. 八进制代码

9. 已知 CT74LS138 输入地址码 $A_2A_1A_0=101$ 时，则对应输出端为 0 的是（　　）。

A. Y_6　　B. Y_5　　C. Y_4　　D. Y_8

10. 函数 Y（A，B，C）$=AB+BC+AC$ 的最小项表达式为（　　）。

A. $F(A,B,C)=\sum m(0,2,4)$　　B. $F(A,B,C)=\sum m(3,5,6,7)$

C. $F(A,B,C)=\sum m(0,2,3,4)$　　D. $F(A,B,C)=\sum m(2,4,6,7)$

11. 3 线-8 线译码电路是（　）译码器。

A. 3 位二进制　　B. 三进制　　C. 三-八进制　　D. 八进制

四、分析简答题

1. 编码器分为哪两类？什么是优先编码器？

2. 集成数据选择器的选通控制端、地址码有什么作用?

3. 设八选一数据选择器的信号输入端分别是 D_7、D_5、D_2、D_1，依次写出对应的地址码。

五、综合题

1. 已知逻辑电路如题图 2-4 所示，试分析其逻辑功能，要求写出分析过程。

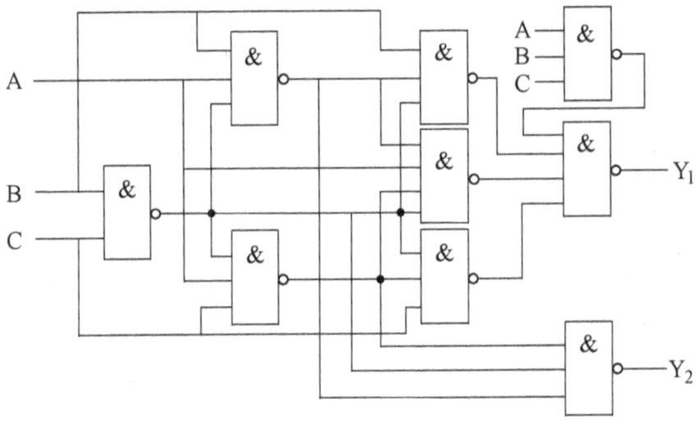

题图 2-4

2. 某实验室有红黄两个故障指示灯，用来表示三台设备的工作情况。当只有一台设备有故障时，只有黄灯亮；若有两台设备同时出现故障时，只有红灯亮；当三台设备都出现故障时，红灯和黄灯都亮。设计一个实现上述过程控制灯亮的电路。

3. 试用 74LS138 二进制译码器实现下列逻辑函数。

（1）$Y = \overline{A}B\overline{C}$

（2）$Y = AB\overline{C} + BC$

（3）$Y = \overline{A}\,\overline{B}C + AB\overline{C} + C$

4. 试用集成数据选择器 74LS151 实现三变量逻辑函数 $Y = \overline{A}\,\overline{B}\,\overline{C} + AC + \overline{A}BC$。

第3章　习　　题

一、填空题

1. 触发器具有__________个稳定状态，在输入信号消失后，它能保持__________不变。

2. 由两个或非门构成的基本RS触发器的特征方程是____________________，约束方程是____________________。

3. 同步RS触发器状态的改变是与__________信号同步的。

4. 在CP有效期间，若同步触发器的输入信号发生多次变化时，其输出状态也会相应产生多次变化，这种现象称为____________________。

5. 主从触发器是一种能防止__________现象的触发器。

6. 对于JK触发器，当CP脉冲有效期间，若J = K = 0时，触发器状态__________；若$J=\overline{K}$时，触发器__________或__________；若J = K = 1时，触发器状态__________。

7. 边沿触发器是一种能防止____________________现象的触发器。

8. 触发器电路中，异步置0端$\overline{R}_D$、异步置1端$\overline{S}_D$可以根据需要预先将触发器__________或__________，而不受__________的同步控制。

9. 将JK触发器的J端与K端直接相连作为输入端时，JK触发器可转换成__________触发器；将JK触发器的J端与K端直接相连后再接高电平时，JK触发器可转换成__________触发器。

10. 与主从触发器相比，__________触发器的抗干扰能力较强。

11. 在CP脉冲和输入信号作用下，JK触发器能够具有__________、__________、__________和__________的逻辑功能。

12. 同步触发器属__________触发的触发器；主从触发器属__________触发的触发器。

二、判断题

1. 触发器属于组合逻辑电路。（　）

2. 触发器有两个稳定状态，一个是现态，另一个是次态。（　）

3. 时钟脉冲的主要作用是使触发器的输出状态稳定。（　）

4. 主从RS触发器能够避免触发器的空翻现象。（　）

5. 主从触发器电路中，主触发器和从触发器输出状态的翻转是同时进行的。（　）

6. 采用边沿触发器是为了防止“空翻”。（　）

7. 主从JK触发器和边沿JK触发器的逻辑功能一定是不同的。（　）

8. T触发器的特性方程是$Q^{n+1}=T\oplus Q^n$，所以说T触发器实现了异或门的逻辑功能。（　）

9. 仅具有翻转功能的触发器是 T 触发器。 (　　)

10. 同步 RS 触发器在 CP 信号到来后，R、S 端的输入信号才对触发器起作用。

(　　)

11. 74LS74 属于上升沿触发的双边沿 D 触发器（有置位和复位）集成电路。

(　　)

三、选择题

1. 对于触发器和组合逻辑电路，以下（　　）的说法是正确的。

A. 两者都有记忆能力　　B. 两者都无记忆能力

C. 只有组合逻辑电路有记忆能力　　D. 只有触发器有记忆能力

2. 有一个与非门构成的基本 RS 触发器，若使触发器的 $Q^{n+1}=Q^n$，则输入信号应为（　　）。

A. S = R = 0　　B. S = R = 1　　C. S = 1，R = 0　　D. S = 0，R = 1

3. 触发器的真值表见题表 3-1，该触发器是（　　）。

A. 与非门组成的基本 RS 触发器　　B. 或非门组成的基本 RS 触发器

C. 同步 RS 触发器　　D. 同步 D 触发器

题表 3-1

D	Q^n	Q^{n+1}
0	0	0
0	1	0
1	0	1
1	1	1

4. 对于 JK 触发器，输入 J = 0、K = 1，CP 脉冲作用后，触发器的 Q^{n+1} 应为(　　)。

A. 0　　B. 1　　C. 可能是 0，也可能是 1　D. 与 Q^n 有关

5. 具有“置 0”、“置 1”、“保持”、“翻转”功能的触发器为（　　）。

A. JK 触发器　　B. 基本 RS 触发器　C. 同步 D 触发器　　D. 同步 RS 触发器

6. 边沿控制触发的触发器的触发方式为（　　）。

A. 上升沿触发　　B. 下降沿触发

C. 可以是上升沿触发，也可以是下降沿触发

D. 可以是高电平触发，也可以是低电平触发

7. 异步置 0、置 1 端对触发器的置 1 和置 0（　　）。

A. 任何时刻均可　B. CP = 0 时才行　C. CP = 1 时才行　　D. CP 有效时才行

8. 仅具有“保持”、“翻转”功能的触发器为（　　）。

A. JK 触发器　　B. RS 触发器　　C. D 触发器　　D. T 触发器

四、分析简答题

1. 已知用与非门组成的基本 RS 触发器的现态和次态，在题表 3-2 中填入相应的输

入状态。

题表 3-2

Q^n	Q^{n+1}	$\overline{R}_D$	$\overline{S}_D$
0	0		
0	1		
1	0		
1	1		

2. 如题图 3-1 所示，已知图 3-1a 为触发器的逻辑符号，图 3-1b 为输入波形，试回答以下问题。

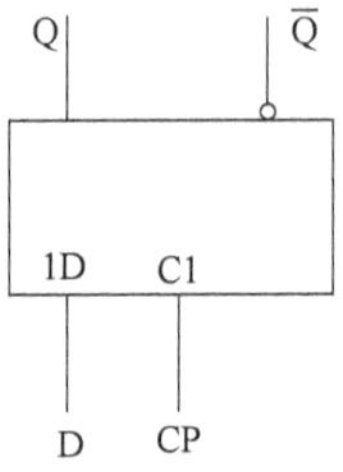

a)

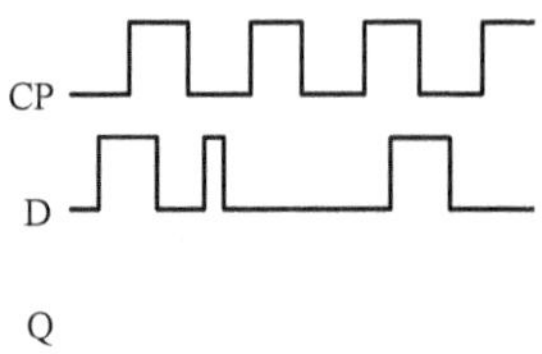

b)

题图 3-1

（1）触发器是什么触发器?

（2）列出其真值表。

（3）写出其特性方程。

（4）根据输入波形画出 Q 端的输出波形（设初始状态 Q = 0）。

3. 已知主从 JK 触发器的 J = K = A 及 CP 的波形如题图 3-2 所示，试画出 Q 的波形（设 Q 的初始状态为 0）。

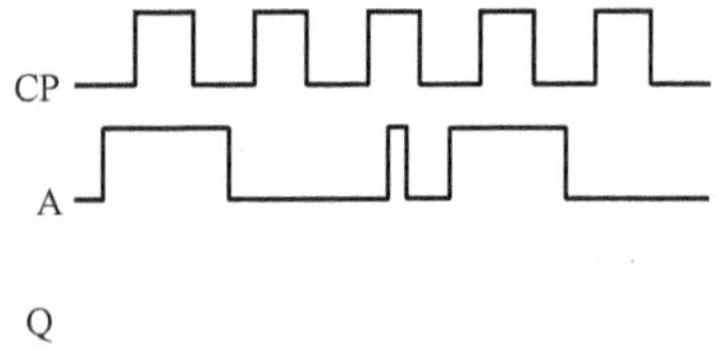

题图 3-2

4. 自选一个 6 二输入与非门集成电路，问能连接成几个基本 RS 触发器？试画出连接图。

5. 按如下规定，画出相应 JK 触发器的逻辑符号。

（1）CP 的上升沿触发，置 0、置 1 端高电平有效；

（2）CP 的下降沿触发，置 0、置 1 端低电平有效；

6. 芯片 CC4096 为主从 JK 触发器。试查阅集成电路手册，画出其逻辑符号和状态转换真值表，并说明其逻辑功能。

五、综合题

1. 按钮在转换的时候，由于接触片的颤动，信号也出现抖动，如题图 3-3a 所示，因此在实际使用时往往要加上防抖动电路。RS 触发器是常用的电路之一，其连接如题图 3-3b 所示。请说明其工作原理。

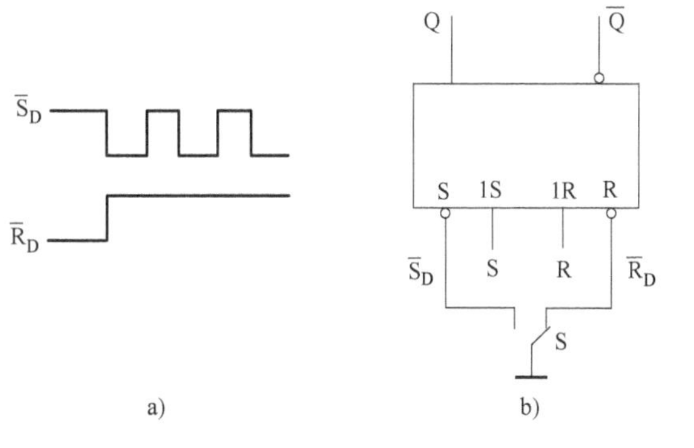

题图 3-3

2. 利用两个或非门组成的基本 RS 触发器如题图 3-4 所示，试分析其工作原理，并写出其真值表。

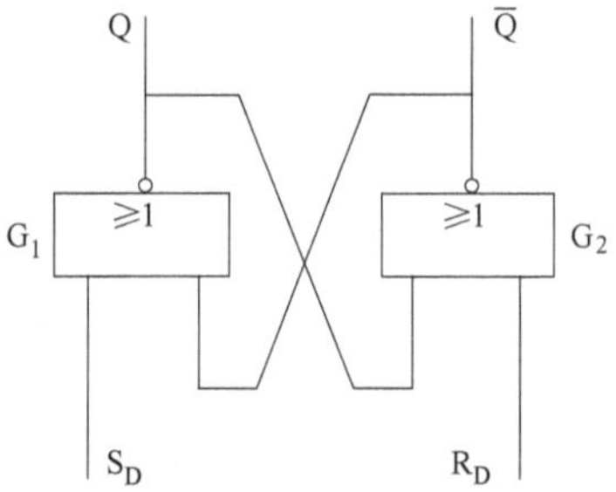

题图 3-4

第 3 章　测　试　题

一、填空题

1. 触发器有两个互为非的输出端 Q 和 $\overline{Q}$，通常规定 Q = 1，$\overline{Q}$ = 0 时为触发器的__________状态；Q = 0，$\overline{Q}$ = 1 时为触发器的__________状态。

2. 两个与非门构成的 RS 触发器具有__________、__________、__________三种逻辑功能。电路中不允许两个输入端同时为__________，否则将出现逻辑混乱。

3. JK 触发器具有__________、__________、__________、__________四种逻辑功能。欲使 JK 触发器实现 $Q^{n+1} = \overline{Q}^n$ 的功能，则输入端 J 应接__________，K 应接__________。

4. D 触发器的输入端子有__________个，具有__________、__________两种逻辑功能。

5. 通常把一个 CP 引起触发器多次翻转的现象称为__________，有这种现象的触发器是__________触发器，此类触发器的工作属于__________触发方式。

6. 在 CP 到来后，D 触发器的状态与其__________的状态相同。

7. 按逻辑功能分，触发器主要有__________、__________、__________和__________四种类型。

8. 触发器的 CP 触发方式主要有__________、__________、__________和__________四种类型。

9. 在基本 RS 触发器中，输入端 R_D 和 $\overline{R}_D$ 能使触发器处于__________状态，输入端 S_D 和 $\overline{S}_D$ 能使触发器处于__________状态。

10. 在 CP 作用下，具有如题图 3-5 所示状态转换图功能的触发器是__________触发器。

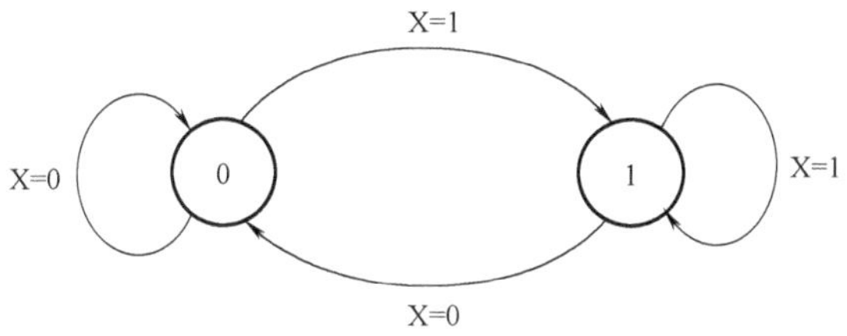

题图 3-5

二、判断题

1. 触发器只需具备两个稳定功能，不必具有记忆功能。（ ）
2. 将 JK 触发器的 J、K 端连接在一起作为输入端，就构成 D 触发器。（ ）
3. 触发器与门电路一样，输出状态仅取决于触发器的即时输入情况。（ ）
4. 时钟脉冲的主要作用是使触发器的输出状态稳定。（ ）
5. 仅具有保持和翻转功能的触发器是 RS 触发器。（ ）
6. D 触发器的输出总是跟随其输入的变化而变化。（ ）
7. 触发器进行复位后，其两个输出端均为 0。（ ）
8. 基本 RS 触发器可由两个“或非”门交叉耦合构成。（ ）
9. Q^{n+1}表示触发器原来所处的状态，即现态。（ ）
10. JK 触发器能够克服 RS 触发器存在的缺点。（ ）
11. 74LS76 属于下降沿触发的双 JK 触发器。（ ）

三、选择题

1. 同步 RS 触发器的$\overline{S}_D$端称为（ ）。

A. 异步置 0 端　B. 异步置 1 端　C. 复位端　D. 置零端

2. JK 触发器在 J、K 端同时输入高电平，则处于（ ）。

A. 保持　B. 置 0　C. 翻转　D. 置 1

3. 同步 RS 触发器电路中，触发脉冲消失后，其输出状态（ ）。

A. 保持状态　B. 状态会翻转　C. 置 1　D. 置 0

4. 触发器由门电路构成，但它与门电路功能不同，主要特点是（ ）。

A. 具有翻转功能　B. 具有保持功能

C. 具有记忆功能　D. 具有置“1”功能

5. 触发器工作时，时钟脉冲作为（ ）。

A. 输入信号　B. 清零信号　C. 抗干扰信号　D. 控制信号

6. JK 触发器不具备（ ）功能。

A. 置 0　B. 置 1　C. 计数　D. 状态翻转

7. 下列触发器中，有空翻现象的触发器是（ ）。

A. 主从结构触发器　B. 维持阻塞触发器

C. 同步 RS 触发器　　　　　　　　　D. 基本 RS 触发器

8. 如题图 3-6a 所示，输入端（　　）有效。

A. 高电平有效　　B. 低电平有效　　C. 高、低电平都有效　D. 高、低电平都无效

9. 如图 3-6b 所示，输入端（　　）有效。

A. 高电平有效　　B. 低电平有效　　C. 高、低电平都有效　D. 高、低电平都无效

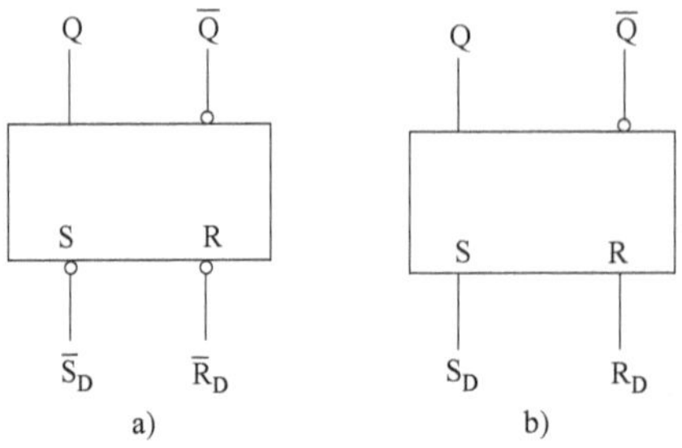

题图 3-6

10. JK 触发器在 CP 作用下，若使 $Q^{n+1}=Q^n$，则输入信号应为（　　）。

A. $J=K=1$　　B. $J=K=0$　　C. $J=Q$，$K=\overline{Q}$　　D. $J=\overline{Q}$，$K=Q$

11. 为避免一次翻转现象，应采用（　　）触发器。

A. 高电平　　B. 低电平　　C. 主从　　D. 边沿

12. 具有异步置 0、置 1 端的触发器置 1 和置 0（　　）。

A. 只能用异步置 0、置 1 端　　　　B. 只能用输入信号

C. 仅在 CP 有效时才可　　　　　　D. 以上都不对

四、分析简答题

1. 触发器有哪几种常见的电路结构形式？它们各有什么样的动作特点？

2. 试画出同步 RS 触发器逻辑符号，列出真值表，写出其特性方程。

3. 何谓“空翻”现象？抑制“空翻”可采取什么措施？

4. 画出上升沿触发的主从 JK 触发器逻辑符号，若主从 JK 触发器输入波形如题图 3-7 所示，画出 Q 端和 $\overline{Q}$端的波形（设 Q 的初始状态为 0）。

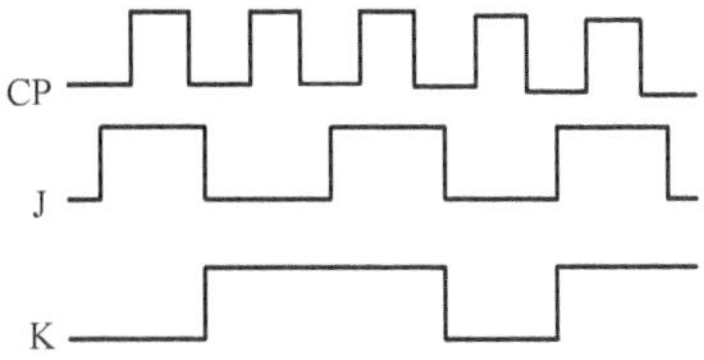

题图 3-7

5. 画出下升沿触发的主从 JK 触发器逻辑符号，若主从 JK 触发器输入波形如题图 3-7 所示，画出 Q 端和 $\overline{Q}$端的波形（设 Q 的初始状态为 0）。

6. 芯片 74LS175 为 D 触发器。试查阅集成电路手册，画出其逻辑符号和状态转换真值表，并说明其逻辑功能。

五、综合题

1. 在题图 3-8a 所示的电路中，触发器的初态为 0，输入端 A、B、CP 的信号波形如题图 3-8b 所示。试：

（1）在 CP 作用下，列出输入信号 A、B 与输出 Q 的逻辑关系（真值表）；

（2）根据题图 3-8b 所示的 A、B、CP 的波形，画出对应的输出端 Q 的波形图。

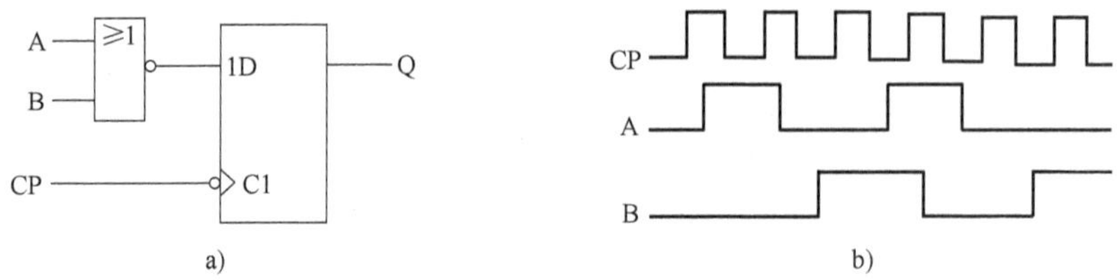

题图 3-8

2. 设计一个 4 人抢答逻辑电路。具体要求如下：

（1）每个参赛者控制一个按钮，按动按钮发出抢答信号。

（2）竞赛主持人另有一个按钮，用于将电路复位。

（3）竞赛开始后，先按动按钮者将对应的一个发光二极管点亮，此后其他 3 人再按动按钮对电路不起作用。

第4章　习　　题

一、填空题

1. 时序逻辑电路任何时刻的输出信号不仅取决于__________输入信号，而且还取决于电路__________状态，或者说还与以前的输入有关。

2. 常用的时序逻辑电路有__________和__________。

3. 计数器按计数的进制不同，可分为__________和__________。

4. 可逆计数器既能作__________计数器，又能作__________计数器。

5. 计数器除了用于计数外，还用作__________________、__________________和__________________等。

6. 寄存器是一种用来暂时存放__________数码的数字逻辑部件，主要由__________构成，它具有__________、__________和__________的功能。

7. 按逻辑功能的不同，寄存器可分为__________和__________________。

8. 具有3个触发器的二进制计数器，它有__________种计数状态；具有4个触发器的二进制计数器，它有__________种计数状态。

9. 计数器按计数时各触发器状态转换与计数脉冲是否同步，可分为__________计数器和__________计数器。

10. 8位移位寄存器，串行输入时经__________个CP脉冲后，8位数码全部移入寄存器中。若该寄存器已存满8位数码，要将其串行输出，则需经__________个CP脉冲后，数码才能全部输出。

11. 进行时序逻辑电路的分析时，需要列出逻辑电路的一些方程式，这些方程式包括__________、__________、__________和__________。

12. 某计数器的状态转换表见题表4-1，则该计数器是__________进制的计数器，电路__________自启动。

题表4-1

Q_2^n	Q_1^n	Q_0^n	Q_2^{n+1}	Q_1^{n+1}	Q_0^{n+1}	Y
0	0	0	0	0	1	0
0	0	1	0	1	0	0
0	1	0	0	1	1	0
0	1	1	1	0	0	0
1	0	0	0	0	0	1
1	0	1	1	1	0	0
1	1	0	0	1	0	0
1	1	1	1	0	1	0

13. 芯片 74LS192 是____________计数器。

14. 计数器常用的逻辑功能扩展方法有______和______两种。

二、判断题

1. 寄存器具有记忆功能，可用于暂存数据。 （ ）

2. 在异步计数器中，当时钟脉冲到达时，各触发器的翻转是同时发生的。 （ ）

3. 芯片 74LS190 只能进行十进制加法计数。 （ ）

4. 由逻辑门电路和 JK 触发器可构成数码寄存器。 （ ）

5. 用 4 个触发器可以构成 4 位十进制计数器。 （ ）

6. 使用 3 个触发器构成的计数器最多有 8 个有效状态。 （ ）

7. 十进制计数器是用十进制数码“0 ~ 9”进行计数的。 （ ）

8. 时序逻辑电路无记忆功能。 （ ）

9. 构成计数器电路的器件必须具有记忆功能。 （ ）

10. 移位寄存器每输入一个时钟脉冲，电路中只有一个触发器翻转。 （ ）

11. 利用集成计数器芯片的预置数功能可获得任意进制的计数器。 （ ）

三、选择题

1. 时序逻辑电路中一定包含（ ）。

A. 触发器　B. 组合逻辑电路　C. 移位寄存器　D. 译码器

2. 同步时序逻辑电路和异步时序逻辑电路比较，其差异在于后者（ ）。

A. 没有触发器　B. 没有统一的时钟脉冲控制

C. 没有稳定状态　D. 输出只与内部状态有关

3. 构成数码寄存器和移位寄存器的触发器，其逻辑功能一定为（ ）。

A. JK 触发器　B. D 触发器　C. 基本 RS 触发器　D. T 触发器

4. 通常寄存器应具有（ ）功能。

A. 存数和取数　B. 清零与置数

C. A、B 皆有　D. 只有存数、取数和清零，没有置数

5. 移位寄存器除具有存放数码的功能外，还具有（ ）的功能。

A. 移位　B. 编码　C. 译码　D. 计数

6. 下列电路中不属于时序逻辑电路的是（ ）。

A. 同步计数器　B. 数码寄存器　C. 编码器　D. 异步计数器

7. 一个 4 位二进制异步加法计数器用作分频器时，能输出脉冲信号的频率有（ ）。

A. 2 种　B. 4 种　C. 6 种　D. 8 种

8. 构成计数器的基本电路是（ ）。

A. 或非门　B. 异或门　C. 触发器　D. 数据选择器

9. 一个八进制计数器，最多能记忆（ ）个脉冲。

A. 7　B. 8　C. 9　D. 10

10. （　　）是一种用来暂时存放一位二进制数码的数字逻辑部件。

A. 编码器　　B. 译码器　　C. 寄存器　　D. 计数器

四、简答题

1. 简述分析时序逻辑电路的步骤。

2. 集成双向移位寄存器 74LS194 的工作方式控制端 M_1、M_0 的 4 种取值（00、01、10、11、）对应了寄存器的什么逻辑功能？

3. 芯片 74LS99 为通用移位寄存器。试查阅集成电路手册，画出其逻辑符号和逻辑功能表，并说明其逻辑功能。

4. 试绘出用反馈置数法在计数器 74LS192 上实现九进制计数方式的逻辑电路图。

五、综合题

1. 试分析题图 4-1 所示时序逻辑电路的逻辑功能，并说明电路是否具有自启动特性。

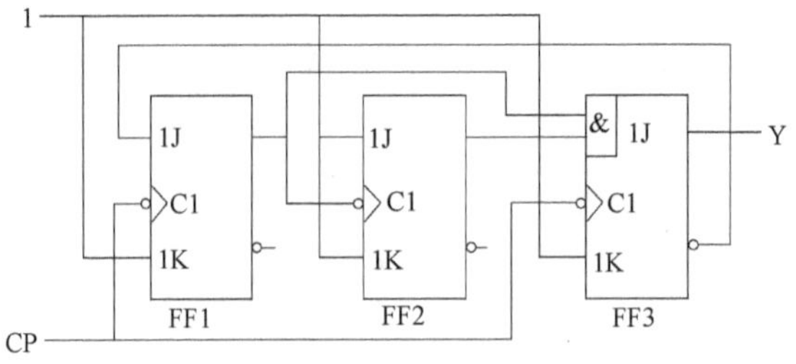

题图 4-1

2. 用状态图和状态表描述自动售饮料机逻辑功能。该自动售饮料机投币口每次只允许投入一枚五角或一元的硬币，累计投入一元五角硬币后机器自动给出一杯饮料。投入两元（两枚一元）硬币后，在给出饮料的同时还应找回五钱的硬币。

第4章　测　试　题

一、填空题

1. 时序逻辑电路逻辑功能通常可用__________、__________、__________和____________等方式进行描述。

2. 用来累计和寄存输入脉冲数目的部件称为____________。

3. 计数器按计数过程中数字的增减可分为_________、_________和_________。

4. 具有存放_________和使数码_________或_________的电路称为移位寄存器。

5. 寄存器中，一个触发器可以存放_________位二进制代码，要存放 N 位二进制代码，就要有_________个触发器。

6. 一个四位二进制减法计数器其状态为_________时，再输入一个计数脉冲，计数状态为1111。

7. 在计数器中，若触发器的时钟脉冲不是同一个，各触发器状态的改变有先有后，这种计数器称为____________。

8. 时序逻辑电路的分析就是根据给定的逻辑电路图经过分析计算，最后确定其__________。

9. 时序逻辑电路设计是时序逻辑电路分析的__________，设计的最后结果是__________。

10. 某计数器的三个触发器输出端 Q_2、Q_1、Q_0 的时序图如题图 4-2 所示，由时序图可知该计数器为__________进制计数器。

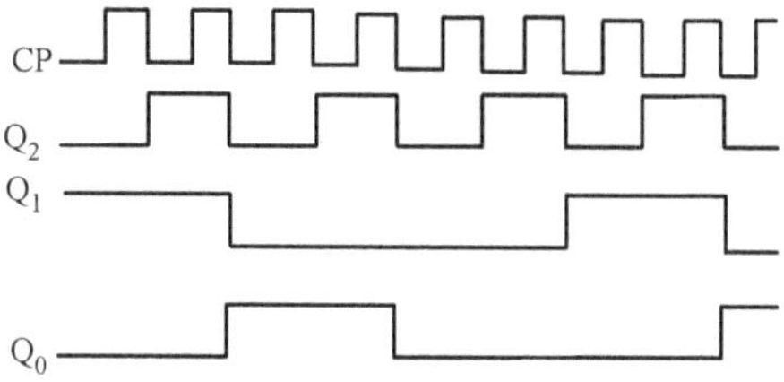

题图 4-2

11. 芯片 74LS163 是______________________________计数器。

12. 74LS194 是典型的四位__________型集成双向移位寄存器芯片，具有__________、并行置数、__________和__________等功能。

13. 图 4-3 所示电路的名称是__________寄存器。图中 $\overline{R}_D$ 为__________复位端，$D_0 \sim D_3$ 为__________数码输入端，$Q_0 \sim Q_3$ 为__________数码输出端。当 $\overline{R}_D=0$ 时，$Q_3Q_2Q_1Q_0$ 为__________。当寄存器正常工作时，应使 $\overline{R}_D$ 为__________。

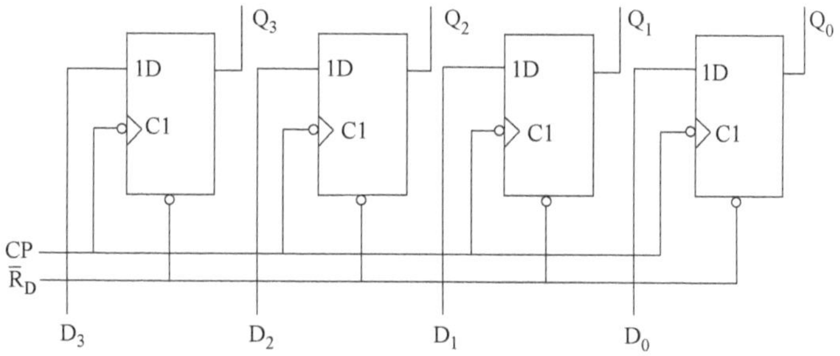

题图 4-3

二、判断题

1. 状态图是时序逻辑电路状态转换图的简称，它能够直观地描述时序逻辑电路的状态转换关系和输入输出关系，是分析和设计时序逻辑电路的一个重要工具。

2. 可逆计数器既能作加法计数，又能作减法计数。 (   )

3. 计数器计数前不需要先清零。 (   )

4. 寄存器的功能是统计输入脉冲的个数。 (   )

5. 集成计数器通常都具有自启动能力。 (   )

6. 同步时序逻辑电路中触发器的时钟脉冲 CP 不一定相同。 (   )

7. 从电路结构看，时序逻辑电路仅由各种逻辑门组成。（　　）

8. 移位寄存器只能串行输出。（　　）

9. 时序逻辑电路与组合门电路相结合可以实现多种逻辑功能，例如计数译码电路等，目前多采用集成组件。（　　）

10. 芯片 74LS194 可执行左移、右移、保持等几种功能。（　　）

11. 移位寄存器就是数码寄存器，它们没有区别。（　　）

三、选择题

1. 时序电路某一时刻的输出状态，与该时刻之前的输入信号（　　）。

A. 有关　　B. 无关

C. 有时有关，有时无关　　D. 以上都不对

2. 用 n 个触发器构成计数器，可得到的最大计数长度（即模）为（　　）。

A. n　　B. $2n$　　C. n^2　　D. 2^n

3. 经过有限个 CP，可由任意一个无效状态进入有效状态的计数器是（　　）自启动的计数器。

A. 能　　B. 不能　　C. 不一定能　　D. 以上都不对

4. 寄存器在电路组成上的特点是（　　）。

A. 有 CP 输入端，无数码输入端　　B. 有 CP 输入端和数码输入端

C. 无 CP 输入端，有数码输入端　　D. 无 CP 输入端和数码输入端

5. M 进制计数器状态转换的特点是设置初态后，每来（　　）个 CP 时，计数器又重回初态。

A. $M-1$　　B. $M+1$　　C. M　　D. M^2

6. 双向移位寄存器中的数码既能（　　），又能（　　）。

A. 上移　　B. 下移　　C. 左移　　D. 右移

7. 在相同的时钟脉冲作用下，同步计数器与异步计数器比较，工作速度（　　）。

A. 较快　　B. 较慢　　C. 一样　　D. 差异不确定

8. 如果一个寄存器的数码是“同时输入，同时输出”，则该寄存器应采用(　　)。

A. 串行输入和输出　　B. 并行输入和输出

C. 串行输入、并行输出　　D. 并行输入、串行输出

9. 清零后的 4 位移位寄存器，如果要将 4 位数码全部串行输入，需配合的 CP 数为（　　）。

A. 2　　B. 4　　C. 6　　D. 8

10. 按计数器状态变化的规律分类，计数器可分为（　　）。

A. 加法、减法及加减可逆　　B. 同步和异步

C. 二进制、十进制和 M 进制　　D. M 进制

四、简答题

1. 简述设计时序逻辑电路的步骤。

2. 数据寄存器和移位寄存器有什么区别？

3. 芯片 74LS177 为可预置二进制计数器。试查阅集成电路手册，画出其逻辑符号和逻辑功能表，并说明其逻辑功能。

4. 试绘出用反馈归零法在计数器 74LS192 上实现五进制计数方式的逻辑电路图。

五、综合题

1. 试分析题图 4-4 所示时序逻辑电路的逻辑功能，并说明电路是否具有自启动特性。

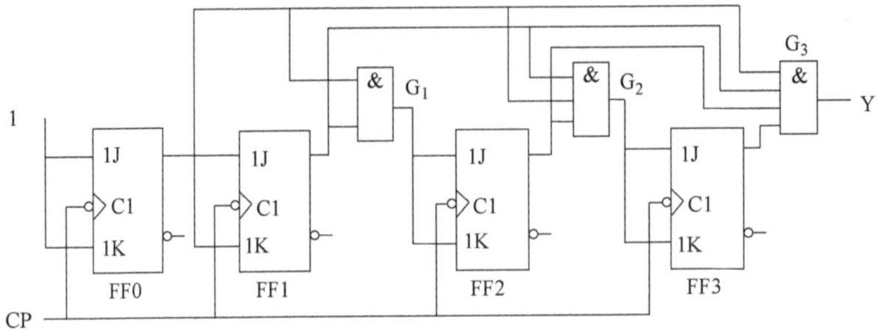

题图 4-4

2. 某数控车床控制系统的基本时钟频率为 15MHz，其中一个子系统的时钟频率要求为 187.5kHz。试利用计数器设计能够从基本时钟频率产生子系统时钟频率的电路。

第5章　习　　题

一、填空题

1. 数字电路中的工作信号是不连续变化的信号，通常把它们叫作__________。

2. 多谐振荡器电路没有__________，电路不停地在两个__________之间转换，因此又称为__________。

3. 单稳态电路只有一个稳定状态，另一个是__________，在外加触发脉冲作用下，可使__________发生翻转进入__________，而__________的时间由电路参数决定。

4. 施密特触发器有__________个稳定状态，电路的翻转通过__________触发。

5. 555定时器是一种中规模集成器件，利用它可组成__________触发器、__________触发器和__________等电路。

6. 集成555定时器的TH端，$\overline{TR}$端的电平分别小于$2/3V_{DD}$和$1/3V_{DD}$时，定时器的输出状态是__________。

7. 施密特触发器具有____________________特性，ΔU = __________。

8. 应用施密特触发器对脉冲作整形时，通过调整__________的大小，可以改变输出矩形波的__________。

9. 单稳态触发器暂稳态维持的时间取决于__________的快慢，单稳态触发器主要用于__________、__________、__________等领域。

10. 芯片HCF4098为双可重触发__________触发器，包含正（+TR）触发器和负（-TR）触发器触发。

二、判断题

1. 多谐振荡器在触发信号作用下输出矩形脉冲。（　　）

2. 门电路构成的单稳态触发器工作频率由外加触发脉冲的频率决定。（　　）

3. 施密特触发器的状态转换及维持取决于外加触发信号。（　　）

4. 施密特触发器作为整形应用时，往往增大回差电压ΔU；而作为幅度鉴别时，则要求ΔU越小越好。（　　）

5. 555集成定时器是一种应用广泛、使用灵活的集成电路器件，多用于脉冲产生、整形及定时等。（　　）

三、选择题

1. 在下列各电路中，可以实现波形变换的电路有（　　）。

A. 同步计数器　B. 数据分配器　C. 单稳态触发器　D. 多谐振荡器

2. 表示脉冲信号电压变化最大值的参数叫（　　）。

A. 脉冲幅度U_m　B. 脉冲宽度T_W　C. 脉冲前沿t_r　D. 脉冲后沿t_f

3. 将脉冲信号从脉冲前沿的$0.5U_m$到后沿的$0.5U_m$所需要的时间作为（　）

A. 脉冲周期T　B. 脉冲宽度T_W　C. 脉冲前沿t_r　D. 脉冲后沿t_f

4. 单稳态触发器的输出状态是（　　）。

A. 0 状态　　B. 1 状态　　C. 0 和 1 状态　　D. 高阻态

5. 单稳态触发器具有（　）功能。

A. 计数　　B. 定时、延时　　C. 定时、延时和整形　　D. 产生矩形波

6. 题图 5-1 所示电路为用集成 555 定时器构成的（　　）。

A. 多谐振荡器　　B. 单稳态触发器　　C. 无稳态触发器　　D. 施密特触发器

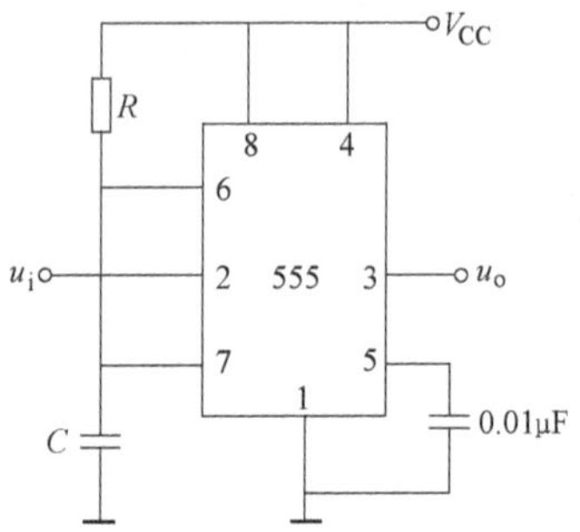

题图 5-1

7. 题图 5-1 所示电路，其输出的脉冲宽度 T_W 等于（　　）。

A. 1. 1*RC*　　B. 0. 7*RC*　　C. 2. 2*RC*　　D. 3. 3*RC*

8. 按输出状态划分，施密特触发器属于（　　）触发器。

A. 单稳态　　B. 双稳态　　C. 无稳态　　D. 以上都不对

9. 多谐振荡器电路工作状态有（　　）。

A. 具有两个稳态　　B. 仅有一个稳态

C. 仅有两个暂稳态　　D. 有一个稳态，有一个暂稳态

10. 施密特触发器一般不适用于（　　）电路。

A. 延时　　B. 波形变换　　C. 脉冲波形整形　　D. 幅度鉴别

11. 单稳态电路由稳态翻转为暂稳态时，需要外加触发信号，若触发信号过窄，电路会出现（　　）。

A. 不翻转　　B. 空翻　　C. 正常翻转　　D. 状态不定

四、简答题

1. 常用的脉冲信号波形有哪几种？衡量脉冲波形的主要参数有哪些？

2. 什么是施密特触发器？它有什么特点？主要应用在哪些场合？

3. 什么是多谐振荡器？主要应用在哪些场合？

五、综合题

1. 在题图 5-2 所示电路中，

（1）说明集成 555 定时器构成的是什么电路？

（2）若 $R_1 = R_2 = 10\text{k}\Omega$，$C = 1\mu\text{F}$，试计算输出波形的振荡周期及占空比。

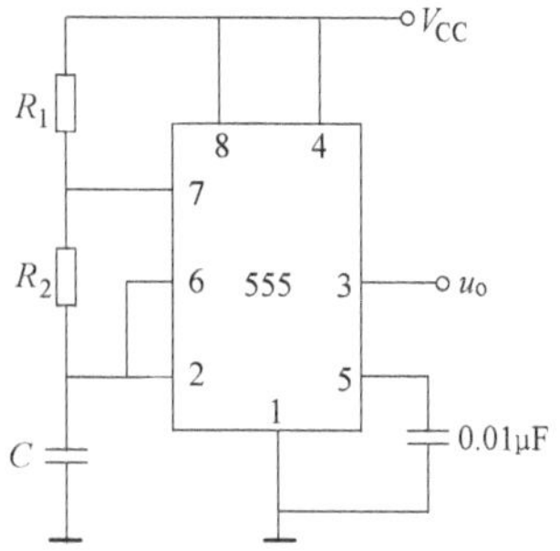

题图 5-2

2. 利用集成 555 定时器构成的定时控制器典型电路如题图 5-3 所示，该电路能按照设定的定时时间（定时时间有 15min、30min 和 60min 共 3 档）控制照明灯、电风扇、换气扇、电加热器等用电设备。试分析该电路的工作原理。

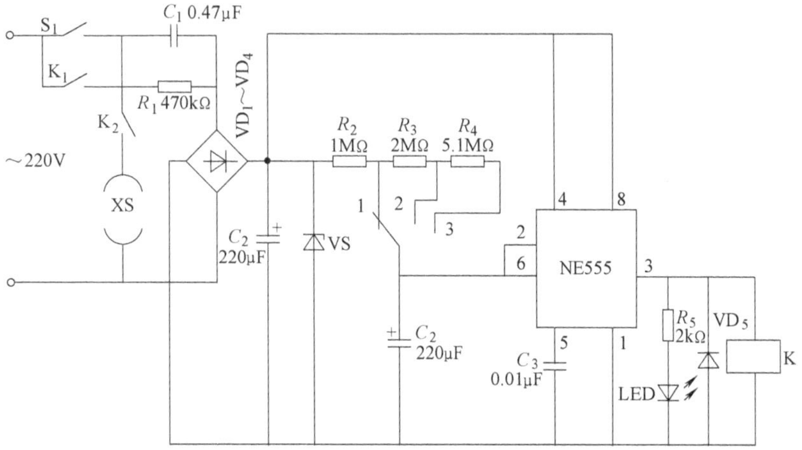

题图 5-3

第5章　测　试　题

一、填空题

1. 多谐振荡器是能够产生__________波的自激振荡器，在接通电源后不需外加输入信号，就能自动地产生波形输出。

2. 单稳态触发器在数字电路中常用于__________、__________和__________等领域。

3. 施密特触发器正向阈值电压和负向阈值电压的差称作__________电压。

4. 集成555定时器的TH端、$\overline{TR}$端的电平分别大于$2/3U_{DD}$和$1/3U_{DD}$时，定时器的输出状态是__________。

5. 将单稳态触发器的定时电容C调小，将使输出脉冲宽度__________；将定时电阻R调大，将使输出脉冲宽度__________。

6. 在触发脉冲作用下，单稳态触发器从__________转换到__________后，依靠自身电容的放电作用，又能自行回到__________。

7. 芯片HEF40106是一种应用广泛的CMOS系列集成__________触发器，可用于波形的整形，也可构成单稳态触发器和多谐振荡器。

8. 由555定时器构成的多谐振荡器输出脉冲的振荡周期$T\approx$__________，广泛用作__________。

9. 输入一定频率的正弦波，适当调节施密特触发器的回差电压，输出矩形波的脉冲宽度__________改变，其频率__________改变。

10. 为了获得频率稳定性很高的脉冲信号，目前普遍采用的一种稳频方法是在多谐振荡器中加入__________，构成__________振荡器。

二、判断题

1. 施密特触发器有两个不同的触发电平，且存在回差电压。（　　）

2. 单稳态触发器由暂稳态翻回稳态时，需要外加触发信号。（　　）

3. 多谐振荡器有两个信号输出端，但是输出信号极性是相反的。（　　）

4. 石英晶体振荡器具有频率稳定性高的显著特点。（　　）

5. 多谐振荡器没有稳态，因此又称为无稳态电路或矩形波发生器。（　　）

三、选择题

1. 时序逻辑电路所采用的连续时钟CP可由下列（　　）电路产生。

A. 555 定时器构成的多谐振荡器

B. CMOS 门电路组成的微分型单稳态触发器

C. 集成单稳态触发器组成的单稳态触发器

D. 移位寄存器

2. 在下列各电路中，属于组合逻辑电路的有（　　）。

A. 555 定时器电路　B. 编码器电路　C. 单稳态触发器电路　D. 移位寄存器电路

3. 单稳态电路一般不适用于（　）电路。

A. 定时　　B. 延时

C. 脉冲波形整形　　D. 自激振荡产生脉冲信号

4. 集成 555 定时器的输出状态有（　　）。

A. 0 状态　B. 1 状态　C. 0 和 1 状态　D. 高阻态

5. 多谐振荡器能产生（　　）。

A. 三角波　B. 锯齿波　C. 正弦波　D. 矩形波

6. 题图 5-4 所示电路为用集成 555 定时器构成的（　　）。

A. 多谐振荡器　B. 单稳态触发器　C. 无稳态触发器　D. 施密特触发器

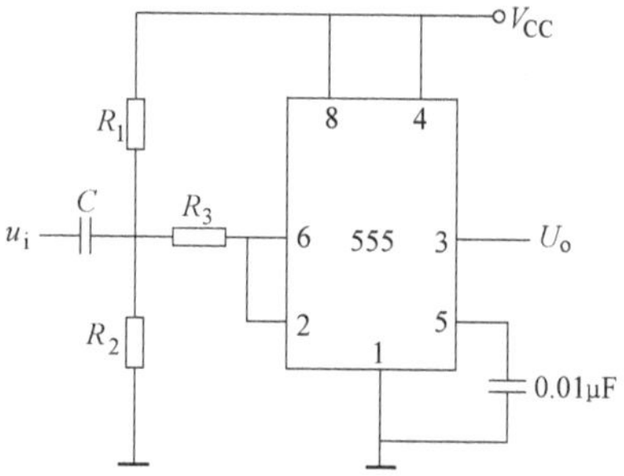

题图 5-4

7. 施密特触发器的输出状态有（　　）。

A. 0 状态　B. 1 状态　C. 0 和 1 状态　D. 高阻态

8. 施密特触发器常用于对脉冲波形的（　　）。

A. 计数　B. 寄存　C. 延时与定时　D. 整形与变换

9. 回差特性是（　）电路所固有的特性。

A. 多谐振荡器　B. 单稳态触发器　C. 施密特触发器　D. 555 定时电路

10. 表示两个相邻脉冲重复出现的时间间隔的参数叫（　　）。

A. 脉冲周期 T　B. 脉冲宽度 T_W　C. 脉冲前沿 t_r　D. 脉冲后沿 t_f

11. 施密特触发器输出矩形脉冲的频率（　　）。

A. 与输入信号频率无关　　B. 等于输入信号频率

C. 高于输入信号频率　　D. 低于输入信号频率

四、简答题

1. 矩形波有哪些主要参数？各主要参数的含义是什么？

2. 什么是单稳态触发器？重要应用在哪些场合？

3. 说明555定时器的外引线排列及功能。

五、综合题

1. 试用集成电路74LS121组成脉冲宽度为0.5s的单稳态触发器，画出电路连接图。若选用电阻 $R=51\text{k}\Omega$，求定时电容 C 的容量。

2. 利用集成555定时器构成的间歇通电控制器典型电路如题图5-5所示，该电路能使被控电器按照设定的开、停时间比进行间歇工作，可用于控制使用交流220V电源的小功率用电设备等领域。试分析该电路的工作原理。

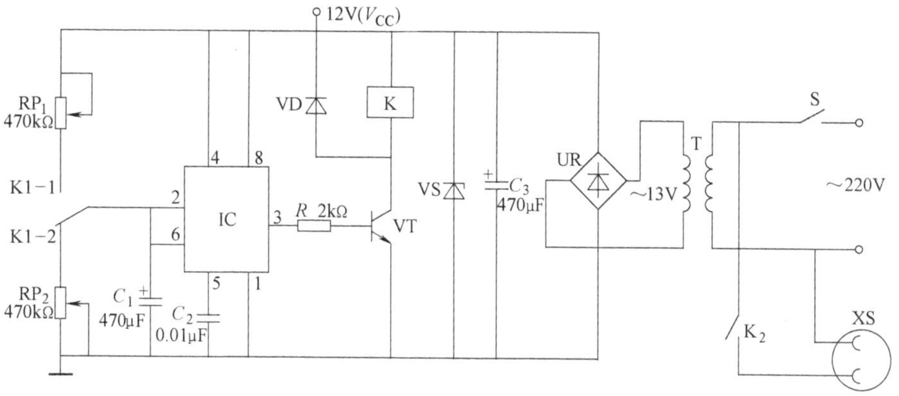

题图 5-5

第 6 章　习　　题

一、填空题

1. 将模拟信号转换成数字信号的电路称为__________转换器，简记为__________。

2. 将数字信号转换成模拟信号的电路称为__________转换器，简记为__________。

3. 一个 n 位 DAC 是由__________、__________、__________、__________和__________等组成。

4. 模/数转换器通常要经过__________、__________、__________和__________四个步骤来完成。

5. 权电阻网络 D/A 转换电路由__________、__________、__________和__________组成。

6. 权电阻网络 D/A 转换电路存在两个严重的缺点，在工艺上是难以满足要求的，一是各电阻之间应严格保持__________的要求；二是最大阻值和最小阻值__________。

7. 4 位倒 T 形电阻网络 D/A 转换器的输出电压 u_o = ____________________。

8. D/A 转换器的分辨率是指 D/A 转换器模拟输出所能产生的__________变化量与__________之比。

9. 在 D/A 转换器中，通常用__________定量描述其转换速度。

10. A/D 转换器的主要技术指标有__________和__________。

11. D/A 转换器的主要技术指标有__________和__________。

二、判断题

1. 通过采样，一个在时间上连续变化的模拟信号就转换为随时间断续变化的脉冲信号。（　　）

2. 模拟信号经过采样-保持电路后，输出信号电压波形为三角波。（　　）

3. 经采样-保持电路输出的信号幅值是断续变化的脉冲信号。（　　）

4. DAC0832 是一种 CMOS 工艺的集成 8 位单片 DAC。（　　）

5. ADC0809 是一种双积分型的集成 8 位模/数转换器。（　　）

6. DAC 的最大输出电压一定时，其位数越多，分辨率越小，精度越低。（　　）

7. ADC 的位数越多，分辨率就越高。（　　）

三、选择题

1. D/A 转换器的转换精度决定于（　　）。

A. 分辨率　　B. 转换误差　　C. A 和 B　　D. 以上都不对

2. 在下列不同的 D/A 转换器中，分辨率最低的是（　　）位。

A. 4　　B. 8　　C. 10　　D. 16

3. D/A 转换器产生转换误差的原因有（　　）。

A. 参考电压的波动　　B. 运算放大器的零点漂移

C. 模拟开关导通内阻和导通压降的差异　D. 电阻网络中电阻阻值的偏差

4. CDA7524 是（　　）。

A. 8 位串行 A/D 转换器　　B. 8 位并行 A/D 转换器

C. 8 位串行 D/A 转换器　　D. 8 位并行 D/A 转换器

5. 目前广泛应用的一种 A/D 转换器是（　　）。

A. 并联比较型 A/D 转换器　　B. 逐次逼近型 A/D 转换器

C. 双积分型 A/D 转换器　　D. 以上都不是

四、简答题

1. 简述 D/A 转换器和 A/D 转换器的选用原则。

2. A/D 转换器的主要技术指标有哪些？

3. D/A 转换器的主要技术指标有哪些？

五、综合题

试绘制利用 ADC0804、DAC0832 构成的音频 A/D 转换、D/A 转换原理图，并简述其工作原理。

第7章 习 题

一、填空题

1. 半导体存储器分为__________和__________两类，二者最大的区别是__________。

2. ROM常可分为__________、__________、__________及__________。

3. RAM根据存储单元的不同可分为__________和__________两类。

4. 存储器容量的扩展主要有__________、__________和__________三种方式。

5. 半导体存储器芯片内包含大量的存储单元，每个存储单元都与唯一的__________代码加以区分，并能存储一位__________信息。

6. 半导体存储器一般结构由__________、__________和读/写控制电路三部分组成。

7. 容量为4K×8位RAM存储器芯片，有__________条地址输入线、__________条数据输出位线。

8. 存储器的读/写控制器受片选信号$\overline{CS}$和读/写信号$R/\overline{W}$控制，当$\overline{CS}=0$时，若$R/\overline{W}=1$电路执行__________操作，若$R/\overline{W}=0$电路执行__________操作。

9. 某ROM的数据存储真值表见题表7-1，当地址变量$A_1A_0=10$时，读出一个字的内容上$D_3D_2D_1D_0=$__________。

题表7-1

A_1	A_0	D_3	D_2	D_1	D_0
0	0	0	1	0	1
0	1	1	0	1	1
1	0	0	1	0	0
1	1	1	1	1	1

10. Intel 2118是采用单管动态MOS工艺制作的16K×1位、16引脚的__________。

11. Intel 2114是存储容量为1K×4位的静态__________芯片。

12. 2716是一种2K×8位的__________芯片。

二、判断题

1. 实际中，常以字数和位数的乘积表示存储器存储容量。（ ）

2. RAM由若干位存储单元组成，每个存储单元可存放一位二进制信息。（ ）

3. 动态随机存取存储器需要不断地刷新，以防止存储的信息丢失。（ ）

4. 用2片容量为16K×8的RAM构成容量为32K×8的RAM是字扩展。（ ）

5. 所有的半导体存储器在运行时都具有读和写的功能。（ ）

6. ROM和RAM中存入的信息在电源断掉后都不会丢失。（ ）

7. RAM 中的信息，当电源断掉后又接通，则原存的信息不会改变。 (　　)

8. 在半导体存储器中采用了按地址存放数据的方法，只有那些被输入地址代码指定的存储单元才能进行读/写操作。 (　　)

9. 存储器的电路结构形式与寄存器相同。 (　　)

10. 用户可以编程，但只能自行一次性编程的存储器是 PROM。 (　　)

三、选择题

1. 随机存储器 RAM，当电源断电后再通电时，所存储的内容 (　　)。

A. 全部改变　　B. 全部为 0　　C. 不确定　　D. 保持不变

2. 只读存储器 ROM，当电源断电后再通电时，所存储的内容 (　　)。

A. 全部改变　　B. 全部为 0　　C. 不确定　　D. 保持不变

3. 随机存储器 RAM 在正常工作状态下，具有的功能是 (　　)。

A. 只有读功能　　B. 只有写功能

C. 既有读功能、又有写功能　　D. 无读写功能

4. 用户不能改变存储内容的存储器是 (　　)。

A. PROM　　B. ROM　　C. EPROM　　D. E^2PROM

5. 正常工作状态下，可以随时进行读、写操作的存储器是 (　　)。

A. PROM　　B. RAM　　C. EPROM　　D. E^2PROM

6. 随机存储器 RAM 的 I/O 端口为输入端口时，应使 (　　)。

A. $\overline{CS}=0$，$R/\overline{W}=0$　　B. $\overline{CS}=0$，$R/\overline{W}=1$

C. $\overline{CS}=1$，$R/\overline{W}=0$　　D. $\overline{CS}=1$，$R/\overline{W}=1$

7. 具有对存储矩阵中的存储单元进行选择作用的是存储器中的 (　　)。

A. 地址译码器　　B. 存储矩阵　　C. 读/写控制电路　D. 片选控制

8. 容量为 1024×4 位的 RAM，其地址线和数据线的条数为 (　　)。

A. 4，4　　B. 1024，4　　C. 10，4　　D. 11，4

9. 下列存储器中，存储的信息在断电后将消失，属于“易失性”存储器件的是 (　　)。

A. 半导体 ROM　　B. 半导体 RAM　　C. 磁盘存储器　　D. 光盘存储器

10. 可由用户以专用设备将信息写入，写入后还可以用专门方法（如紫外线照射）将原来内容擦除后再写入新内容的只读存储器称为 (　　)。

A. ROM　　B. PROM　　C. EPROM　　D. E^2PROM

四、简答题

1. 简述半导体存储器的作用和分类。

2. 画出存储器的结构框图，并简要说明存储器的工作原理。

3. 请说明存储器地址总线、数据总线、控制总线的作用。

4. 若存储器的容量为 512K×8 位，则地址代码应取几位？

五、综合题

1. 试用两片 1024×8 位的 ROM 组成 1024×16 位的存储器。

2. 试用两片 4K×8 位的 RAM 组成 16K×8 位的存储器。

3. 某台计算机的内存储器设置有 32 位的地址线，16 位并行数据输入/输出端，试计算它的最大存储容量是多少。

综合自测题一

一、填空题（每空 1 分，共 20 分）

1. 门电路中，最基本的逻辑门有三种，即__________、__________、__________。

2. $(AE.4)_{16}$ = （__________）$_{10}$ = （__________）$_{8421BCD}$。

3. 可擦除可编程 ROM 又叫做__________，其内容由用户编好后写入，但只能写一次。

4. RS 触发器具有__________、__________、__________三种逻辑功能。

5. 计数器的功能是__________，按计数时各触发器状态转换与计数脉冲是否同步，可分为__________计数器和__________计数器。

6. 单稳态触发器可用于实现脉冲信号的__________、__________和__________等功能。

7. 可编程 ROM 中的存储矩阵是__________阵列，是可编程的。

8. 逐次渐进型 A/D 与双积分型 A/D 转换比较，__________的转换速度快。

9. 根据不同的信息写入方式，ROM 分为__________、PROM、__________、__________ 4 种。

二、选择题（每题 2 分，共 20 分）

1. “有 0 出 1，全 1 出 0”属于（　　）。

A. 与逻辑　　B. 非逻辑　　C. 或逻辑　　D. 与非逻辑

2. 下列所给选项中不属于组合逻辑电路的是（　　）。

A. 译码器　　B. 编码器　　C. 加法器　　D. 触发器

3. 3 位二进制编码器输入信号为 I_3 时，输出 $Y_2\ Y_1\ Y_0$ =（　　）。

A. 100　　B. 110　　C. 011　　D. 101

4. 在相同的时钟脉冲作用下，同步计数器与异步计数器比较，工作速度（　　）。

A. 较快　　B. 较慢　　C. 一样　　D. 差异不确定

5. JK 触发器在 J、K 端同时输入高电平时，处于（　　）状态。

A. 保持　　B. 置 0　　C. 置 1　　D. 翻转

6. 多谐振荡器是一种（　　）。

A. 矩形波整流电路　　B. 锯齿波振荡电路

C. 尖脉冲形成电路　　D. 矩形波振荡电路

7. 在下列触发器中，有约束条件的是（　　）。

A. 主从 JK 触发器　B. 主从 D 触发器　C. 同步 RS 触发器　D. 边沿 D 触发器

8. A/D 转换通常经过取样、保持、量化和编码 4 个步骤。取样频率至少是模拟信号最高频率的（　　）倍。

A. 1　　B. 2　　C. 3　　D. 4

9. 随机存取存储器具有（　　）功能。

A. 读/写　　B. 无读/写　　C. 只读　　D. 只写

10. 随机存取存储器 RAM 中的内容，当电源断掉后又接通时，存储器中的内容（　　）。

A. 全部改变　　B. 全部为 1　　C. 不确定　　D. 保持不变

三、判断题（每题 2 分，共 20 分）

1. 在逻辑代数中，“1”比“0”大。（　　）
2. 常用的数码显示器有半导体数码管、液晶数码管、荧光数码管。（　　）
3. 同步 RS 触发器在 CP 到来后，R、S 端的输入信号才对触发器起作用。（　　）
4. 寄存器的功能是统计输入脉冲的个数。（　　）
5. ROM 和 RAM 中存入的信息在电源断掉后都不会丢失。（　　）
6. 动态随机存取存储器需要不断地刷新，以防止电容上存储的信息丢失。（　　）
7. 施密特触发器有两个稳定状态，所以又称为双稳态电路。（　　）
8. TTL 门电路和 CMOS 门电路是完全兼容的。（　　）
9. 多谐振荡器的输出信号的周期与阻容元件的参数成正比。（　　）
10. 石英晶体多谐振荡器的振荡频率与电路中的 R、C 成正比。（　　）

四、分析计算题（每题 5 分，共 15 分）

1. 把逻辑函数 $Y=\overline{A+\overline{B}C}+A\overline{B}+\overline{A}B\overline{C}$ 化简为最简与或式。

2. 由集成定时器 555 的电路如综测题图 1-1 所示，请回答下列问题。

（1）构成电路的名称；

（2）已知输入信号波形 u_I，画出电路中 u_O 的波形（标明 u_O 波形的脉冲宽度）；

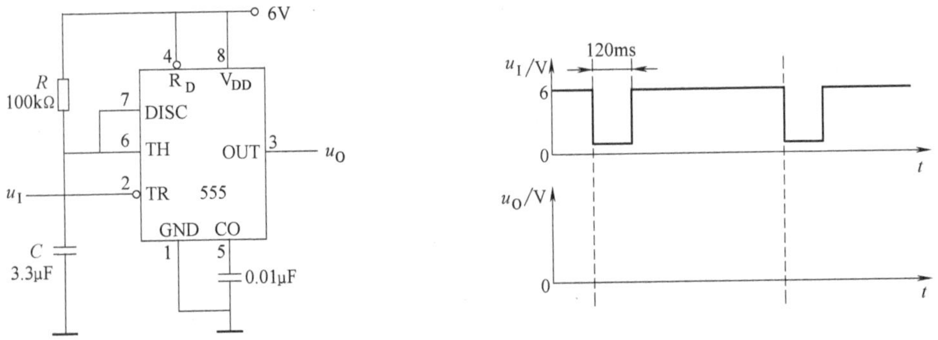

综测图 1-1

3. 试分析综测图 1-2 所示时序逻辑电路的逻辑功能，并说明电路是否具有自启动特性。

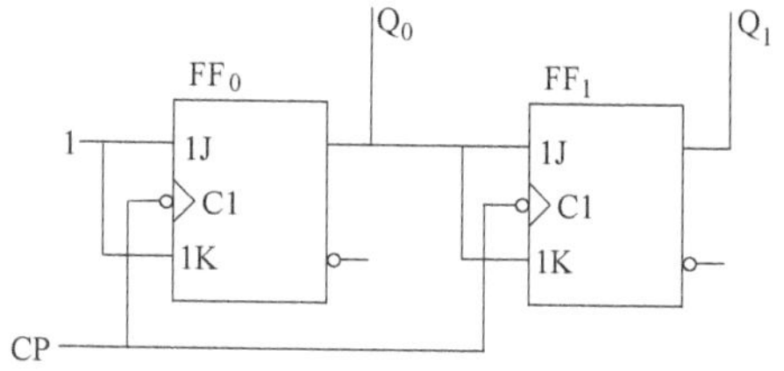

综测图 1-2

五、设计题（共计 25 分）

1. 设计一个监视三台电机工作状态的逻辑电路。正常工作情况下，任何时刻必有一台电机工作，而且只允许有一台电机工作。当出现其他工作状态时，电路发生故障，这时要求发出故障信号，以提醒维护人员前去修理。(15 分)

2. 试用 74LS161 和必要的门电路接成十二进制计数器，画出其逻辑连线图，标出输入、输出端。(10 分)

综合自测题二

一、填空题（每空2分，共30分）

1. 数字集成逻辑电路按组成器件的种类可分为________系列和________系列两大类。

2. $(174.25)_{10}$ = (______________)$_2$ = (________)$_{16}$。

3. 要把 $Y_0 \sim Y_{12}$ 共计13个信号编码成二进制代码，至少需要________位二进制代码。

4. JK触发器具有________、________、________和________四种逻辑功能。

5. 一个4位二进制减法计数器其状态为________时，再输入一个计数脉冲，计数器状态为1111。

6. 触发器的CP触发方式主要有________、________、________和________四种类型。

7. 施密特触发器可用于实现脉冲信号的________、________和________等功能。

8. 一个容量为256×4位的静态RAM，它的地址线为________条。

9. 集成DAC和ADC的转换精度通常用________和________描述。

二、选择题（每题2分，共20分）

1. “有0出0，全1出1”属于（　　）。

A. 与逻辑　B. 非逻辑　C. 或逻辑　D. 与非逻辑

2. 将十进制数的10个数字0~9编成二进制代码的电路称为（　　）。

A. 8421BCD码编码器　B. 二进制编码器

C. 二-十进制编码器　D. 优先编码器

3. 半导体数码管通常是由（　　）个发光二极管排列而成。

A. 5　B. 6　C. 7　D. 9

4. 下列电路中不属于时序逻辑电路的是（　　）。

A. 同步计数器　B. 数码寄存器　C. 译码器　D. 异步计数器

5. 基本RS触发器禁止（　　）。

A. R端、S端同时为1　B. R端、S端同时为0

C. R端为0、S端为1　D. R端为1、S端为0

6. 多谐振荡器工作状态有（　　）。

A. 具有两个稳态　B. 仅有一个稳态

C. 仅有两个暂稳态　D. 有一个稳态，有一个暂稳态

7. 一个6位地址码、8位输出的ROM，其存储矩阵的容量为（　　）。

A. 48　B. 64　C. 256　D. 512

8. 为了将正弦信号转换成与之频率相同的脉冲信号，可采用（　　）。

A. 多谐振荡器　　B. 移位寄存器

C. 单稳态触发器　　D. 施密特触发器

9. A/D 转换的过程是取样、保持、量化和（　）。

A. 滤波　　B. 限幅　　C. 编码　　D. 译码

10. 只读存储器 ROM 中的内容，当电源断掉后又接通，存储器中的内容（　　）。

A. 全部改变　　B. 全部为 0　　C. 不可预料　　D. 保持不变

三、判断题（每题 2 分，共 18 分）

1. 在数字电路中，高电平和低电平指的是一定的电压范围，而不是一个固定不变的数值。（　　）

2. 七段显示译码器要显示数“2”，则共阴极数码显示器的 a ~ g 引脚电平应为 1101101。（　　）

3. 将 JK 触发器的 J、K 端连接在一起作为输入端，就构成 D 触发器。（　　）

4. 多谐振荡器在触发信号作用下输出矩形脉冲。（　　）

5. 所有的半导体存储器在运行时都具有读和写的功能。（　　）

6. RAM 中的信息，当电源断掉后又接通，则原存的信息不会改变。（　　）

7. 约束项就是逻辑函数中不允许出现的变量取值组合，用卡诺图化简时，可将约束项当作 1，也可当作 0。（　　）

8. 要改变触发器的状态，必须有 CP 脉冲的配合。（　　）

9. 真值表、逻辑表达式和逻辑电路图是同一逻辑功能的三种不同表达方式，只要知道其中一种，便可导出其他两种。（　　）

四、分析计算题（每题 5 分，共 15 分）

1. 把逻辑函数 $F = ABC + AC\overline{D} + A\overline{C} + CD$ 化简为最简与或式。

2. 电路和波形如综测图 2-1 所示，D 触发器在时钟脉冲上升沿翻转，试画出 W 和 Z 的波形。

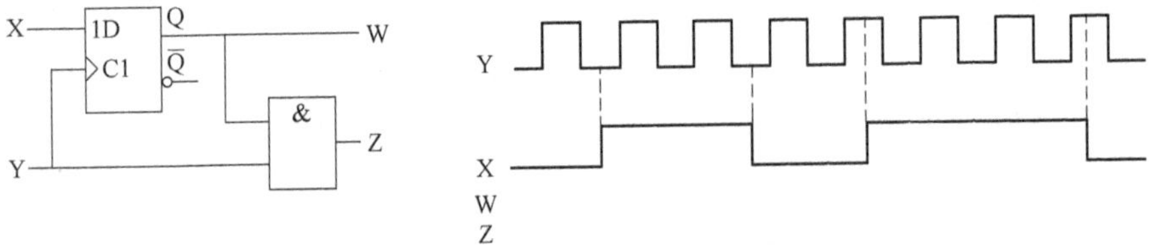

综测图 2-1

3. 组合逻辑电路综测图 2-2 所示，试写出输出函数 F 的表达式，列出真值表，并分析该电路的逻辑功能。

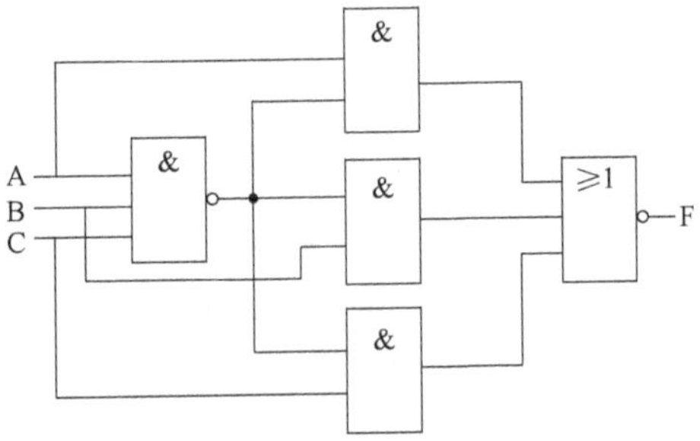

综测图 2-2

五、设计题（共计 25 分）

1. 在举重比赛中，有甲、乙、丙三位裁判，其中甲为主裁判，当两位或两位以上裁判（其中必须包括甲裁判在内）认为运动员上举合格，才可发出合格信号，试用与非门设计上述要求的组合逻辑电路。(15 分)

2. 试画出用集成 555 定时器构成的单稳态触发器的典型电路，并画出其工作波形图。(12 分)